中等职业教育国家规划教材

电工技术

（第4版）

熊伟林　主编

杨丽婕　朱中林　参编

電子工業出版社

Publishing House of Electronics Industry

北京·BEIJING

内容简介

本书为中等职业教育国家规划教材《电工技术》的修订版，即《电工技术》第4版。全书主要包括直流电路、单相交流电路、三相交流电路、变压器、电工仪表及测量、电动机、电动机的控制、供电及用电、电工电子元器件简介、电工实验与实训等内容。本书面向中职技术应用型人才的培养目标以及电工新技术的发展，重视理论与实践相结合，讲法新颖，通俗易懂，体现中等职业教育教学特点。

本书作为中等职业学校机械、电子类相关专业教材，也适合作为自学读者或工程技术人员的参考书。

本书配有电子教学参考资料包(包括教学指南、电子教案、习题答案)，详见前言。

图书在版编目(CIP)数据

电工技术/熊伟林主编. —4版. —北京：电子工业出版社，2013.6
中等职业教育国家规划教材
ISBN 978-7-121-20790-7

Ⅰ. ①电… Ⅱ. ①熊… Ⅲ. ①电工技术—中等专业学校—教材 Ⅳ. ①TM

中国版本图书馆CIP数据核字(2013)第137065号

策划编辑：杨宏利 yhl@phei.com.cn
责任编辑：杨宏利
印　　刷：三河市鑫金马印装有限公司
装　　订：三河市鑫金马印装有限公司
出版发行：电子工业出版社
　　　　　北京市海淀区万寿路173信箱 邮编100036
开　　本：787×1092 1/16 印张：14.25 字数：364.8千字
印　　次：2013年6月第1次印刷
印　　数：3 000册 定价：26.50元

凡所购买电子工业出版社图书有缺损问题，请向购买书店调换。若书店售缺，请与本社发行部联系。联系及邮购电话：(010)88254888。

质量投诉请发邮件至 zlts@phei.com.cn，盗版侵权举报请发邮件至dbqq@phei.com.cn。

服务热线：(010)88258888。

中等职业教育国家规划教材出版说明

为了贯彻《中共中央国务院关于深化教育改革全面推进素质教育的决定》精神，落实《面向21世纪教育振兴行动计划》中。提出的职业教育课程改革和教材建设规划，根据《中等职业教育国家规划教材申报、立项及管理意见》(教职成[2001]1号)的精神，教育部组织力量对实现中等职业教育培养目标和保证基本教学规格起保障作用的德育课程、文化基础课程、专业技术基础课程和80个重点建设专业主干课程的教材进行了规划和编写，从2001年秋季开学起，国家规划教材将陆续提供给各类中等职业学校选用。

国家规划教材是根据教育部最新颁发的德育课程、文化基础课程、专业技术基础课程和80个重点建设专业主干课程的教学大纲(课程教学基本要求)编写，并经全国中等职业教育教材审定委员会审定。新教材全面贯彻素质教育思想，从社会发展对高素质劳动者和中初级专门人才需要的实际出发，注重对学生的创新精神和实践能力的培养。新教材在理论体系、组织结构和阐述方法等方面均作了一些新的尝试。新教材实行一纲多本，努力为学校选用教材提供比较和选择，满足不同学制、不同专业和不同办学条件的学校的教学需要。希望各地、各部门积极推广和选用国家规划教材，并在使用过程中，注意总结经验，及时提出修改意见和建议，使之不断完善和提高。

教育部职业教育与成人教育司

本书是中等职业教育国家规划教材《电工技术》第 4 版。

《电工技术》是根据教育部颁布的《面向 21 世纪中等职业学校国家规划教材电工技术教学大纲》编写的，曾经出版过三次，即 2001 年第 1 版、2005 年第 2 版、2008 年第 3 版。

《电工技术》课程的任务是培养学生具备高素质劳动者和初、中级专门人才所必需的电工基础知识和基本技能；为学生获得专业知识和职业技能，提高全面素质，增强适应职业变化的能力和继续学习的能力打下一定的基础。

本书主要包括直流电路、单相交流电路、三相交流电路、变压器、电工仪表及测量、电动机、电动机的控制、供电及用电、电工电子元器件简介、电工实验与实训等内容，适合中等职业学校机械、电子类相关专业三年制和四年制 50～70 学时的教学需要，其中全部内容的授课学时约为 70 学时，若授课为 50 学时，则应不包括标有“ * ”号的章节内容。

本书针对中职学生现有知识水平和学习能力，回避了复杂的数学推导和计算过程，避免其掩盖重要的物理概念。对于基本理论（定律或定理）的阐述以定性解释为主，定量计算为辅，易于学生掌握电工技术的重要概念和定律（定理）。例如，在第 2 章单相交流电路中，“R，L，C 元件的特性”是电工技术中的核心内容，学生对这部分内容的理解程度会直接影响其掌握电工技能的高低。因此，本书将重点放在对“R，L，C 元件的特性”的描述上，改变传统的讲法，采用实验演示和数据、图表等形式说明和论证，从而获得重要的结论；同时将正弦交流电路的分析计算简化为实数运算，便于教学，易于学生理解和接受。另外，在原来的第 8 章中增加了反映电工新技术的“新能源”内容，对风能发电、太阳能发电、智能电网等新技术作了介绍，扩大学生知识面。修订后的本书特色是：

（1）讲法新颖，化难为易。采用通俗易懂的语言和讲解方法，把历来是难于理解的电工技术问题化为易于读者理解和接受的专业知识与技能。

（2）教学重点突出，实用性强。面向中职技术应用型人才的培养目标，强化理论与实践相结合，把实验实训与专业理论知识有机融合在一起，体现教学做一体化思想。

（3）具有先进性和时代性。面向电工技术的发展，引入新知识和新技术，更新教学内容，强调知识技能与现实相结合。

（4）知识体系完整，工具性强。把电工技术中最基础和核心的专业知识进行归纳整理，知识链路清晰，便于读者理解记忆和查阅。本书不仅适合作为中职学校师生的教学教材，也适合作为自学的读者或工程技术人员的参考书。

(5)学习资料完整，便于教学。本书每小节后配有思考和练习题；各章小结后又配有与教学内容紧密相关的习题；同时提供教学指南、电子教案、习题详细解答等资料。

总之，本书在知识结构和教学方式、方法上有所突破和创新，注重调动学生学习的主动性和积极性，启迪学生的科学思维，注重理论联系实际，关注电工技术的新发展，学习目标明确，培养学生的主动自学能力。建议针对某些章节，可以让学生通过在课余时间自学来完成，并以能否正确回答书中的问题检验自学效果。要掌握电工技术，必须通过解决一些实际问题来加强，因此本书保留了7个典型实验和2个实训项目(第10章)。另外，本书每小节后有思考与练习，每章后又配有适量的习题，并且多数习题可以在理论分析和计算后，在实验室中进行验证。若将理论预测和实验结果加以比较，并作出一定的分析和解释，会取得很好的学习效果。

本书由北京信息职业技术学院副教授熊伟林主编，高级讲师杨丽婕、朱中林参加编写。其中第1～5章和第9章由熊伟林编写，第6～7章由朱中林编写，第8章由杨丽婕编写，第10章由熊伟林与朱中林共同编写。本书由李永刚担任审校，原北京无线电工业学校校长陈衍洪、北京仪器仪表工业学校高级讲师蒋湘若对本书的编写大纲和编写审定工作提出了许多宝贵意见。同时，教育部特邀刘蕴陶、王鸿明、温照方等教授对全书进行了审定。编者在此向各位表示衷心的感谢。

为了方便教师教学，本书配有教学指南、电子教案及习题答案(电子版)。请有此需要的教师登录华信教育资源网(www.hxedu.com.cn)免费注册后再进行下载，有问题时请在网站留言板留言或与电子工业出版社联系(E-mail:yhl@phei.com.cn).

由于编者水平有限，书中难免存在缺点和错误，欢迎读者批评指正。

编　者

2013年6月

目 录

第1章

直流电路

学习目标

1. 掌握电流、电压、电位、电功率等常用物理量的基本概念。

2. 掌握电压源和电流源的基本特性，掌握实际电压源和电流源之间的转换方法。

3. 掌握电阻、电容、电感等元件的基本特性。

4. 掌握基尔霍夫电流定律与电压定律，熟练列出关于节点的电流方程式和关于回路的电压方程式，能够解决一般电路问题。（这是第1章的核心内容，也是本书的难点之一。）

5. 了解叠加定理和等效电源定理的基本内容和应用方法。

本章首先复习在物理课中学习过的电路基本物理量（电流、电压、电位、电功率与电能等），然后学习电路中基本元件（电压源、电流源、电阻、电容、电感）的主要特性和电路模型、符号，最后讨论电路普遍遵循的基本规律（基尔霍夫电流定律与电压定律）和线性电路定理。本章内容是继续学习本课程各部分知识的前提，也是学习其他与电工、电子技术有关课程的重要基础。

1.1 电路的基本物理量

1.1.1 电路与电路模型

1. 电路的基本组成

什么是电路？电路由哪些部分组成？通过观察日常电路（例如简单的手电筒电路，如图1.1(a)所示），可以知道：电路是由各种元器件（或电工设备）按一定方式连接起来的总体，为电流的流通提供了路径。电路的基本组成包括以下四个部分。

（1）电源（供能元件）：为电路提供电能的设备和器件（如电池、发电机等）；

（2）负载（耗能元件）：消耗电能的设备和器件（如灯泡等常用电器）；

（3）控制设备和器件：控制电路的工作状态（如开关、保险丝等）；

（4）连接导线：将电器设备和元器件按一定方式连接起来（如各种铜铝电缆线等）。

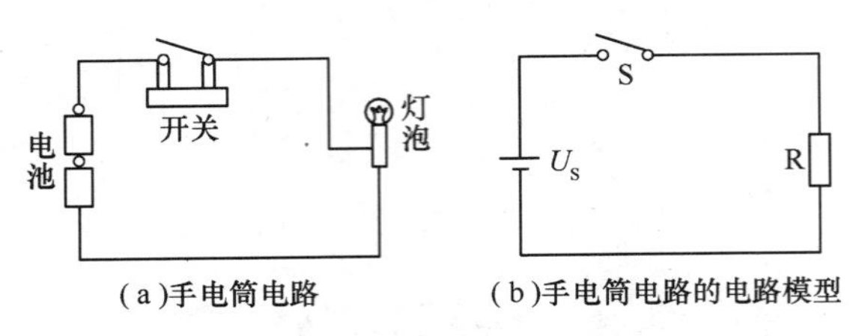

(a)手电筒电路　(b)手电筒电路的电路模型

图 1.1　手电筒电路及其电路模型

2. 电路模型

由于电路是由电特性相当复杂的元器件组成的，为了便于使用数学方法对电路进行分析，从而获得具有普遍意义的电路规律，要将电路实体中的各种电器设备和元器件用一些能够表征它们主要电磁特性的理想元件(模型)来代替，而对实际电器设备和元器件的结构、材料、形状等非电磁特性不予考虑。例如，图 1.1(a)所示电路中的电池可用图 1.1(b)所示电路中的电压源 U_S 模型表示，因为在电路中只需考虑作为电源的电池所能够提供的电压大小及其极性。灯泡在电路中作为负载，只需考虑其消耗电能的特性，可用电阻 R 模型表示。

由理想元件构成的电路称为实际电路的电路模型(也可以称为实际电路的电路原理图，简称为电路图)。例如图 1.1(b)为图 1.1(a)所示电路的电路模型。

电路的功能繁多，但从总体来说主要有两个方面：一是进行能量的传输、分配和转换；二是进行信息的传递、处理和运算。

电路问题主要分为两大类：一是电路的分析——按已经给定的电路结构及参数分析电路的功能并计算电流、电压、功率等各种物理量；二是电路的综合——按给定的电气特性要求实现一个电路，即确定电路的结构，以及组成电路的元器件类型和参数。

1.1.2　电流

1. 电流的基本概念

电路中电荷沿着导体的定向运动即形成电流，其方向规定为正电荷流动的方向(或负电荷流动的反方向)，其大小等于在单位时间内通过导体横截面的电量，称为电流强度(简称电流)，用符号 I 或 $i(t)$ 表示。讨论交流电流时可用 i 符号表示。

设在 $\Delta t=t_2-t_1$ 时间内，通过导体横截面的电荷量为 $\Delta Q=Q_2-Q_1$，则在 Δt 时间内的电流强度用数学公式表示为

$$i(t)=\frac{\Delta Q}{\Delta t} \tag{1-1}$$

式中，Δt 为很小的时间间隔，时间的 SI 制(国际单位制)单位为秒(s)；电量 ΔQ 的 SI 制单位为库仑(C)；电流 $i(t)$ 的 SI 制单位为安培(A)。常用的电流单位还有毫安(mA)、微安(μA)、千安(kA)等，它们与 A 的换算关系为：$1\text{mA}=10^{-3}\text{A}$，$1\mu\text{A}=10^{-6}\text{A}$，$1\text{kA}=10^{3}\text{A}$。

式(1-1)表明电流等于通过导体横截面电荷量随时间的变化率。

为了分析电路的方便，通常需要在所研究的一段电路中事先选定(假定)电流流动的方向，

称做电流的参考方向。其表示方法主要有两种，如图 1.2 所示。

图 1.2 电流参考方向的表示方法

电流的实际方向可以根据电流数值的正、负来判断，当 $i>0$（或 $i_{ab}>0$）时，表明电流的实际方向与所标定的参考方向一致；当 $i<0$（或$i_{ab}<0$）时，则表明电流的实际方向与所标定的参考方向相反。例如，在图 1.3 所示电路中，运用物理学中所学的电路知识可知，图 1.3(a)所示电路中的电流 $I=0.2$A，图 1.3(b)所示电路中的电流 $I=-0.2$A。

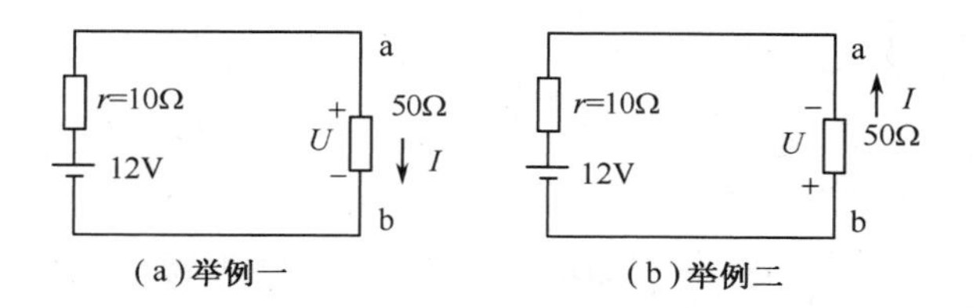

图 1.3 电流的参考方向与实际方向举例

2. 直流电流

如果电流的大小及方向不随时间变化，任何时刻在单位时间内通过导体横截面的电量均相等，即通过导体横截面的电荷量随时间的变化率为某一常数，则称之为稳恒电流或恒定电流，简称为直流(Direct Current)，记为 DC 或 dc。直流电流用大写字母 I 表示。显然，对于直流电来说，式(1-1)可以写为

$$I=\frac{\Delta Q}{\Delta t}=\text{常数} \tag{1-2}$$

直流电流 I 与时间 t 的关系在 I-t 坐标系中为一条与时间轴平行的直线，直流电流波形示意图如图 1.4 所示。

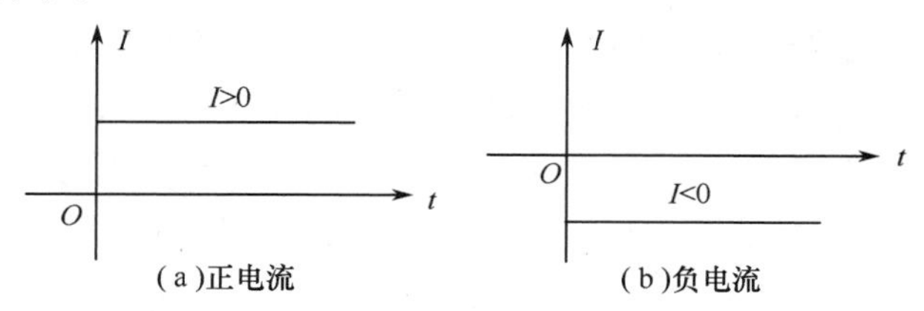

图 1.4 直流电流波形示意图

3. 交流电流

如果电流的大小及方向随时间变化，则称为变动电流。对电路分析来说，重要的变动电流是正弦交流电流（简称正弦电流），其大小及方向均随时间按正弦规律做周期性变化，将之简称为交流(Alternating Current)，记为 AC 或 ac。交流电流要用小写字母 i 或 $i(t)$ 表示。典型的正弦交流电流波形图如图 1.5 所示。

除了直流与交流两种重要的电流外，在电工与电子技术中，还有多种其他形式的电流波形，本书不作赘述。

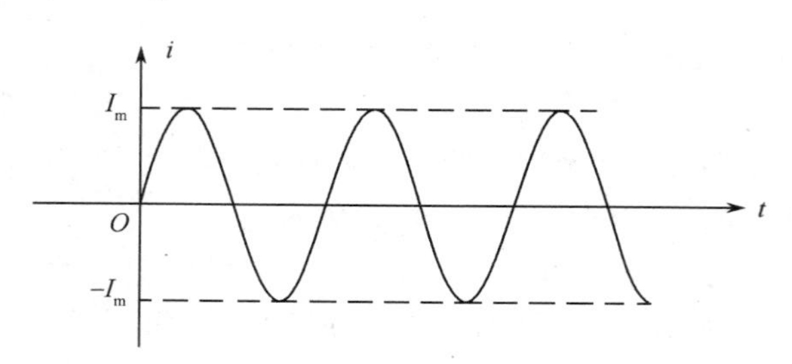

图 1.5　正弦交流电流波形图

1.1.3　电压

1. 电压的基本概念

电压是电路分析中所必需的另一个基本物理量。确切地说,“电压”是指电路中两点 a,b 之间的电位差,其大小等于单位正电荷因受电场力作用从 a 点移动到 b 点所做的功。电压的方向规定为从高电位指向低电位的方向。

电压的 SI 制单位为伏特(V),常用的单位还有毫伏(mV)、微伏(μV)、千伏(kV)等,它们与 V 的换算关系为:$1\text{kV}=10^3\text{V}$,$1\text{mV}=10^{-3}\text{V}$,$1\mu\text{V}=10^{-6}\text{V}$。

同样,为分析电路的方便,通常在一段电路中事先选定(假定)电压方向,叫做电压的参考方向。其表示方法通常有三种,如图 1.6 所示。

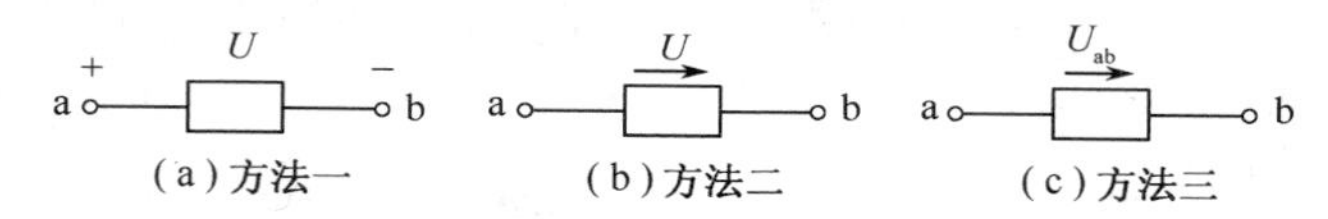

图 1.6　电压参考方向的表示方法

电压的实际方向可以根据电压数值的正、负来判断:当 $U>0$(或 $U_{ab}>0$)时,电压的实际方向与所标定的参考方向一致;当 $U<0$(或 $U_{ab}<0$)时,电压的实际方向与所标定的参考方向相反。

例如,在图 1.3 中,对于 50Ω 电阻两端的电压,图 1.3(a)中的电压 $U=10\text{V}$(或 $U_{ab}=10\text{V}$),即该电压的实际方向与所标定的参考方向一致,且表明 a 点电位高于 b 点电位;图 1.3(b)中的电压 $U=-10\text{V}$(或 $U_{ba}=-10\text{V}$),即该电压的实际方向与所标定的参考方向相反,且表明 b 点电位低于 a 点电位。

2. 直流电压

如果电压的大小及方向不随时间变化,则称之为稳恒电压或恒定电压,简称为直流电压,用大写字母 U 表示。直流电压 U 与时间 t 的关系在 U-t 坐标系中为一条与时间轴平行的直线(与图 1.4 所示的直流电流波形类似)。

3. 交流电压

如果电压的大小及方向随时间变化,则称为变动电压。对电路分析来说,重要的变动电压是正弦交流电压(简称交流电压),其大小及方向均随时间按正弦规律做周期性变化。交流电压用小写字母 u 或 $u(t)$表示。正弦交流电压的波形与图 1.5 所示的正弦交流电流的波形类似。

1.1.4 电位

1. 电位参考点(零电位点)

在电路中选定某一点 o 为电位参考点，规定此点的电位为零，即 $U_o=0$。电位参考点的选择方法如下。

➢在工程中常选大地作为电位参考点；

➢在电子线路中，常选一条特定的公共线作为电位参考点。

在电路中通常用符号"⊥"标出电位参考点。

2. 电位的定义

电路中某一点 a 的电位 U_a 是该点与电位参考点 o 之间的电压，即

$$U_a = U_{ao} \tag{1-3}$$

【例 1.1】 电路如图 1.7 所示，已知：$R_1=10\Omega$，$R_2=20\Omega$，$R_3=30\Omega$。试求 a，c，d 各点的电位 U_a，U_c，U_d（b 为电位参考点）。

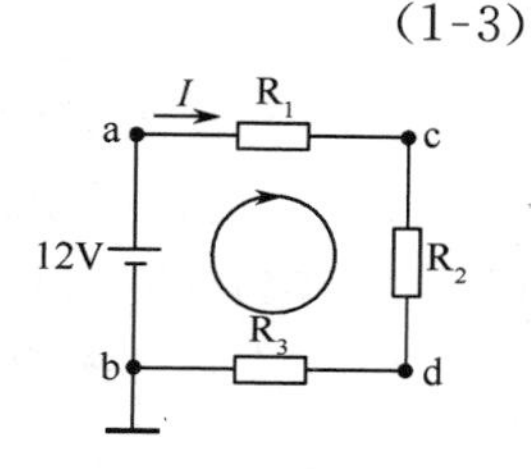

图 1.7 例 1.1 用图

解：选择顺时针回路绕行方向，先确定回路中的电流 I。

$$(R_1+R_2+R_3)I = 12\text{V}，即\ 60I = 12，I = 0.2\text{A}$$

a 点的电位：$U_a=U_{ab}=12\text{V}$

c 点的电位：$U_c=U_{cb}=(R_2+R_3)I=50\times0.2=10\text{V}$

d 点的电位：$U_d=U_{db}=R_3I=30\times0.2=6\text{V}$

必须注意，电路中两点间的电位差（电压）是绝对的，不随电位参考点的不同而发生变化，即电压值与电位参考点无关；而电路中某点的电位则是相对电位参考点而言的，电位参考点不同，各点电位值也将不同。例如，在例 1.1 中，以 b 点为电位参考点时，c 点的电位 $U_c=U_{cb}=10\text{V}$；如果改为以 d 点为电位参考点，即 d 点的电位 $U_d=0\text{V}$，则 c 点的电位变为 $U_c=U_{cd}=R_2I=4\text{V}$。

1.1.5 电功率与电能

1. 电功率

一个电路最终的目的是电源将一定的电功率（简称为功率）传送给负载，负载将电能转换成工作所需要的一定形式的能量，即电路中存在发出功率的器件（供能元件）和吸收功率的器件（耗能元件）。功率所表示的物理意义是电路元件或设备在单位时间内吸收或发出的电能。

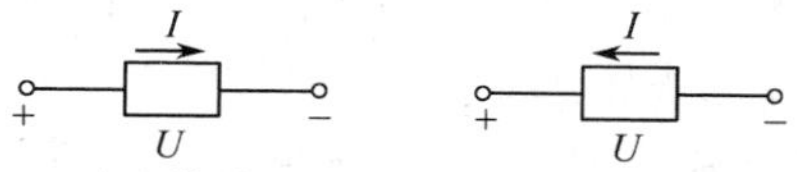

(a)说明一　　(b)说明二

图 1.8 功率公式的说明

如图 1.8 所示，任意二端元件（可推广到一般二端网络）的功率 P 可由下式计算：

$$P=\pm UI \tag{1-4}$$

当电压 U 与电流 I 的参考方向相同时（如图1.8(a)所示），称 U 与 I 为关联参考方向，式(1-4)右边选取"+"号；当电压 U 与电流 I 的参考方向相反时（如图 1.8(b)所示），称 U 与 I 为非关联参考方向，式(1-4)右边选取"−"号。在此规定下，当 $P>0$ 时，表明元件耗能（吸收功率）；当 $P<0$ 时，表明元件供能（发出功率）；当 $P=0$ 时，表明元件既不供能也不耗能。

功率的SI制单位为瓦(W),常用的还有毫瓦(mW)、千瓦(kW),它们与W的换算关系为:$1\text{mW}=10^{-3}\text{W}$,$1\text{kW}=10^{3}\text{W}$。

【例1.2】 判断图1.9中各元件的功率情况(指出元件是供能的还是耗能的)。

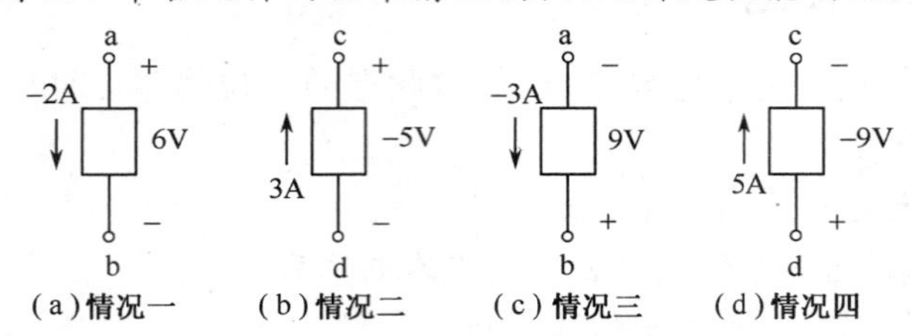

图1.9 例1.2用图

解: (1)在图1.9(a)中,因U与I的参考方向相同,应选择公式$P=UI$,其中$U=6\text{V}$,$I=-2\text{A}$,故$P=6\times(-2)=-12\text{W}$,表明该元件是供能的,发出功率12W。

(2)在图1.9(b)中,因U与I的参考方向相反,应选择公式$P=-UI$,其中$U=-5\text{V}$,$I=3\text{A}$,故$P=-(-5)\times3=15\text{W}$,表明该元件是耗能的,吸收功率15W。

(3)在图1.9(c)中,因U与I的参考方向相反,应选择公式$P=-UI$,其中$U=9\text{V}$,$I=-3\text{A}$,故$P=-9\times(-3)=27\text{W}$,表明该元件是耗能的,吸收功率27W。

(4)在图1.9(d)中,因U与I的参考方向相同,应选择公式$P=UI$,其中$U=-9\text{V}$,$I=5\text{A}$,故$P=(-9)\times5=-45\text{W}$,表明该元件是供能的,发出功率45W。

2. 电能

电能是指在一定的时间内电路元件或设备吸收或发出的电能量,用符号W表示,其SI制单位为焦耳(J)。电能的计算公式为

$$W=P\cdot t=UIt \tag{1-5}$$

通常电能用“度”表示其大小,1度(电)$=1\text{kW}\cdot\text{h}$(千瓦·小时)$=3.6\times10^{6}\text{J}$,即功率为1 000W的供能或耗能元件,在1h的时间内所发出或消耗的电能量为1度,合为$3.6\times10^{6}\text{J}$。

【例1.3】 有一功率为60W的电灯,每天使用的照明时间为4h,如果平均每月按30天计算,那么每月消耗的电能为多少度?合为多少焦耳?

解: 该电灯平均每月工作时间$t=4\times30=120\text{ h}$,故$W=P\cdot t=60\times120=7\ 200\text{W}\cdot\text{h}=7.2\text{kW}\cdot\text{h}$,即每月消耗的电能为7.2度,合为$3.6\times10^{6}\times7.2\approx2.6\times10^{7}\text{J}$。

3. 电气设备的额定值

为了保证电气设备和电路元件能够长期安全地正常工作,生产部门规定了该产品的额定电压、额定电流、额定功率等铭牌数据。电气设备或元件所允许施加的最大电压叫做额定电压;允许通过的最大电流叫做额定电流;在额定电压和额定电流下消耗的功率叫做额定功率,即允许消耗的最大功率。铭牌标在电气设备或元件上的明显位置上。

电气设备或元件在额定功率下的工作状态叫做额定工作状态,也称满载状态。低于额定功率的工作状态叫做轻载状态;高于额定功率的工作状态叫做过载或超载状态。轻载时电气设备不能得到充分利用或根本无法正常工作,过载时电气设备容易被烧坏或造成严重事故。因此,轻载和过载都是不正常的工作状态。

电路所处的状态有三种:开路状态、短路状态和通路状态。开路时电路中没有电流通过,

称为空载；短路时对电源来说属于严重过载，输出电流过大，如果没有保护措施，电源会被烧毁或发生火灾，所以通常要在电路或电气设备中安装熔断器等保险装置，以避免发生短路时出现不良后果；通路状态是指电源与负载接通，电路中有电流通过，电气设备或元件获得一定的电压和电功率进行能量转换。

思考与练习 1.1

1. 试用生活中常见的电路实例说明：电路是由哪些部分组成的，以及各部分的作用。
2. 什么叫做理想元件和电路模型？
3. 电路的两大基本功能是什么？一个电路可能有几种状态？
4. 在分析电路时，为什么要引入电流或电压的参考方向？电流的参考方向有几种表示法？电压的参考方向又有几种表示法？如何根据电流或电压的参考方向来判定相应实际方向？
5. 什么叫做直流电流（或电压）？什么叫做交流电流（或电压）？
6. 什么叫做电位参考点？如何确定电路中某一点的电位？电位与电压有何区别？
7. 如何计算任意一个二端元件的电功率？如何判定它是供能的还是耗能的？
8. 解释关于电气设备或元器件的“满载”、“轻载”、“过载”的概念。

1.2 电路中的基本元件

电路中的基本元件主要包括电源（电压源与电流源）、电阻、电感与电容等，它们的基本特性使电路具有丰富多彩的功能。掌握这些基本元件的特性对学习各种电路的功能十分重要。可以说，如果不了解常用基本元件的电气特性，就谈不上懂得电工技术的基本知识。

1.2.1 电压源及其电动势

1. 电压源

通常所说的电压源一般是指理想电压源。其基本特性是其端电压（U_S）保持固定不变或是一定的时间函数 $u_S(t)$，而与通过它的电流大小及方向无关，但电压源输出的电流却与外电路有关。实际电压源是含有一定内阻 R_i 的电压源。几种电压源的电路符号如图 1.10 所示，其中图 1.10(a)、图 1.10(b)所示为理想直流电压源（简称恒压源），图 1.10(c)所示为理想交流电压源，图 1.10(d)所示为实际直流电压源，图 1.10(e)所示为实际交流电压源。

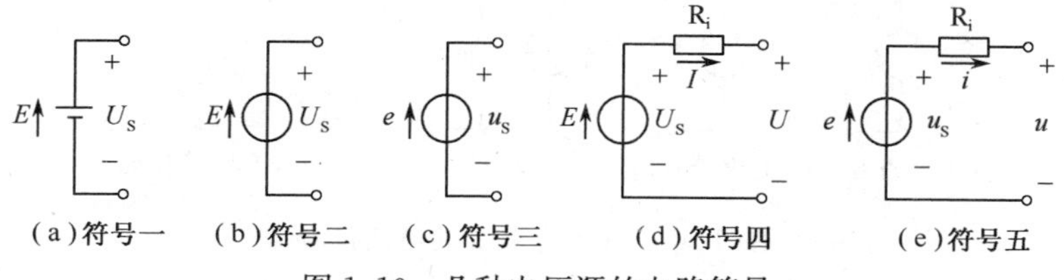

图 1.10 几种电压源的电路符号

2. 电动势

在依靠电源供能的电路中，电源对电路的作用是可以维持电流在闭合的导体回路(闭合电路)中按一定强度进行流通的,其原因在于电源内部存在着一种非静电力(称为电源力)。电源力使电源中的负电荷向其中一个极聚集,该极称做电源的负极(阴极"-"),电源的另外一个极称做正极(阳极"+"),正负极之间形成电位差(电压),即电源对外电路产生一定的端电压。衡量电源的电源力大小及其方向的物理量叫做电源的电动势,通常用符号 E 或 $e(t)$ 表示。E 表示大小与方向恒定的电动势(直流电源的电动势),$e(t)$ 表示大小和方向随时间变化的电动势(如按正弦规律变化的交流电动势)。$e(t)$ 也可简记为 e。电动势的 SI 制单位为伏特(V)。

电动势的大小等于电源力把单位正电荷从电源的负极经过电源内部移到电源正极所做的功,也等于电源两极间开路(外电路不接通)时的电位差(电压源的端电压)。在图 1.10 所示的各电压源符号中,即有 $E=U_S$ 或 $e=u_S$。电动势的实际方向为从电源的实际负极经过电源内部指向电源的实际正极,即与电源端电压的实际方向相反。

用实验方法只需使用一只直流电压表即可测定某一直流电压源的电动势或端电压的大小和方向。方法是将电压表的红、黑两支表笔直接接到电压源的两极(注意先使用较高的量程),电压源不要接任何外电路。如果电压表指针发生反偏,可将电压表的两支表笔调换过来。当电压表指针发生正偏时,说明与电压表红色表笔相接的一极为电压源的正极,与电压表黑色表笔相接的一极为电压源的负极,再选择合适的量程,即可读出电压源的端电压数值(也是电动势的数值)。电动势的方向是从电压源的负极指向正极,端电压的方向则是从电压源的正极指向负极。

值得注意的是,由于交流电压源的电动势(或端电压)大小和方向均随时间做周期性变化,所以只能使用交流电压表测定交流电压源的电动势(或端电压)大小(有效值),而无法测定其方向。无论对直流电源还是交流电源,在分析电路时,通常都要假定其电动势(或端电压)的方向,即选定电动势(或端电压)的参考方向,以便分析电路的工作情况。

*1.2.2 电流源

1. 电流源

通常所说的电流源一般是指理想电流源,其基本特性是其输出的电流固定不变(I_S)或是一定时间的函数 $i_S(t)$,而与它的端电压无关。电流源的端电压与外电路有关。实际电流源是含有一定内阻 R_S 的电源。几种电流源的电路符号如图 1.11 所示,其中图 1.11(a)所示为理想直流电流源(也称为恒流源),图 1.11(b)所示为理想交流电流源,图 1.11(c)所示为实际直流电流源,图 1.11(d)所示为实际交流电流源。

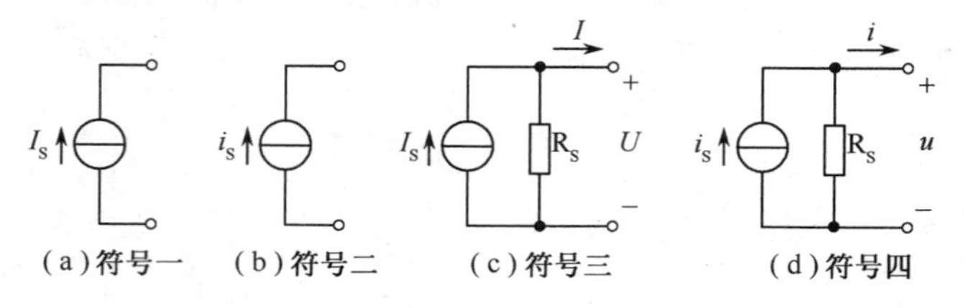

图 1.11 几种电流源的电路符号

2. 实际电压源与实际电流源之间的等效变换

由一个理想电压源和一个电阻 R_i 串联构成的实际电压源(如图 1.10(d)所示),其输出电压 U 与输出电流 I 之间的关系为

$$U = U_S - R_i I \tag{1-6}$$

由一个理想电流源和一个电阻 R_S 并联构成的实际电流源(如图 1.11(c)所示),其输出电压 U 与输出电流 I 之间的关系为

$$U = R_S I_S - R_S I \tag{1-7}$$

实际电源既可以用实际电压源模型,也可以用实际电流源模型来表示。对外电路来说,二者是等效的。比较式(1-6)与式(1-7),可得到等效变换公式:

$$R_i = R_S, U_S = R_S I_S \text{ 或 } I_S = U_S / R_i \tag{1-8}$$

【例 1.4】 试将图 1.12(a)所示电路中的电压源对外电路等效成电流源,将图 1.12(b)所示电路中的电流源对外电路等效成电压源。

解:等效变换结果如图 1.13 所示。

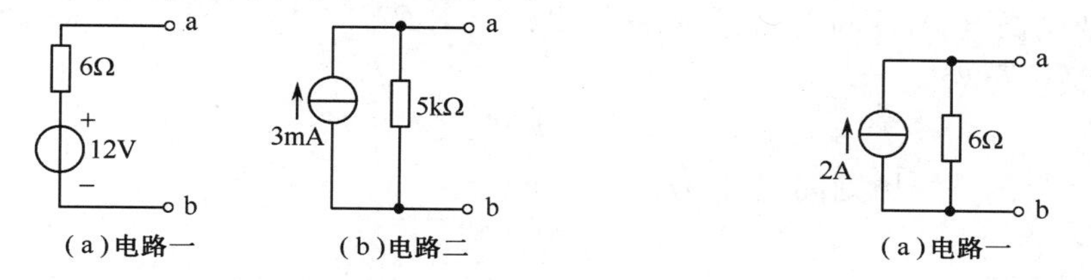

(a)电路一　(b)电路二

图 1.12　例 1.4 的电路图

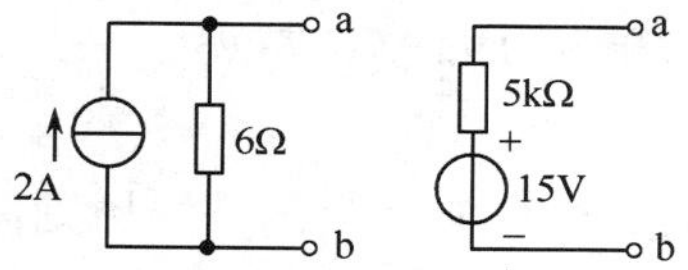

(a)电路一　(b)电路二

图 1.13　例 1.4 所示电路的等效电路

1.2.3　电阻元件

1. 电阻元件的特性

电阻元件是对电流呈现阻碍作用的耗能元件,例如灯泡、电热炉等电器。其 SI 制单位为欧姆(Ω),常用单位还有 kΩ 和 MΩ,它们与 Ω 的换算关系为:$1\text{k}\Omega = 10^3\Omega$,$1\text{M}\Omega = 10^6\Omega$。

电阻值 R 与通过它的电流 i 和两端电压 u 无关(R=常数)的电阻元件叫做线性电阻,其伏安关系(VA 关系)曲线在 i-u 平面坐标系中为一条通过原点的直线(如图 1.14(a)所示)。电阻值 R 与通过它的电流 i 和两端电压 u 有关($R \neq$常数)的电阻元件叫做非线性电阻,其 VA 关系在 i-u 平面坐标系中为通过原点的曲线(如图 1.14(b)所示)。以后所说的"电阻",如不作特殊说明,均指线性电阻。有关电感器的知识见本书第 9.3 节。

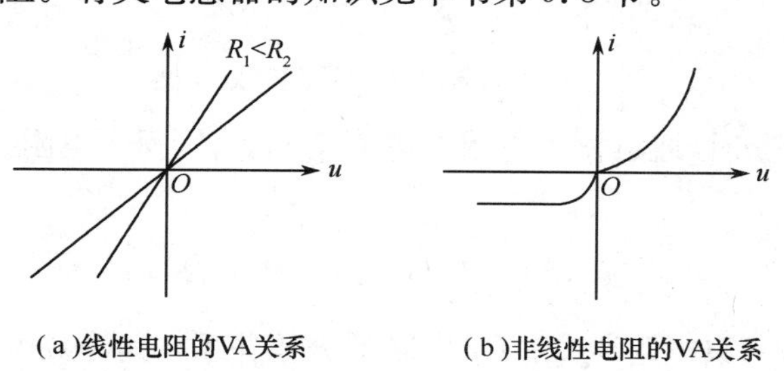

(a)线性电阻的VA关系　(b)非线性电阻的VA关系

图 1.14　线性与非线性电阻的 VA 关系曲线

2. 欧姆定律

电阻元件的 VA 关系服从欧姆定律

$$u(t)=\pm Ri(t) \quad 或 \quad U=\pm RI \tag{1-9}$$

当电阻 R 的端电压与通过它的电流为关联参考方向时(如图 1.15(a)所示),式(1-9)的等号右边选取“+”号;当电阻 R 的端电压与通过它的电流为非关联参考方向时(如图 1.15(b)所示),式(1-9)的等号右边选取“−”号。

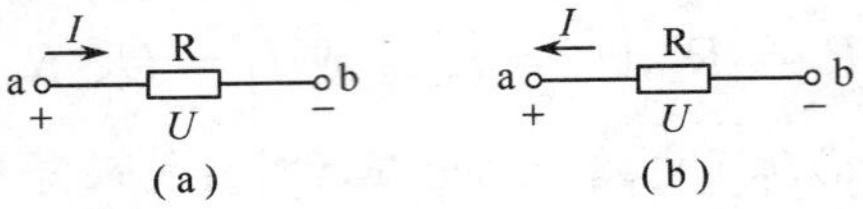

图 1.15 欧姆定律公式的电路表示

电阻值 R 的倒数叫做电导,用符号 G 或 g 表示,即 $G=1/R$ 。电导的 SI 制单位为西门子(S)。所以欧姆定律又可写为

$$i(t)=\pm gu(t) \quad 或 \quad I=\pm GU \tag{1-10}$$

其等号右边“+”、“−”号的选取原则同式(1-9)。

3. 电阻的功率

容易证明:无论 U 与 I 的参考方向如何选取,电阻的功率 P 均为

$$P=|UI|=I^2R=U^2/R\geqslant 0 \tag{1-11}$$

即如果电阻元件中存在电流或电压,那么电阻 R 总是消耗功率的。

4. 电阻的串联及其分压关系

当 n 只电阻相串联时,可以等效成一只电阻(如图 1.16 所示)。其等效电阻可由下式计算:

$$R_e=R_1+R_2+\cdots+R_n \tag{1-12}$$

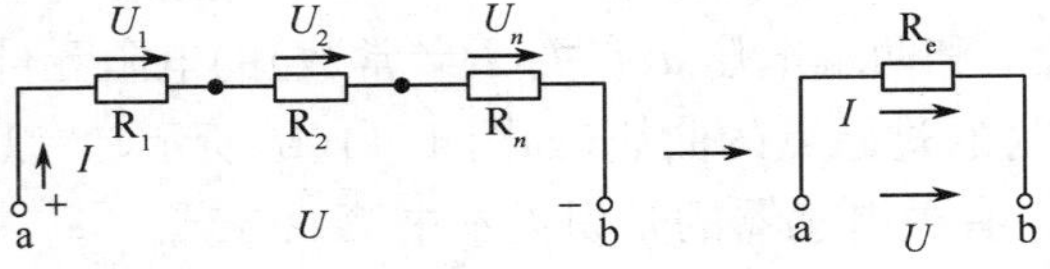

图 1.16 电阻的串联及其等效电路

由于 n 只电阻相串联时,通过每个电阻的电流均相等,则每个电阻上分得的电压与该电阻的阻值大小成正比,即

$$U_1:U_2:U_n=R_1:R_2:R_n \tag{1-13}$$

经常遇到的特例是两只电阻 R_1 和 R_2 串联的分压关系,其等效电阻 $R_e=R_1+R_2$,则有分压公式

$$U_1=\frac{R_1}{R_1+R_2}U \qquad U_2=\frac{R_2}{R_1+R_2}U \tag{1-14}$$

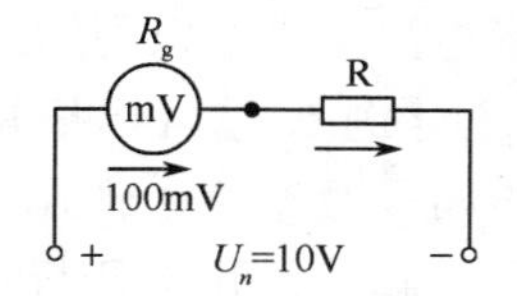

【例 1.5】 电压表的量程扩大(如图 1.17 所示):将量程 $U_g=100$mV,内阻 $R_g=1$kΩ 的表头扩大到量程 $U_n=10$V 的电压表。试求所需分压电阻 R。

解:容易证明,当 $n=U_n/U_g$ (此为电压量程扩大倍数)时,得

$$R=(n-1)R_g \tag{1-15}$$

图 1.17 例 1.5 的电路图

代入已知数据,得到 $R=99$kΩ。

5. 电阻的并联及其分流关系

当 n 只电阻相并联时,可以等效成一只电阻(如图 1.18 所示),其等效电阻 R_e 可由下式计算:

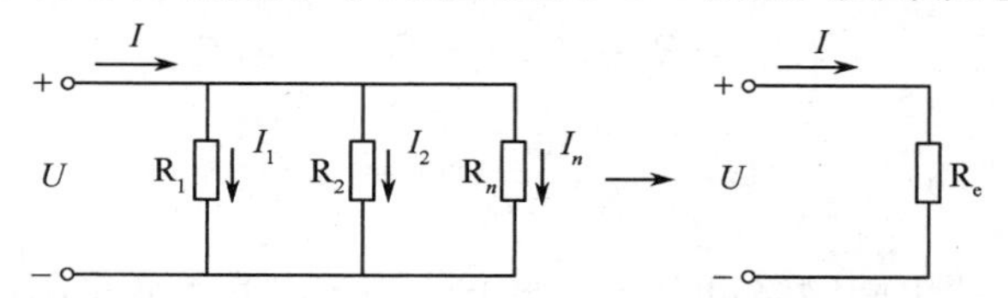

图 1.18 电阻的并联及其等效电路

$$\frac{1}{R_e}=\frac{1}{R_1}+\frac{1}{R_2}+\cdots+\frac{1}{R_n} \tag{1-16}$$

式(1-16)可以写为电导形式的公式,即

$$G_e=G_1+G_2+\cdots+G_n \tag{1-17}$$

即 n 只电导相并联时可以等效成一只电导,其等效电导 G_e 等于各支路电导之和。

由于 n 只电阻相并联时,各电阻具有相同的端电压 U,且各支路电流之和等于总电流 I,所以得到并联电阻的分流关系:

$$I_1:I_2:I_n=G_1:G_2:G_n \tag{1-18}$$

即各支路电流与支路电导的大小成正比。

经常遇到的特例是 R_1 和 R_2 电阻相并联的分流关系,由于等效电阻为 $R_e=\dfrac{R_1R_2}{R_1+R_2}$,则分流公式为

$$I_1=\frac{R_2}{R_1+R_2}I\,,\quad I_2=\frac{R_1}{R_1+R_2}I \tag{1-19}$$

【例 1.6】 电流表量程的扩大(如图 1.19 所示):将量程 $I_g=100\mu$A、内阻 $R_g=900\Omega$ 的表头扩大到量程为 $I_n=1$mA 的电流表,试求所需分流电阻 R。

解:容易证明,当设 $n=I_n/I_g$(此为电流量程扩大倍数)时,得

$$R=R_g/(n-1) \tag{1-20}$$

代入已知数据,可得到 $R=100\Omega$。

6. 电阻的混联

在电阻网络中,既有电阻的串联关系又有电阻的并联关系,称为电阻混联。比较简单的混

联电阻网络可以利用式(1-12)与式(1-16)计算。

【例 1.7】 如图 1.20 所示,$R_1=2\text{k}\Omega$,$R_2=3\text{k}\Omega$,$R_3=6\text{k}\Omega$,$U=50\text{V}$,分别求出开关 S 断开与闭合时等效电阻 R_{ab}、电压 U_2。

解:(1)开关 S 断开时

$$R_{ab}=R_1+R_2=5\text{k}\Omega$$

$$U_2=\frac{R_2}{R_1+R_2}U=30\text{V}$$

(2)开关 S 闭合时($R_2 /\!/ R_3$,两电阻并联)

$$R_{ab}=R_1+(R_2 /\!/ R_3)=4\text{k}\Omega$$

$$U_2=\frac{R_{23}}{R_1+R_{23}}U=25\text{V}$$

对于比较复杂的混联电阻网络可以用实验方法测定出其等效电阻(如习题 1.10)。

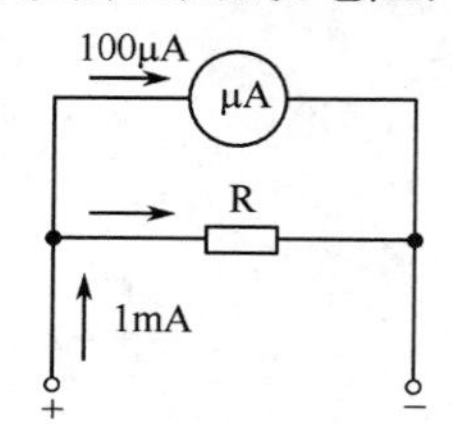

图 1.19 例 1.6 的电路图

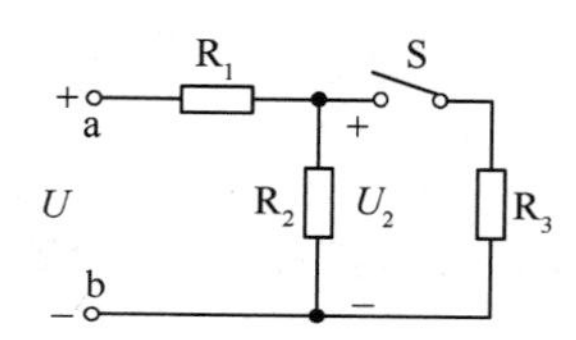

图 1.20 例 1.7 的电路图

1.2.4 电感元件

1. 电感的定义

将带有绝缘层的导线密绕在柱形体上,构成的螺线形线圈,如图 1.21 所示,称为螺线管。设其长度为 l、横截面积为 S、体积为 $V(V=Sl)$。线圈中的物质称为磁介质,当磁介质是非导磁材料时(如空气、有机玻璃、塑料等),称为空心线圈;当线圈中含有导磁介质时(如铁、钴、镍及其合金等),称为铁芯线圈。

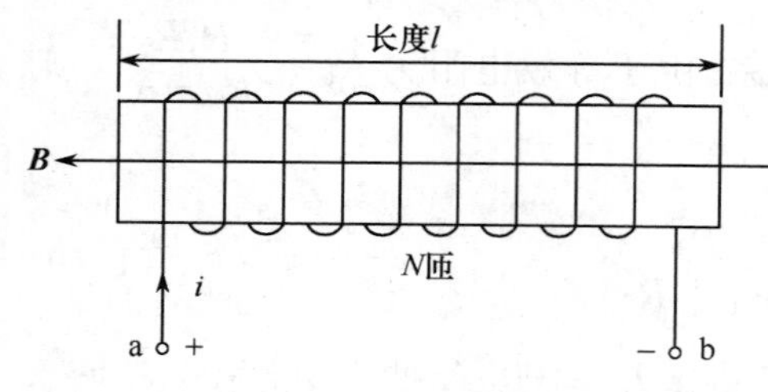

图 1.21 载流螺线管

物理学告诉我们,通电线圈可以产生磁感应强度 $\boldsymbol{B}$,且在线圈内部产生的磁感应强度 $\boldsymbol{B}$ 与电流强度 i 成正比,与单位长度上的线圈匝数 $n(n=N/l)$ 成正比。为简化分析,假设线圈内的磁场是均匀的,则通过螺线管横截面 S 的磁通量为 $\Phi_B=BS$,磁感应强度 $\boldsymbol{B}$ 的 SI 制单位为特斯拉(T),面积的 SI 制单位为平方米(m^2),磁通量 Φ_B 的单位为韦伯(Wb)。

定义线圈的磁链为

$$\Psi=N\Phi_B \tag{1-21}$$

显然磁链 Ψ 与线圈中的电流强度 i 成正比。设二者之间的比例系数为 L,即

$$\Psi = Li \tag{1-22}$$

或

$$L = \frac{\Psi}{i} \tag{1-23}$$

把 L 定义为线圈的自感或电感系数(简称为电感 L),它是与线圈本身结构形状、尺寸等有关的参数,即线圈的磁链与通电电流之比是与线圈本身参数有关的量。实验表明:电感 L 的大小与线圈单位长度上的匝数平方 n^2 成正比,与线圈体积 V 成正比,与线圈中磁介质的磁导率 μ 成正比(关于磁导率的概念见本书第 4 章)。

电感 L 的 SI 制单位为亨利(H),常用的单位还有毫亨(mH)、微亨(μH)、纳亨(nH)等,它们与 H 的换算关系为 1mH $=10^{-3}$H,1μH$=10^{-6}$H ,1nH$=10^{-9}$H。

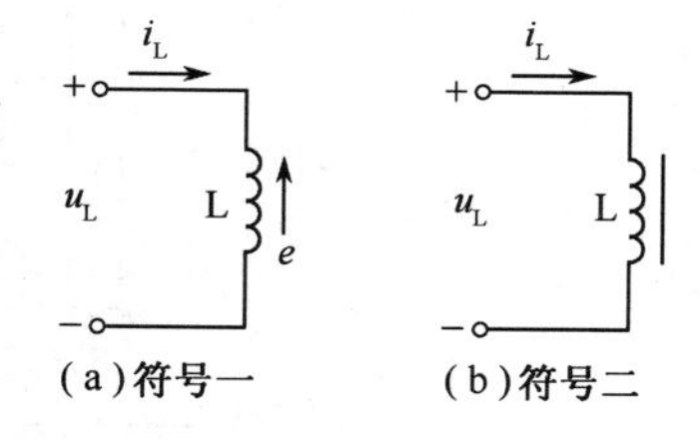

(a)符号一 (b)符号二

图 1.22 线性电感与铁芯电感元件的电路符号

如果线圈中不含有导磁介质,则称为空心电感或线性电感。线性电感 L 在电路中是一常数(与外加电压或通电电流无关),其电路符号如图 1.22(a)所示。

如果线圈中含有导磁介质时,则电感 L 将不是常数,而是与外加电压或通电电流有关的量,这样的电感称为非线性电感(如铁芯电感),其电路符号如图 1.22(b)所示。

如果下面章节不做特殊说明,一般所说的“电感”,均指线性电感。有关电感器的知识见本书第 9.3 节。

2. 电感元件的基本特性

根据法拉第电磁感应定律可知,一个线圈的磁感应电动势 e 与该线圈中磁通量随时间的变化率($\Delta\Phi_B/\Delta t$)成正比,即

$$e = N\frac{\Delta\Phi_B}{\Delta t} \tag{1-24}$$

由式(1-21)与式(1-22)可得 $N\Delta\Phi_B = L\Delta i_L$,于是

$$e = L\frac{\Delta i_L}{\Delta t} \tag{1-25}$$

式(1-25)表明,电感线圈中的电动势与线圈中的电流随时间的变化率成正比。在图 1.22(a)所示的 u_L 与 e 参考方向下,电感两端的电压 $u_L = e$,即

$$u_L = L\frac{\Delta i_L}{\Delta t} \tag{1-26}$$

即电感两端的电压也与通过它的电流随时间的变化率成正比,这是一个重要的关系式。

由式(1-26)可以推知电感元件的基本特性:对于直流电路来说,由于直流电流不随时间发生变化,即有 $u_L = L\frac{\Delta i_L}{\Delta t} = 0$,端电压为零,说明电感元件相当于短路;而对于随时间变化的电流(如正弦交流)电路来说,$u_L = L\frac{\Delta i_L}{\Delta t} \neq 0$,即电感两端存在电压降。

综上所述,电感元件具有“通直流、阻交流”的重要特性。

1.2.5 电容元件

1. 电容器与电容的基本概念

电容器是由两块相互靠近且彼此绝缘的导体构成的二端元件,这两块导体称为电容器的极板。平行板电容器是一种最简单的电容器,如图 1.23 所示,它的两个极板是一对平行金属板,极板间的绝缘物质叫做电介质(如空气、玻璃、纸、瓷类等)。电容器又称为电容元件,其电路符号如图1.24所示。

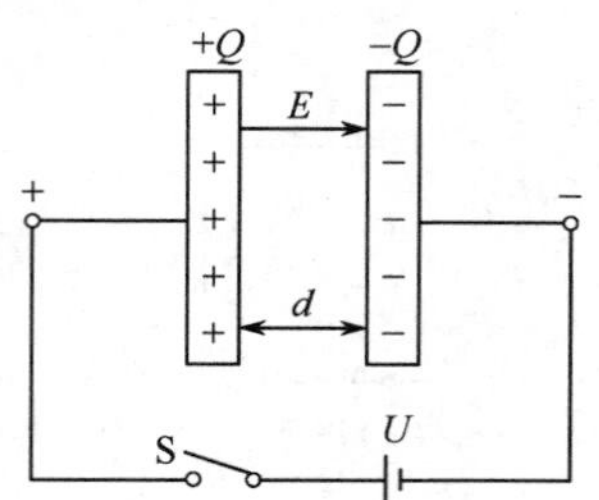

图 1.23 平行板电容器结构

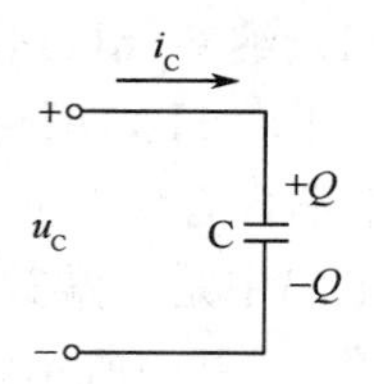

图 1.24 电容元件的符号

把电容器的两极分别与电源 U 两极相接(图 1.23 所示电路中开关 S 闭合),电容器的两个极板上将分别带有等量异种电荷 $+Q$ 和 $-Q$,这种过程称为给电容器充电。充电后,若去掉电源,电容器两极板上仍将带电,且电量不变,即电容器具有存储电荷的能力。也可以说,电容器具有存储电场能量的作用。若将电容器的两个极板短接,正负电荷将中和,这种过程称为给电容器放电。

电容器的电容量 C 定义为其带电量 Q 与两端电压 u_C 之比,即

$$C=\frac{Q}{u_C} \tag{1-27}$$

Q 的单位为库仑(C),u_C 的单位为伏特(V),电容 C 的 SI 单位为法拉(F),常用的单位还有微法(μF)和皮法(pF)。$1\mu F=10^{-6}F$,$1pF=10^{-12}F$。

电容器的电容 C 是与电容器本身结构(如极板面积 S、极板间距 d、极板间介质材料等)有关的参数。理论与实验均表明:电容 C 的大小与极板面积 S 成正比、与极板间距 d 成反比。

电容 C 值越大,表明在单位电压作用下所储存的电荷量 Q 越大,即储存电能的能力越大。一般电容 C 是一常数,叫做线性电容,如果以后不做特殊说明,通常所说的“电容”均指线性电容,即其大小与外加电压或通过它的电流无关。

任何电容器极板间的绝缘物质都存在耐压值,如果在电路中电容两端的电压超过其规定的耐压值,将发生电容极板间的绝缘物质被击穿(短路或烧毁)的现象。所以使用电容时,必须注意电容的耐压值。

电容的种类繁多,如固定电容、可变电容、微调电容、电解电容等,各种电容的结构、特性等可参考一般电子元件手册或书籍,本书不再赘述。

2. 电容元件的基本特性

由式(1-27)可知电容 C 的带电量为 $Q=Cu_C$。如果假设在 Δt 时间内电容两端电压的改变

量为 Δu_C，则电容的带电量变化为 $\Delta Q = C\Delta u_C$，于是“通过”电容的电流为

$$i_C = \frac{\Delta Q}{\Delta t} = C\frac{\Delta u_C}{\Delta t} \tag{1-28}$$

即通过电容的电流与电容两端电压随时间的变化率成正比，这是一个重要的关系式。

由式(1-28)可以推知电容元件的基本特性：对于直流电路来说，由于直流电压不随时间发生变化，即有 $i_C = C\frac{\Delta u_C}{\Delta t} = 0$。电流为零，说明电容元件相当于开路；而对于随时间变化的电压(如正弦交流)电路来说，$i_C = C\frac{\Delta u_C}{\Delta t} \neq 0$，即电容中可通过电流。

综上所述，电容元件具有“隔直流、通交流”的重要特性。

3. 电容的串联与并联

容易证明：n 只电容串联，如图 1.25 所示，可以等效成一只电容，其等效电容值 C_e 的倒数等于各个电容的倒数之和，即

$$\frac{1}{C_e} = \frac{1}{C_1} + \frac{1}{C_2} + \cdots + \frac{1}{C_n} \tag{1-29}$$

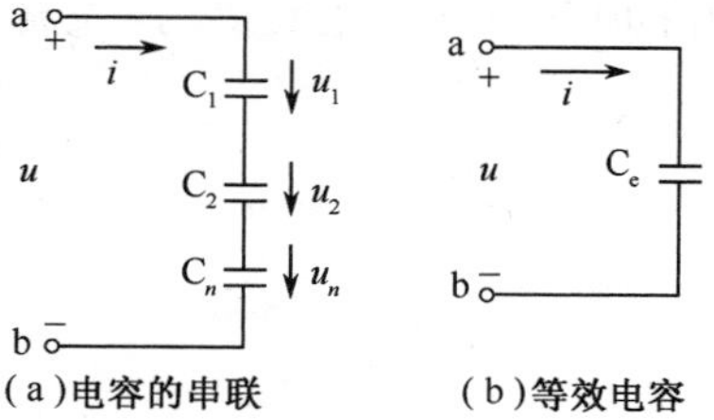

(a)电容的串联　(b)等效电容

图 1.25　电容的串联及其等效电容

串联电容的分压关系为

$$u_1 : u_2 : u_n = \frac{1}{C_1} : \frac{1}{C_2} : \frac{1}{C_n} \tag{1-30}$$

特例：当两个电容串联时有

$$C_e = \frac{C_1C_2}{C_1 + C_2},\ u_1 = \frac{C_2}{C_1 + C_2}u,\ u_2 = \frac{C_1}{C_1 + C_2}u \tag{1-31}$$

容易证明：n 只电容并联，如图 1.26 所示，可以等效成一只电容，其等效电容 C_e 等于各个电容之和，即

$$C_e = C_1 + C_2 + \cdots + C_n \tag{1-32}$$

【例 1.8】　电路如图 1.27 所示，已知：$C_1 = 30\mu F$，$C_2 = 10\mu F$，$C_3 = 50\mu F$，$U = 60V$。试求：(1)a 和 b 间等效电容 C_{ab}；(2)电压 u_1 与 u_2。

解：(1) $C_{23} = C_2 + C_3 = 60\mu F$；　$C_{ab} = \frac{C_1C_{23}}{C_1 + C_{23}} = 20\mu F$

(2) $u_1 = \frac{C_{23}}{C_1 + C_{23}}U = 40V$；　$u_2 = \frac{C_1}{C_1 + C_{23}}U = 20V$

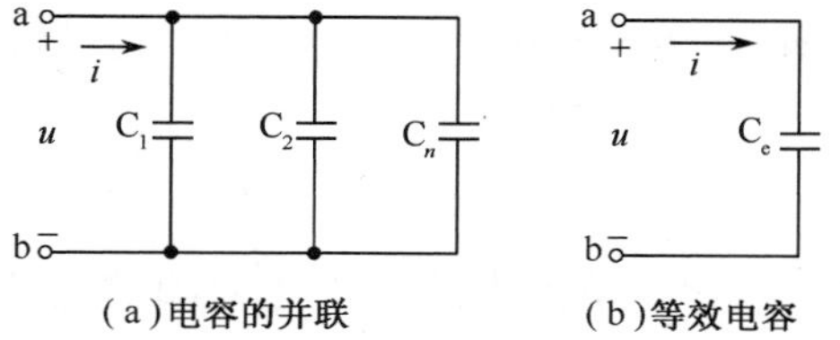

(a)电容的并联　(b)等效电容

图 1.26　电容的并联及其等效电容

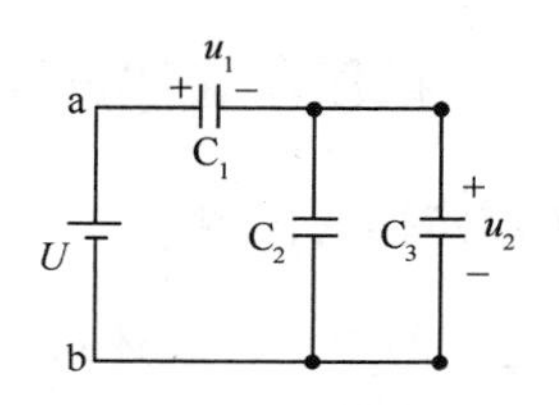

图 1.27　例 1.8 的电路图

有关电容器的知识见本书第 9.2 节。

思考与练习 1.2

1. 电压源、电流源的基本特性是什么?
2. 实际电源的电路模型有几种? 各是什么?
3. 画出实际电压源与实际电流源的电路模型,并说明二者之间如何相互转换。
4. 什么叫做线性电阻和非线性电阻?
5. 电感与电容的基本特性是什么?
6. 如思考与练习 6 图所示,已知 $U_{ab}=240V$,$R_1=0.4k\Omega$,$R_2=6k\Omega$,$R_3=3k\Omega$,$R_4=8k\Omega$,分别求开关 S 断开和闭合时的等效电阻 R_{ab} 与各支路电流 I_1,I_2,I_3,I_4。

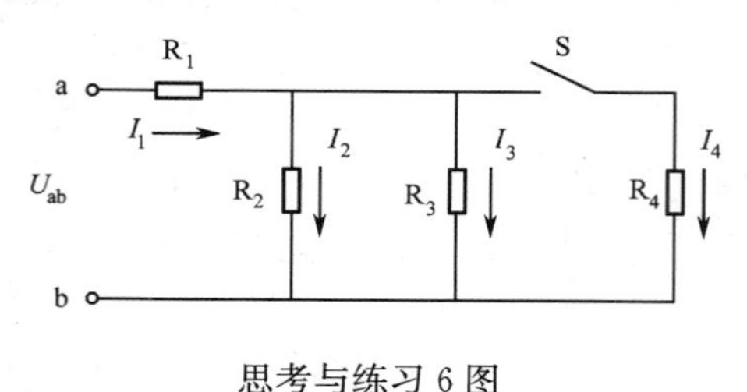

思考与练习 6 图

1.3 电路的基本规律

1.3.1 常用电路名词

如图 1.28 所示,以该电路为例,说明下列常用电路名词。

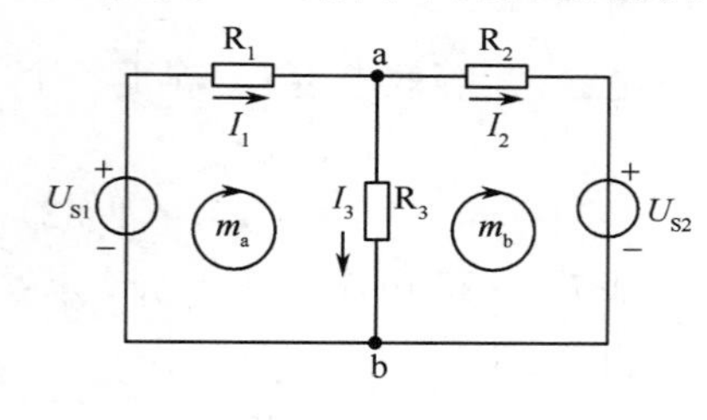

图 1.28 电路名词解释

(1)支路:电路中具有两个端钮且通过同一电流的每个分支。图 1.28 中电路的支路数目为 $n=3$。

(2)节点:电路中两条以上支路的连接点。图1.28中电路的节点为 a 和 b 两点,数目为 $n=2$。

(3)回路:电路中任一闭合的路径。图 1.28 中电路的回路数目为 $L=3$。

(4)网孔:不含有分支的闭合回路。图 1.28 中电路的网孔数 m_a 和 m_b,数目为 $m=2$。

(5)网络:包含较多元件的电路。

1.3.2 基尔霍夫第一定律——电流定律(KCL)

1. 电流定律的内容

电流定律的第一种表述:在任何时刻,电路中流入任一节点中的电流之和,恒等于从该节点流出的电流之和,即

$$\sum i_{流入}=\sum i_{流出} \tag{1-33}$$

如图 1.28 所示的电路中,在节点 a 上:$I_1=I_2+I_3$;在节点 b 上:$I_2+I_3=I_1$。

另外，在节点 a 上有：$-I_1+I_2+I_3=0$，因此，基尔霍夫电流定律又可以用第二种表示方法表述。

电流定律的第二种表述：在任何时刻，电路中任一节点上的各支路电流代数和恒等于零，即

$$\sum(\pm i)=0 \tag{1-34}$$

一般在流入节点的电流前面取"－"号，在流出节点的电流前面取"＋"号，反之亦可。

在使用电流定律时，必须注意：

(1)对于含有 n 个节点的电路，只能列出 $(n-1)$ 个独立的电流方程。

(2)列节点电流方程时，只需考虑电流的参考方向，然后带入电流的数值。

2. 应用举例

(1)对于电路中任意假设的封闭面来说，电流定律仍然成立。如图 1.29(a)所示电路中：

$$I_b+I_c=I_e$$

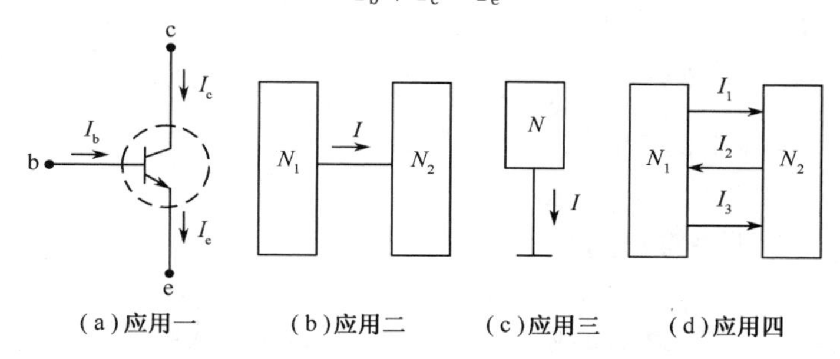

图 1.29 基尔霍夫电流定律的应用

(2)对于网络之间的电流关系，仍然可由电流定律判定。在图 1.29(b)中，$I=0$，亦即：若两个网络之间只有一根导线相连，那么这根导线中一定没有电流通过。

与之类似，在图 1.29(c)中，$I=0$，亦即：若一个网络只有一根导线与地相连，那么这根导线中一定没有电流通过。

在图 1.29(d)中，$I_1+I_3=I_2$，亦即：在任何时刻，流入任一网络的电流之和等于从该网络流出的电流之和。

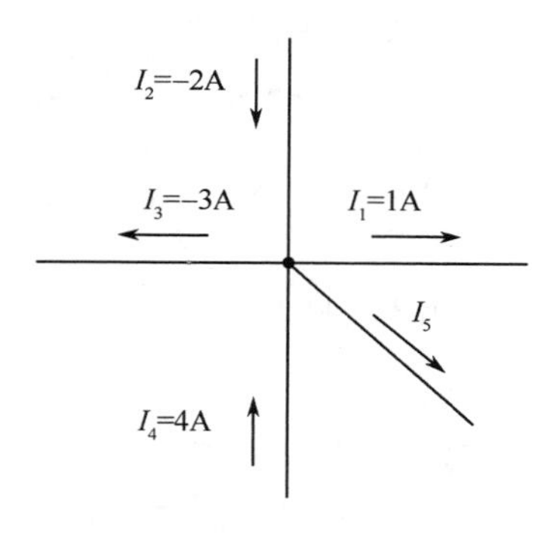

图 1.30 例 1.9 的图

【例 1.9】 如图 1.30 所示求电流 I_5，并指出该电流的实际方向。

解法一： 使用基尔霍夫第一定律的第一种表达方法，即 $I_2+I_4=I_1+I_3+I_5$，将已知电流数值(包括正负号)代入上式，得 $I_5=4\text{A}$。I_5 的实际方向与所标定的参考方向相同。

解法二： 使用基尔霍夫第一定律的第二种表达方法，即 $I_1-I_2+I_3-I_4+I_5=0$，将已知电流数值(包括正负号)代入上式，得 $I_5=4\text{A}$。I_5 的实际方向与所标定的参考方向相同。

1.3.3 基尔霍夫第二定律——电压定律(KVL)

1. 电压定律内容

在任何时刻,沿着电路中的任一回路绕行方向,回路中各段电压的代数和恒等于零,即

$$\sum(\pm u)=0 \tag{1-35}$$

使用基尔霍夫第二定律列回路电压方程的原则(以直流电路为例):

(1) 标出各支路电流的参考方向并选择回路绕行方向(既可沿着顺时针方向绕行,也可沿着逆时针方向绕行)。

(2) 电阻元件的端电压为$\pm RI$,当电流I的参考方向与回路绕行方向一致时,选取"+"号;反之,选取"−"号。

(3) 电源端电压为$\pm U_S$,当电源端电压参考方向与回路绕行方向一致时,选取"+"号,反之选取"−"号。

以图1.28所示电路为例说明:

(1)对于回路m_a(网孔m_a):

$$R_1I_1+R_3I_3-U_{S1}=0$$

(2)对于回路m_b(网孔m_b):

$$R_2I_2-R_3I_3+U_{S2}=0$$

(3)对于U_{S1}和R_1支路与U_{S2}和R_2支路构成的回路:

$$R_1I_1+R_2I_2+U_{S2}-U_{S1}=0$$

可以看出:上述电压方程中只有两个方程是独立的,因为从任意两个方程可以得到另一个方程,如(1)+(2)=(3)。

一般地,具有b条支路、n个节点的电路,可列出$b-(n-1)$个独立电压方程。

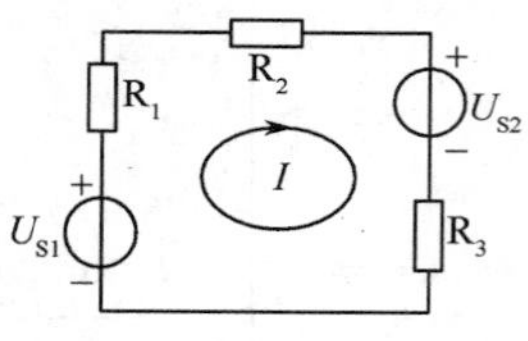

图1.31 例1.10的电路图

2. 应用举例

【例1.10】 如图1.31所示的独立回路电路中,已知$U_{S1}=12V$,$U_{S2}=4V$,$R_1=R_2=10\Omega$,$R_3=20\Omega$。试求出回路电流I,并判定是哪个电源为电路提供电功率?

解: 选择顺时针回路绕行方向,列出KVL方程

$$R_1I+R_2I+R_3I+U_{S2}-U_{S1}=0$$

解得

$$I=(U_{S1}-U_{S2})/(R_1+R_2+R_3)=0.2A$$

电压源U_{S1}的功率为$P_{U_{S1}}=-U_{S1}I=-2.4W$(供能元件);

电压源U_{S2}的功率为$P_{U_{S2}}=U_{S2}I=0.8W$(耗能元件)。

请读者将回路绕行方向选择为逆时针绕行,重解此例题。

【例1.11】 如图1.32所示电路,已知$U_{S1}=35V$,$U_{S2}=5V$,$R_1=5\Omega$,$R_2=10\Omega$,$R_3=10\Omega$,试求a和b端的开路电压U_{ab}。

解: a和b端电压U_{ab}等于从a点出发经过任意线路到达b点过程中所有元件端电压的代数和,本题a和b间开路,所以R_3两端电压为零。

如:(1)沿着 a→R_3→R_1→U_{S1}→b 方向,有 $U_{ab}=-R_1I+U_{S1}$

或 (2)沿着 a→R_3→R_2→U_{S2}→b,有 $U_{ab}=R_2I+U_{S2}$

根据 KVL,有 $R_1I+R_2I+U_{S2}-U_{S1}=0$

于是 $I=2$A,

代入(1)或(2)式中:$U_{ab}=25$V。

【例 1.12】 电路如图 1.33 所示,以 b 点为电位参考点,已知:$U_{S1}=24$V,$U_{S2}=20$V, $R_1=30\Omega$,$R_2=40\Omega$, $R_3=20\Omega$。求 a,c,d 各点的电位。

解:列出两个回路电压方程和一个电流方程

$$R_1I_1+R_3I_3-U_{S1}=0 \quad (1)$$

$$R_2I_2-R_3I_3+U_{S2}=0 \quad (2)$$

$$I_2+I_3=I_1 \quad (3)$$

解得:$I_1=0.4$A,$I_2=-0.2$A,$I_3=0.6$A。

$$U_c=U_{cb}=U_{S1}=24\text{V},\ U_d=U_{db}=U_{S2}=20\text{V}$$

$$U_a=U_{ab}=R_3I_3=12\text{V}$$

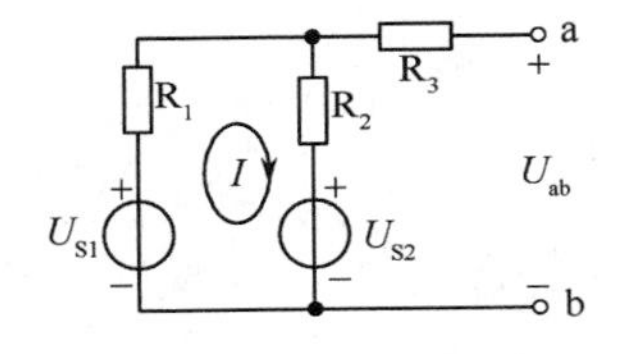

图 1.32 例 1.11 的电路图

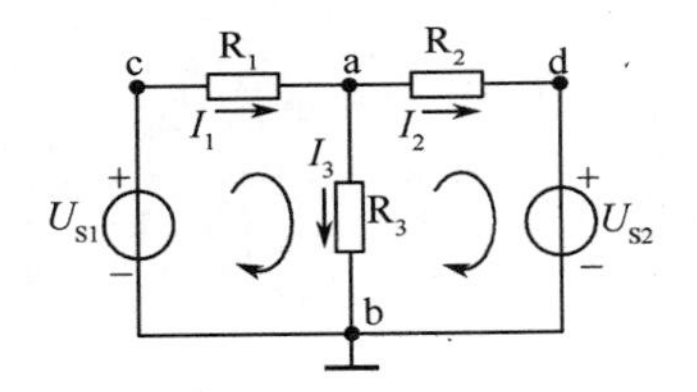

图 1.33 例 1.12 的电路图

思考与练习 1.3

1. 如思考与练习 1 图所示,已知 $U_{S1}=14$V,$U_{S2}=9$V,$R_1=20\Omega$,$R_2=5\Omega$,$R_3=6\Omega$,应用基尔霍夫定律求各支路电流 I_1,I_2,I_3。

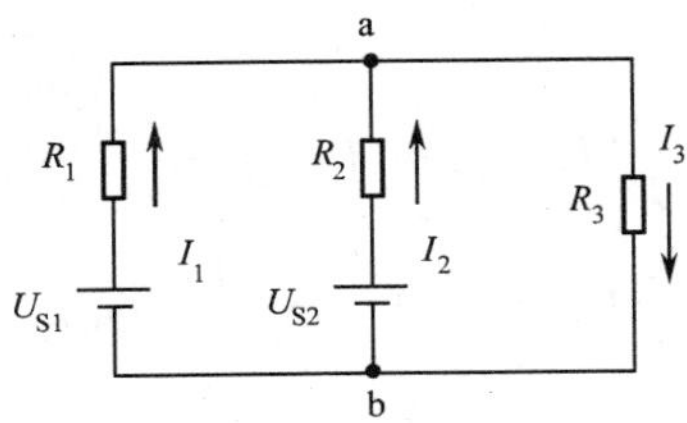

思考与练习 1 图

2. 在思考与练习 1 中,分别写出节点电压 U_{ab}与各支路电流 I_1,I_2,I_3 之间的关系式,然后求出它的大小。

3. 在思考与练习 1 中,分别写出利用节点电压 U_{ab}求各支路电流 I_1,I_2,I_3 的关系式。

*1.4 电路定理

1.4.1 叠加定理

1. 叠加定理的引出

用如图 1.34 所示的电路说明叠加定理。

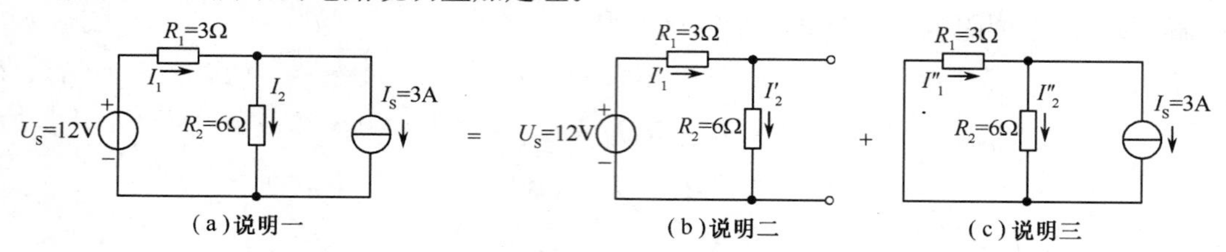

图 1.34 叠加定理的说明

首先用基尔霍夫定律可以解出图 1.34(a)所示电路中的各支路电流：

$$R_1I_1+R_2I_2=U_S$$

$$I_1=I_2+I_S$$

解得：

$$I_1=\frac{U_S}{R_1+R_2}+\frac{R_2}{R_1+R_2}I_S=\frac{10}{3}\text{A}$$

$$I_2=\frac{U_S}{R_1+R_2}+\frac{-R_1}{R_1+R_2}I_S=\frac{1}{3}\text{A}$$

对于图 1.34(b)电路，只有电压源 U_S 单独作用，相当于图 1.34(a)中的电流源 I_S 开路。此时电路中的各支路电流为

$$I_1'=I_2'=\frac{U_S}{R_1+R_2}=\frac{4}{3}\text{A}$$

对于图 1.34(c)所示电路，只有电流源 I_S 单独作用，相当于图 1.34(a)中的电压源 U_S 短路。此时电路中的各支路电流为

$$I_1''=\frac{R_2}{R_1+R_2}I_S=2\text{A},I_2''=-\frac{R_1}{R_1+R_2}I_S=-1\text{A}$$

可见：$I_1=I_1'+I_1''=\frac{10}{3}\text{A},I_2=I_2'+I_2''=\frac{1}{3}\text{A}$

2. 叠加定理的内容

当线性电路中有几个电源共同作用时，各支路的电流(或电压)等于各个电源分别单独作用时在该支路产生的电流(或电压)的代数和(叠加)。

在使用叠加定理分析计算电路时应注意以下几点：

(1) 叠加定理只能用于计算线性电路(电路中的元件均为线性元件)的支路电流或电压(不能直接进行功率的叠加计算)。

(2) 电压源不作用时应视为短路，电流源不作用时应视为开路。

(3) 叠加时要注意电流或电压的参考方向，正确选取各分量的正负号。

【例 1.13】 应用叠加定理计算图 1.35 所示电路中的电压 U，已知 $U_S=20V$，$I_S=3A$。

解：(1) 电压源 U_S 单独作用时，电流源 I_S 开路，如图 1.36(a)所示，有：

$$U' = \frac{1}{2}U_S = 10V$$

(2) 电流源 I_S 单独作用时，电压源 U_S 短路，如图 1.36(b)所示，有：

$$U'' = (10 \,//\, 10)I_S = 15V$$

(3) 叠加：$U=U'+U''=25V$

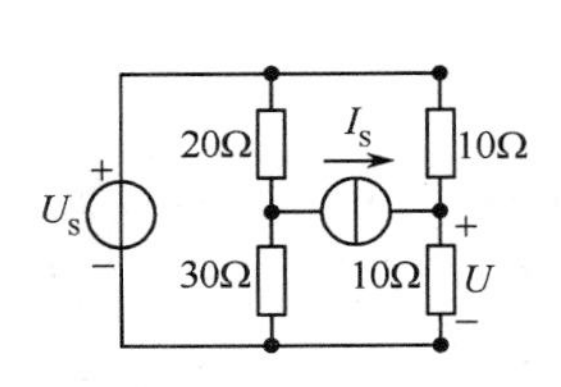

图 1.35 例 1.13 的图

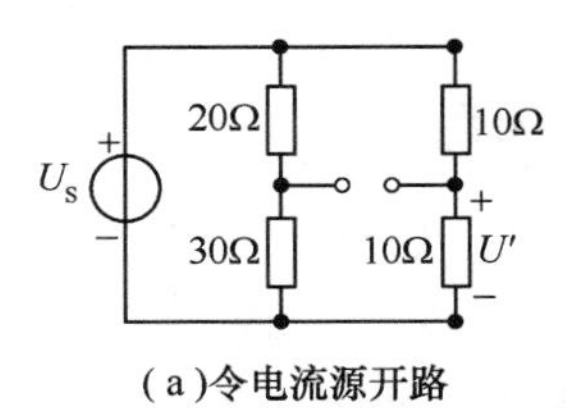

(a)令电流源开路

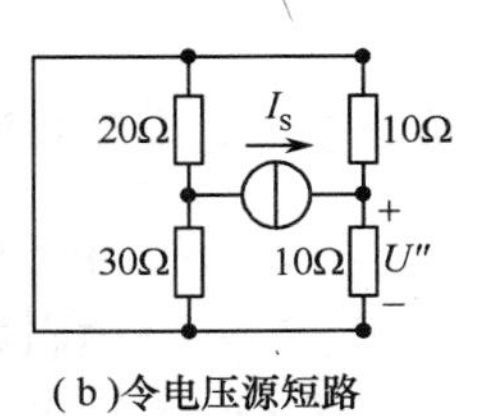

(b)令电压源短路

图 1.36 例 1.13 的解答

1.4.2 等效电源定理

1. 戴维宁定理

戴维宁定理：任何一个线性有源二端电阻网络，对外电路来说，总可以用一个电压源与一个电阻相串联的模型来替代。电压源的电压等于该二端网络的开路电压 U_{oc}，其电阻等于该二端网络中所有电压源短路、电流源开路时的等效电阻 R_i（叫做该二端网络的等效内阻）。

戴维宁定理的电路表述如图 1.37 所示，该定理又叫做等效电压源定理。

【例 1.14】 如图 1.38 所示电路，试用戴维宁定理求负载 R_L 为多大时才能获得最大功率？并求出负载 R_L 获得最大功率时的电流 I 与最大功率 P_m。

解：(1)开路去掉负载 R_L，求出 a 和 b 两端的开路电压 U_{oc}，电路如图 1.39(a)所示，有：

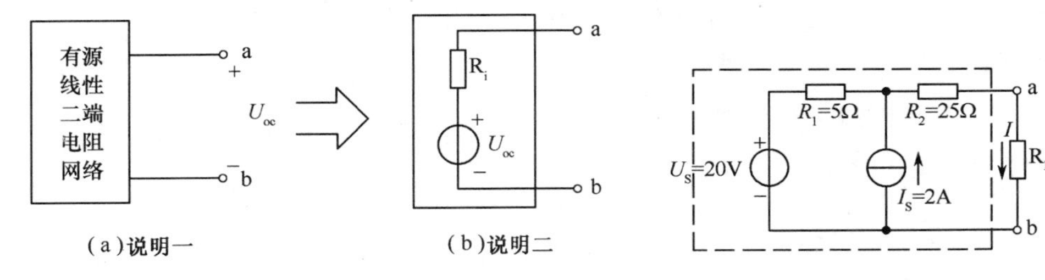

图 1.37 戴维宁定理的说明　　图 1.38 例 1.14 的图

$$U_{oc}=R_1I_S+U_S=5\times2+20=30V$$

(2)令电压源短路、电流源开路，求出 a 和 b 两端的等效电阻 R_i，电路如图1.39(b)所示，有：

$$R_i = R_1 + R_2 = 30\Omega$$

(3) 电路如图 1.39(c)所示，当 $R_L=R_i=30\Omega$ 时可获得最大功率 P_m，此时

$$I = \frac{U_{oc}}{R_i + R_L} = 0.5A, P_m = I^2R_L = 7.5W$$

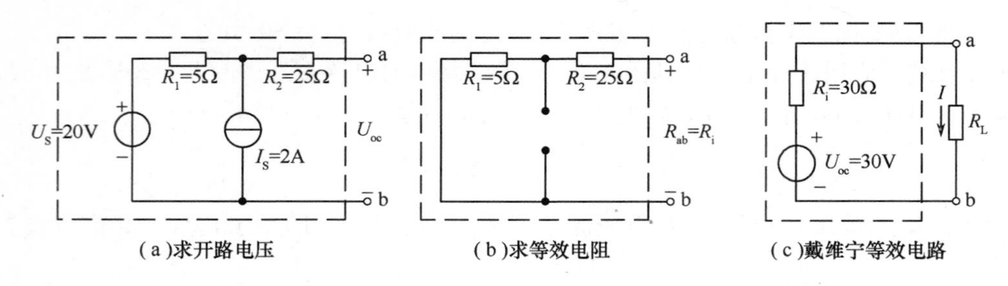

(a)求开路电压　(b)求等效电阻　(c)戴维宁等效电路

图 1.39　例 1.14 的解题说明

2. 戴维宁等效电路参数的测定

(1) 用电压表 V(内阻视为无穷大)测量有源二端网络的开路电压 U_{oc}，如图 1.40(a)所示。

(2) 用电流表 A(内阻视为零)与一只电阻 R(其数值可调为已知)串联，接入二端网络，如图 1.40(b)所示，测量出电阻 R 中的电流 I_A，于是由 $U_{oc}=(R_i+R)I_A$，可得二端网络的等效内阻为

$$R_i=\frac{U_{oc}}{I_A}-R \tag{1-36}$$

如果已知二端网络的 a 和 b 两端允许短路，可以不加保护电阻 R，用电流表 A 直接测得短路电流 I_{SC}，那么二端网络的等效内阻为 $R_i=U_{oc}/I_{SC}$。

【例 1.15】 如图 1.41 所示的二端网络，当开关 S 打开时，用电压表 V 直接测量得 a 和 b 两端的开路电压为 $U_{oc}=12V$，当 $R=1k\Omega$ 时，将开关 S 闭合，电流表 A 的读数为 6mA，问当电阻 R 调至 5kΩ 时，电流表的读数应为多少？

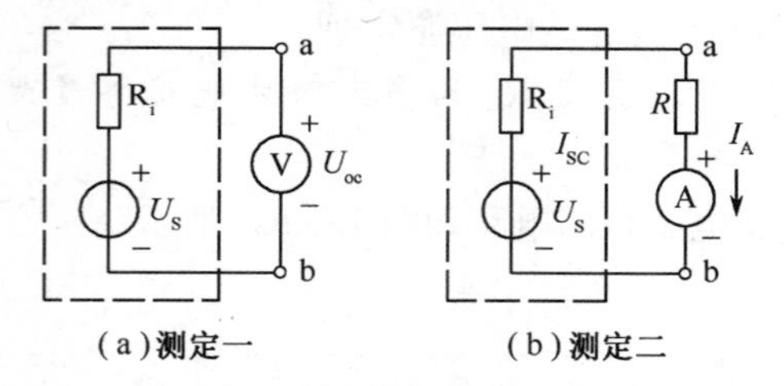

(a)测定一　(b)测定二

图 1.40　戴维宁等效电路参数的测定

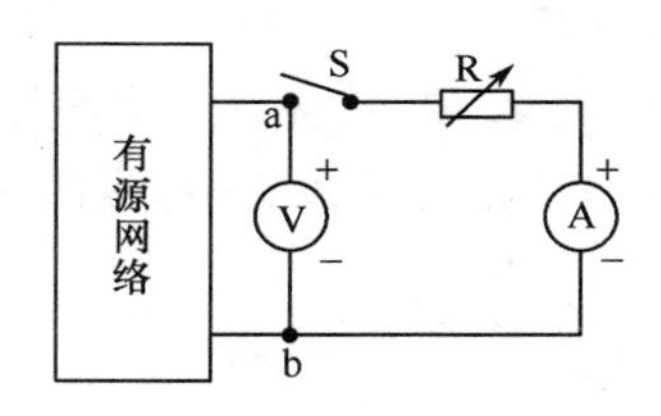

图 1.41　例 1.15 的图

解：(1) $R=1k\Omega$ 时

$$U_{oc}=(R_i+R)I_A$$

$$R_i=\frac{U_{oc}}{I_A}-R=1k\Omega$$

(2) $R=5k\Omega$ 时，

$$I_A=U_{oc}/(R_i+R)=12/(1+5)=2mA$$

3. 诺顿定理

由于电压源与电阻串联的模型可以等效成为电流源和电阻并联的模型，所以能够得到等效电流源定理——诺顿定理。

诺顿定理为：任何一个线性有源二端电阻网络，对外电路来说，总可以用一个电流源与一

个电阻相并联的模型来替代。电流源的电流等于该二端网络的短路电流 I_{SC}，其电阻等于该二端网络中所有电压源短路、电流源开路时的等效电阻 R_i。

思考与练习 1.4

1. 如思考与练习1图所示，已知 $U_{S1}=140V$，$U_{S2}=90V$，$R_1=20k\Omega$，$R_2=5k\Omega$，$R_3=6k\Omega$，应用叠加定理求各支路电流 I_1，I_2，I_3。

2. 在思考与练习1中，先应用戴维宁定理求出支路电流 I_3，然后再求出节点电压 U_{ab} 和各支路电流 I_1，I_2。

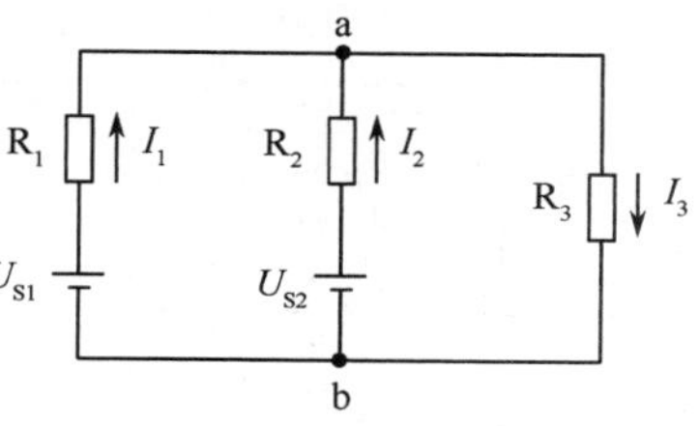

思考与练习1图

本章小结

1. 电路的基本物理量

电路的基本物理量主要包括电流、电压、电位、电动势、功率与电能，如表1-1所示。

表1-1 电路的基本物理量

序号	名称	符号	单位(SI制)	主要关系式
1	电流	I或i	A	变动电流 $i(t)=\frac{\Delta q}{\Delta t}$，直流 I=常数
2	电压	U或u	V	电压为两点间的电位差 $U_{ab}=U_a-U_b$
3	电位	U_a	V	任一点的电位 $U_a=U_{ao}$，o为电位参考点
4	电动势	E或$\dot{e}$	V	其大小等于电源力把单位正电荷从电源的负极，经过电源内部移到电源正极所做的功，也等于电源两极间开路时的电位差(电压源的端电压)，方向为从电源负极指向正极
5	功率	P	W	$P=UI$
6	电能	W	J	$W=Pt=UIt$

2. 基本二端元件

基本二端元件主要包括电压源、电流源、电阻、电感与电容，如表1-2所示。

表 1-2　基本二端元件的特性

序号	名称	图形符号	单位（SI 制）	VA 关系与主要特性
1	电压源	E, U_S	V	端电压或电动势保持不变，输出电流与外电路有关
2	电流源	I_S	A	输的电流保持不变，输出电压与外电路有关
3	电阻 R	R	Ω	耗能元件，$u_R=RI$
4	电感 L	L	H	供能元件，$u_L=L\frac{\Delta i_L}{\Delta t}$ 具有“通直流、阻交流”的特性
5	电容 C	C	F	供能元件，$i_C=C\frac{\Delta u_C}{\Delta t}$ 具有“通交流、隔直流”的特性

3. 电路的基本定律和定理

电路的基本定律和定理主要包括基尔霍夫定律、叠加定理、戴维宁定理与诺顿定理，如表 1-3 所示。

表 1-3　电路的基本定律和定理

序号	名　称	内　容
1	基尔霍夫第一定律（KCL）	在任何时刻，流入任一节点中的电流之和，恒等于从该节点流出的电流之和，即 $\sum i_{流入}=\sum i_{流出}$ 或在任何时刻，任一节点上的各支路电流代数和恒等于零，即 $\sum(\pm i)=0$
2	基尔霍夫第二定律（KVL）	在任何时刻，沿着电路中的任一回路绕行方向，回路中各段电压的代数和恒等于零，即 $\sum(\pm u)=0$
3	叠加定理	当线性电路中有几个电源共同作用时，各支路的电流（或电压）等于各个电源分别单独作用时在该支路产生的电流（或电压）的代数和（叠加）
4	戴维宁定理	任何一个线性有源二端电阻网络，对外电路来说，总可以用一个电压源与一个电阻相串联的模型来替代。电压源的电压等于该二端网络的开路电压 U_{oc}，其电阻等于该二端网络中所有电压源短路、电流源开路时的等效电阻 R_i（叫做该二端网络的等效内阻）
5	诺顿定理	任何一个线性有源二端电阻网络，对外电路来说，总可以用一个电流源与一个电阻相并联的模型来替代。电流源的电流等于该二端网络的短路电流 I_{sc}，其电阻等于该二端网络中所有电压源短路、电流源开路时的等效电阻 R_i

习题 1

1.1 判断图 1.42 所示的各元件上电压、电流的实际方向并计算功率，指出各元件是供能的还是耗能的。

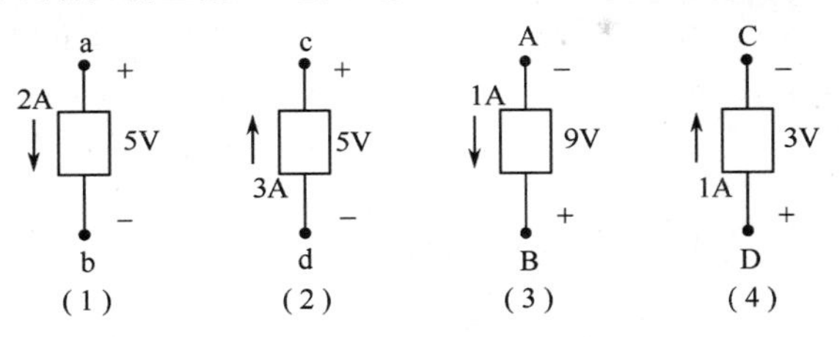

图 1.42 习题 1.1 图

1.2 试将图 1.43 所示的各电压源对外等效为电流源。

1.3 有一只标有“220V、75W”的电烙铁，若每日工作 6 小时，平均每月工作 25 天，试求额定工作电流 I_e 与每月消耗的电能 W（分别用 J 和度电表示）。

1.4 试将如图 1.44 所示的各电流源对外等效为电压源。

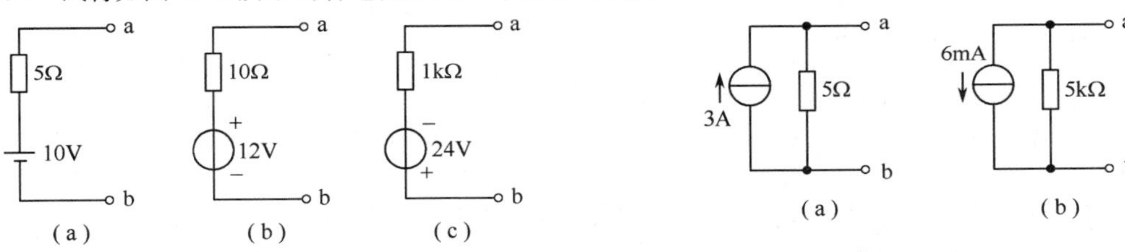

图 1.43 习题 1.2 图

图 1.44 习题 1.4 图

1.5 将量程 $U_g = 10\text{mV}$、内阻为 $R_g = 2\text{k}\Omega$ 的表头扩大到量程为 $U_N = 100\text{V}$ 的电压表，试求所需的分压电阻 R。

1.6 将量程 $I_g = 10\mu\text{A}$、内阻 $R_g = 900\Omega$ 的表头扩大到量程为 $I_N = 1\text{mA}$ 的电流表，试求所需的分流电阻 R。

1.7 试求图 1.45 所示电路中，a 和 b 间的等效电阻 R_{ab}。

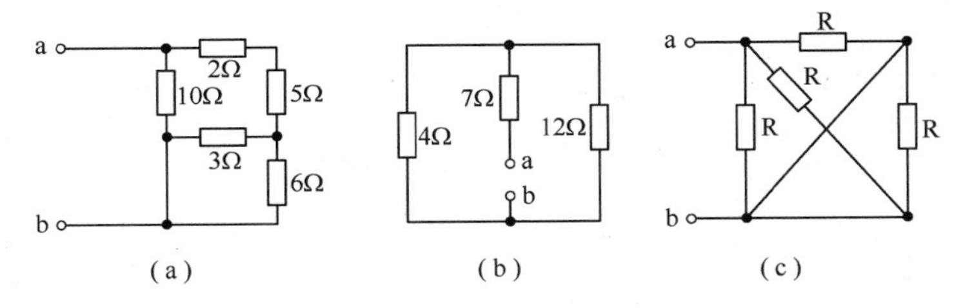

图 1.45 习题 1.7 图

1.8 电路如图 1.46 所示，试用分流公式求电流 I_1 和 I_2。

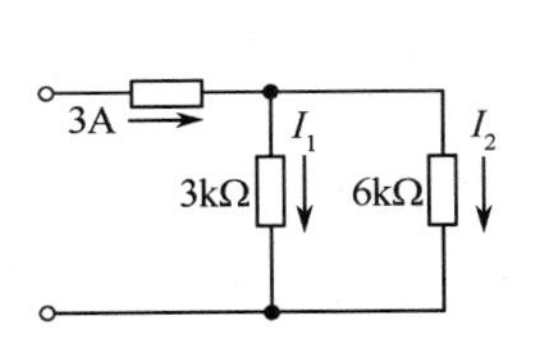

图 1.46 习题 1.8 图

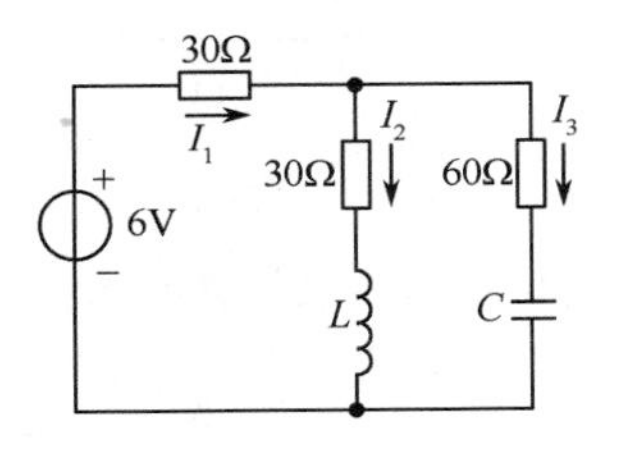

图 1.47 习题 1.9 图

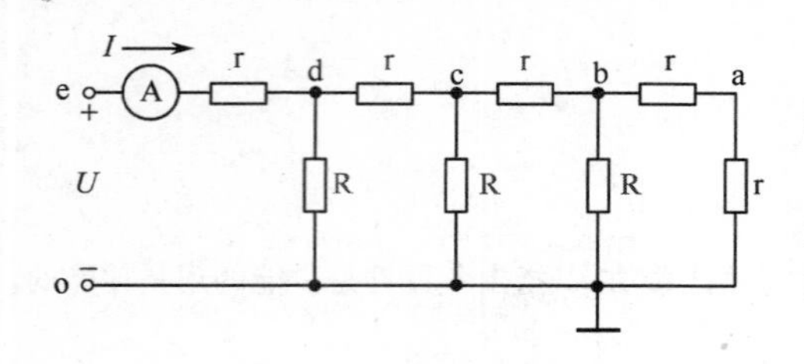

图 1.48　习题 1.10 图

1.9　画出图 1.47 所示电路的直流通路等效电路，并求各支路电流 I_1、I_2、I_3。

1.10　试确定如图 1.48 所示电路的等效电阻 R_{eo}。已知：用实验方法测量时，当外加电压 $U=10\text{V}$ 时，$I=0.1\text{A}$。如果 $R=2r$，试确定 a，b，c，d 各点的电位。

1.11　图 1.49 所示电路中，$C_1=600\text{pF}$，$C_2=200\text{pF}$，$C_3=100\text{pF}$，试求在开关 S 断开与闭合时的等效电容 C_{ab}。

1.12　电路如图 1.50 所示，试用基尔霍夫定律求各支路电流和各元件的功率。

1.13　电路如图 1.51 所示，试用叠加定理计算电流 I。

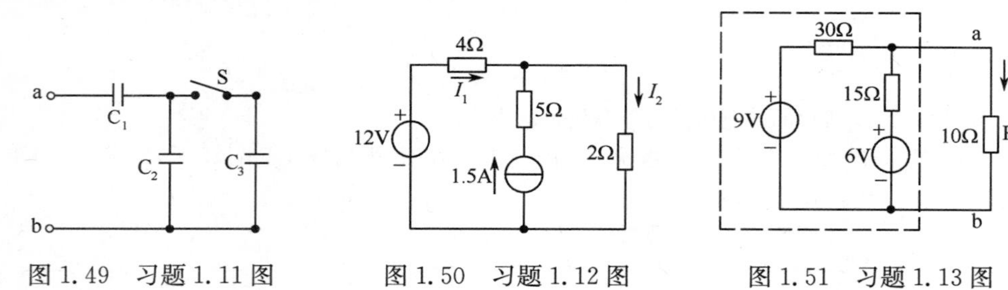

图 1.49　习题 1.11 图　　图 1.50　习题 1.12 图　　图 1.51　习题 1.13 图

1.14　试用戴维宁定理计算图 1.51 所示电路中的电流 I。

1.15　求图 1.52 所示电路中的各支路电流 I_1，I_2，I_3 和各电压源的功率 $P_{U_{S1}}$ 和 $P_{U_{S2}}$，并指出哪个电源发出功率，哪个电源吸收功率。已知：$R_1=10\Omega$，$R_2=5\Omega$，$R_3=20\Omega$，$U_{S1}=80\text{V}$，$U_{S2}=30\text{V}$。

1.16　电路如图 1.53 所示，应用叠加定理求出电压 U 与电流 I。

1.17　电路如图 1.54 所示，试应用戴维宁定理求：电阻 R 等于多少时可获得最大的电功率 P_m，并求出 P_m。

1.18　分别写出图 1.55(a)、图 1.55(b)、图 1.55(c)、图 1.55(d)所示的电路中，U 与 I 的约束关系。

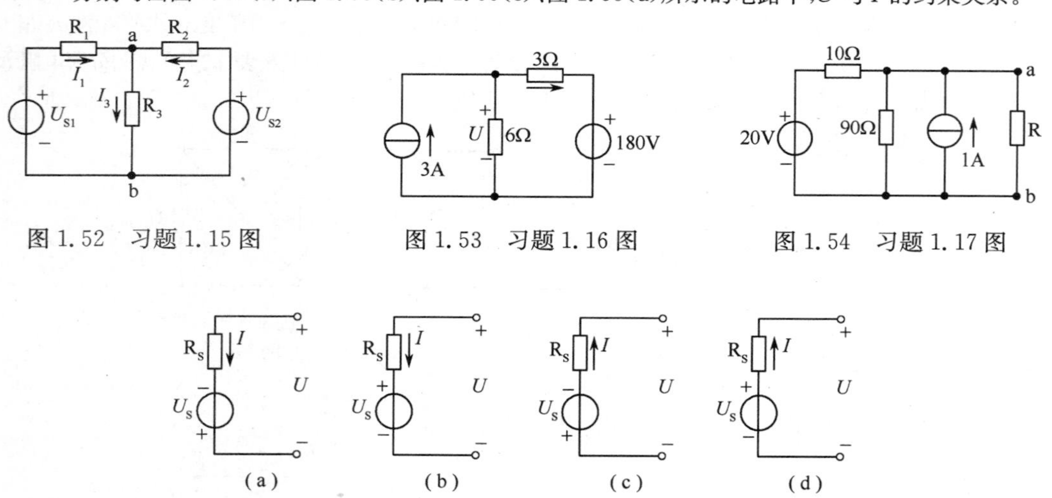

图 1.52　习题 1.15 图　　图 1.53　习题 1.16 图　　图 1.54　习题 1.17 图

图 1.55　习题 1.18 图

1.19　如图 1.56 所示二端网络(线性有源电阻网络)，当开关 S 闭合时，用电压表的读数为 9V，电流表的读数为 10mA；当电阻 R 调至 1.9kΩ 时，电流表的读数降到 5mA。试确定该二端网络的戴维宁等效参数 U_{oc} 与 R_i。

*1.20　将图 1.57 所示各对外电路等效成为电压源模型和电流源模型。

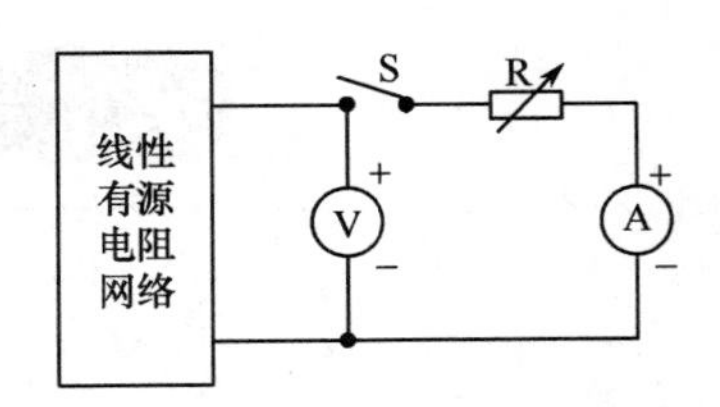

图 1.56　习题 1.19 图

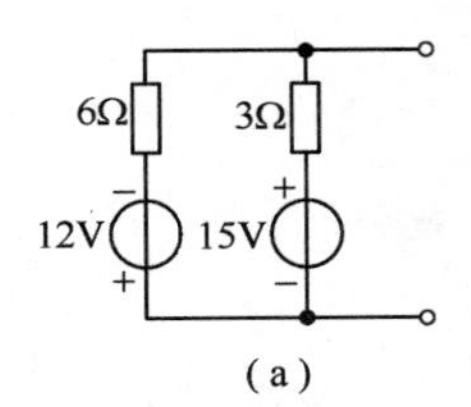

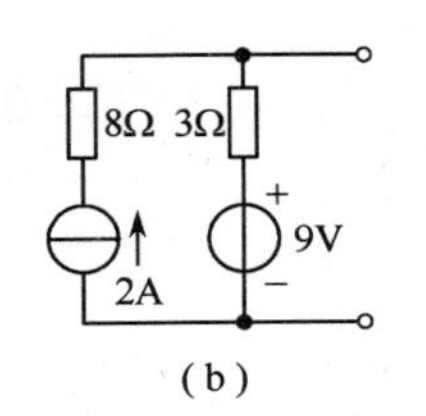

图 1.57　习题 1.20 图

第2章

单相交流电路

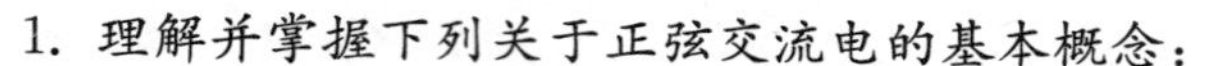

学习目标

1. 理解并掌握下列关于正弦交流电的基本概念：

周期、频率、角频率、振幅、峰—峰值、有效值、平均值、初相、相位差、超前(越前)、滞后(落后)、同相、反相、正弦量与相量。

2. 掌握电阻、电感、电容的交流特性。

3. 掌握 RLC 串、并联电路的分析计算方法。

4. 了解 RLC 串、并联电路的谐振现象和谐振的基本特性。

5. 了解提高交流电路功率因数的意义，以及提高感性负载功率因数的方法。

目前，世界上电工技术与电力工程中所用的电流、电压几乎都采用正弦函数形式，电子技术与通信技术工程中所使用的非正弦电流和电压也可以视为直流分量与各种频率的正弦交流分量叠加组成，因此讨论正弦交流电的基本概念与分析方法具有十分重要的意义。正弦交流电流或电压的大小及方向均随时间按正弦规律做周期性变化(简称交流)。在交流电源或信号源(称为激励)的作用下，电路各部分或各元件中的电流和电压等称为响应。正弦交流电流、电压、电动势统称为正弦量。只有一个正弦交流电源作用的电路，叫做单相正弦交流电路。本章将讨论单相交流电的基本概念、各种元件的交流特性与交流电路的基本分析方法。

2.1 正弦交流电的基本概念

2.1.1 正弦交流电压与电流

1. 正弦量的三要素

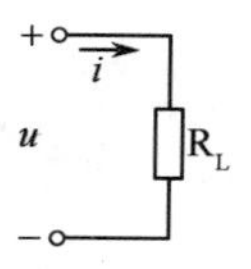

图 2.1 正弦交流电的说明

如图 2.1 所示为正弦交流电的说明。正弦交流电流或电压在某一时刻 t 的瞬时值可用三角函数式(解析式)来表示，即

$$i = I_m \sin(\omega t + \psi_i) \tag{2-1}$$

$$u = U_m \sin(\omega t + \psi_u) \tag{2-2}$$

式中，I_m 和 U_m 分别叫做交流电流与电压的振幅(也叫做峰值或最大值)，单位分别为 A 与 V；ω 叫做交流电的角频率，单位为弧度/秒(rad/s)，它表征正弦交

流电流每秒内变化的电角度；ψ_i 或 ψ_u 叫做初相位或初相，单位为弧度(rad)或度(°)，并规定

$$|\psi| \leqslant 180°(\text{或}\ \pi) \tag{2-3}$$

它表示初始时刻($t=0$ 时) 正弦交流电流或电压所处的电角度。

I_m,ω,ψ_i 这三个参数叫做正弦交流电流的三要素；U_m,ω,ψ_u 这三个参数叫做正弦交流电压的三要素。任何正弦量都具备三要素，即振幅、角频率和初相。

【例 2.1】 试说明正弦交流电流 $i=0.5\sin(314t-60°)$A 与电压 $u=310\sin(314t+30°)$V 的三要素与初始值。

解：(1)正弦电流的三要素为：振幅 $I_m=0.5$A，角频率 $\omega=314$rad/s，初相 $\psi_i=-60°$或$-\frac{\pi}{3}$。该电流的初始值($t=0$ 时刻)为 $i(0)=0.5\sin(-60°)=-0.433$A。

(2)正弦电压的三要素为：振幅 $U_m=310$V，角频率 $\omega=314$rad/s，初相 $\psi_u=30°$或$\frac{\pi}{6}$。该电压的初始值($t=0$ 时刻)为 $u(0)=310\sin30°=155$V。

2. 周期

正弦交流电完成一次循环变化所用的时间叫做周期，用字母 T 表示，单位为秒(s)。显然，正弦交流电流或电压相邻的两个最大值(或相邻的两个最小值)之间的时间间隔即为周期(如图 2.2 所示)，由三角函数知识可知

$$T=\frac{2\pi}{\omega} \tag{2-4}$$

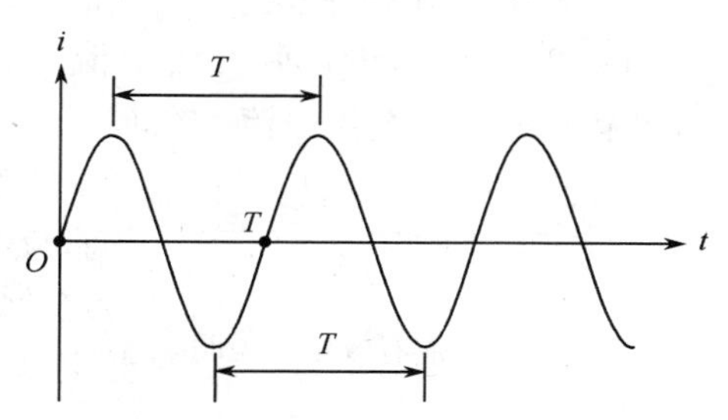

图 2.2 正弦交流电周期的说明

例如，例 2.1 中交流电流与电压的周期为

$$T=\frac{2\pi}{\omega}=\frac{2\pi}{314}=0.02\text{s}$$

3. 频率

交流电周期的倒数叫做频率(用符号 f 表示)，即

$$f=\frac{1}{T} \tag{2-5}$$

它表示正弦交流电流在单位时间内做周期性循环变化的次数，即表征交流电交替变化的速率(快慢)。频率的 SI 制单位为赫兹(Hz)。由式(2-4)和式(2-5)可得到角频率与频率的关系

$$\omega=2\pi f \tag{2-6}$$

我国工业和民用交流电源的频率为 50Hz、周期为 0.02s，因而通常将 50Hz 的频率简称为工频。

【例 2.2】 已知某正弦交流电流的最大值是 2A，频率为 100Hz，设初相位为 0°，试求该电流的瞬时表达式 $i(t)$。

解：$\omega=2\pi f=628$rad/s，$i=I_m\sin(\omega t+\psi)=2\sin628t$ A。

2.1.2 正弦量的各种数值

1. 峰一峰值

正弦波形的最大值处叫做波峰,最小值处叫做波谷,正弦量的最大值与最小值的差叫做峰一峰值。显然,正弦电流的峰一峰值为

$$I_{P\text{-}P}=2I_m \tag{2-7}$$

正弦电压的峰一峰值为

$$U_{P\text{-}P}=2U_m \tag{2-8}$$

2. 有效值

在电工技术中,通常并不需要知道交流电的瞬时值,而规定一个能够表征其大小的特定值——有效值。其依据是交流电流和直流电流通过电阻时,电阻均要消耗电能。

如图 2.3 所示,设正弦交流电流 $i(t)$ 在一个周期 T 时间内,使一电阻 R 消耗的电能为 W_R,另有一相应的直流电流 I 在时间 T 内也使该电阻 R 消耗相同的电能,即 $W_R=I^2RT$。

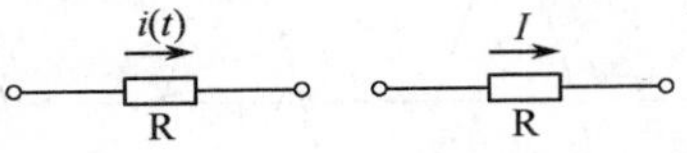

图 2.3 交流电流有效值的说明

就平均对电阻做功的能力而言,两个电流(i 与 I)是等效的,该直流电流 I 的数值可以表示交流电流 $i(t)$ 的大小,于是把这一特定的数值 I 称为交流电流的有效值。理论与实验均可证明,正弦交流电流 $i(t)$ 的有效值 I 等于其振幅 I_m 的 0.707 倍,即

$$I=\frac{I_m}{\sqrt{2}}=0.707I_m \tag{2-9}$$

同理,正弦交流电压的有效值为

$$U=\frac{U_m}{\sqrt{2}}=0.707U_m \tag{2-10}$$

例如,正弦交流电流 $i=2\sin(\omega t-30^\circ)$A 的有效值 $I=2\times0.707=1.414$A,如果 i 通过 $R=10\Omega$ 的电阻时,在 1 秒时间内电阻消耗的电能(叫做平均功率)为 $P=I^2R=20$W,即与 $I=1.414$A 的直流电流通过该电阻时产生相同的电功率。

正弦交流量的峰值与有效值之比叫做波峰因数(系数),用 K_P 表示

$$K_P=U_m/U=I_m/I=\sqrt{2}=1.414 \tag{2-11}$$

3. 平均值

在电工技术中,规定正弦交流电(电流或电压)的平均值为其瞬时绝对值($|i(t)|$或$|u(t)|$)在一个周期时间内的平均值。数学上可以证明,正弦电流的平均值为

$$I_{av}=\frac{2}{\pi}I_m=0.637I_m \tag{2-12}$$

正弦电压的平均值为

$$U_{av}=\frac{2}{\pi}U_m=0.637U_m \tag{2-13}$$

正弦交流量的有效值与平均值之比叫做波形因数(系数),用 K_f 表示

$$K_f=U/U_{av}=I/I_{av}=1.11 \tag{2-14}$$

【例 2.3】 求出正弦交流电压 $u=311\sin(314t+30°)$V 与正弦交流电流 $i=4.24\sin(314t-60°)$A的峰—峰值、有效值和平均值。

解:(1)电压的峰—峰值:$U_{P-P}=2U_m=622V$

有效值:$U=0.707U_m=220V$

平均值:$U_{av}=0.637U_m=198V$

(2)电流的峰—峰值:$I_{P-P}=2I_m=8.48A$

有效值:$I=0.707I_m=3A$

平均值:$I_{av}=0.637I_m=2.7A$

2.1.3 相位差

正弦量 $y=A\sin(\omega t+\psi)$的相位为$(\omega t+\psi)$,本章只涉及两个同频率正弦量的相位差(与时间 t 无关)。设第一个正弦量的初相为 ψ_1,第二个正弦量的初相为 ψ_2,则这两个正弦量的相位差为

$$\varphi_{12}=\psi_1-\psi_2 \tag{2-15}$$

并规定

$$|\varphi_{12}|\leqslant 180°(或\ \pi) \tag{2-16}$$

通常在计算中如果遇到 $\psi_1-\psi_2>180°$,则 $\varphi_{12}=\psi_1-\psi_2-360°$;如果 $\psi_1-\psi_2<-180°$,则 $\varphi_{12}=\psi_1-\psi_2+360°$。在讨论两个正弦量的相位关系时:

(1)当 $\varphi_{12}>0$ 时,称第一个正弦量比第二个正弦量越前(或超前)φ_{12}。

(2)当 $\varphi_{12}<0$ 时,称第一个正弦量比第二个正弦量滞后(或落后)$|\varphi_{12}|$。

(3)当 $\varphi_{12}=0$ 时,称第一个正弦量与第二个正弦量同相。

(4)当 $\varphi_{12}=\pm\pi$ 或$\pm180°$时,称第一个正弦量与第二个正弦量反相。

(5)当 $\varphi_{12}=\pm\frac{\pi}{2}$或$\pm90°$时,称第一个正弦量与第二个正弦量正交。

【例 2.4】 已知:$u=311\sin(314t+120°)$V,$i=5\sin(314t-120°)$A,试求:u 与 i 的相位差 φ_{12}。

解:$\varphi_{12}=120°-(-120°)-360°=-120°$,$u$ 比 i 滞后 120°。

2.1.4 正弦量的相量表示法

正弦量可以用振幅相量或有效值相量表示,但一般用有效值相量表示。其表示方法是用正弦量的有效值作为复数相量的模,用初相角作为复数相量的幅角,例如,式(2-1)的正弦电流的相量表达式为

$$\dot{I}=I\underline{/\psi_i} \tag{2-17}$$

式(2-2)的正弦电压的相量表达式为

$$\dot{U}=U\underline{/\psi_u} \tag{2-18}$$

【例 2.5】 把下列正弦量用相量表示,并作相量图。

$$u=311\sin(314t+30°)\text{V}$$

$$i=4.24\sin(314t-45°)\text{A}$$

解:正弦电压的有效值为$U=0.707\times311=220V$,初相 $\psi_u=30°$,所以它的相量为

$$\dot{U}=U\underline{/\psi_u}=220\underline{/30°}\text{V}$$

正弦电流的有效值为 $I=0.707\times4.24=3\text{A}$，初相 $\psi_i=-45°$，所以它的相量为

$$\dot{I}=I\angle\psi_i=3\angle-45°\text{A}$$

画出相量图如图 2.4 所示（+1 横轴为实数轴，+j 纵轴为虚数轴）。

特别要强调的是：在正弦交流电路分析过程中，所使用的符号都有其特定的含义，如 u，i 表示正弦交流电压、电流的瞬时值表达式（正弦函数解析式）；U，I 表示正弦电压、电流的有效值；$\dot{U}$，$\dot{I}$ 表示正弦电压、电流的相量形式（含有大小和初相角）。

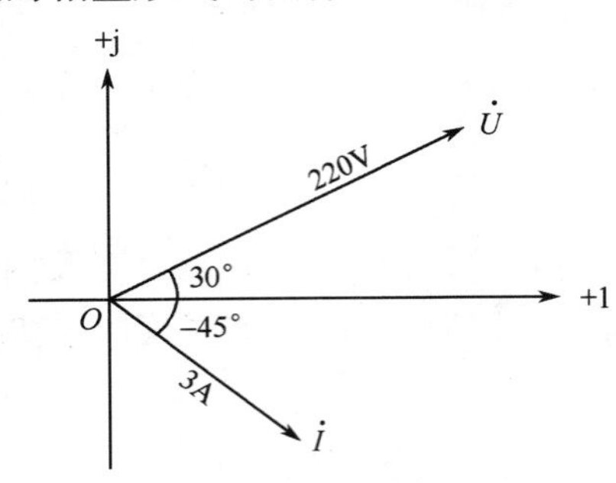

图 2.4　例 2.5 的相量图

思考与练习 2.1

1. 试求正弦交流电压 $u=100\sin\omega t$ V 与电流 $i=10\sin(\omega t+60°)$ A 的三要素、有效值与平均值；u 与 i 的相位差，并说明哪个超前、哪个滞后？

2. 正弦交流电压 $u=-311\sin(\omega t-120°)$ V 的三要素各是多少？

3. 试求正弦交流电压 $u=100\sin(\omega t-90°)$ V 与电流 $i=100\sin(\omega t+60°)$ A 的相位差，并说明哪个超前、哪个滞后？

4. 把下列正弦量用相应的相量表示：

(1) $u_1=220\sqrt{2}\sin\omega t$ V　$u_2=-220\sin\omega t$ V

(2) $i_1=6\sqrt{2}\sin(\omega t+60°)$ A　$i_2=6\sin(\omega t-\frac{\pi}{3})$ A

5. 把下列正弦交流电压的相量用相应的正弦量表示：

$\dot{U}_1=12\angle60°\text{V}$　$\dot{U}_2=200\angle-30°\text{V}$　$\dot{U}_3=300\text{V}$　$\dot{U}_4=-36\text{V}$

2.2　R，L，C 元件的交流特性

电阻 R、电感 L 和电容 C 三个元件的交流特性是电工与电子技术中的重要内容，许多电气设备及其控制电路经常利用它们不同的特性来实现特定的功能。可以说，电工与电子电路之所以功能强大、丰富多彩，是和 R、L、C 元件的基本特性密切相关的。

2.2.1　电阻元件 R

1. 伏安关系

在交流电路中（见图 2.5），电阻 R 两端的瞬时电压 u_R 与瞬时电流 i_R 仍遵循欧姆定律，即

$$u_R=Ri_R \tag{2-19}$$

其中，电压 $u_R=U_m\sin(\omega t+\varphi_u)$，电流 $i_R=I_m\sin(\omega t+\varphi_i)$，电阻值 R 为常数，则有

$$U_m\sin(\omega t+\varphi_u)=RI_m\sin(\omega t+\varphi_i) \tag{2-20}$$

所以

$$U_m=RI_m \tag{2-21}$$

$$\varphi_u=\varphi_i \tag{2-22}$$

式(2-22)表明，电阻 R 的瞬时电压 u_R 与瞬时电流 i_R 是同相的。也就是说，瞬时电压与电流同时达到最大值或最小值，u_R 与 i_R 的相位差为零，如图 2.6 所示。

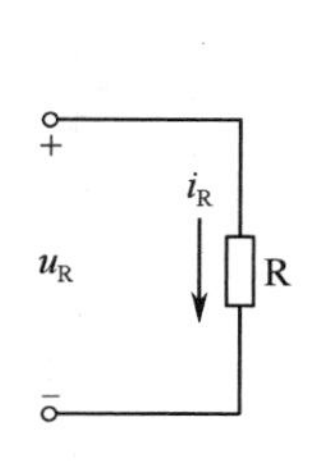

图 2.5 电阻元件

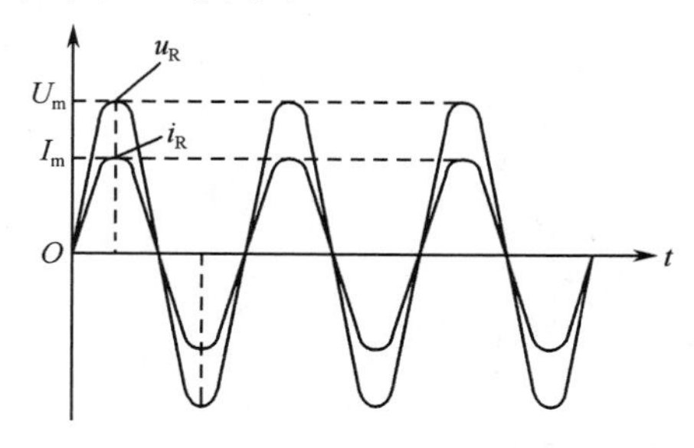

图 2.6 电阻的电压与电流瞬时波形图

由于在式(2-21)中交流电压的最大值 $U_m=\sqrt{2}U_R$，$I_m=\sqrt{2}I_R$，所以对于电压与电流的有效值 U_R、I_R 来说，欧姆定律也是成立的，即

$$U_R=RI_R \tag{2-23}$$

2. 相量关系

将式(2-19)中的瞬时电压 u_R 与电流 i_R 用相量表示，则得到欧姆定律的相量形式，即

$$\dot{U}_R=R\dot{I}_R \tag{2-24}$$

3. 功率

电阻 R 在交流电路中消耗的平均功率(又称有功功率)简称功率，用 P_R 表示。

$$P_R=U_RI_R=U_R{}^2/R=I_R{}^2R \tag{2-25}$$

【例 2.6】 已知一电烙铁的额定参数为 220V/50Hz/60W，(1)求额定工作电流和电阻值；(2)如果假设电压的初相为 90°，试写出电压与电流的瞬时值表达式；(3)写出电压与电流的相量式。

解：(1)由式(2-25)可得

$$I_R=P_R/U_R=60/220\approx0.273\text{A}$$

$$R=U_R/\ I_R=220/0.273\approx806\Omega$$

(2)由于 $U_m=\sqrt{2}U_R=220\sqrt{2}\approx311\text{V}$，$I_m=\sqrt{2}I_R=0.273\sqrt{2}\approx0.386\text{A}$，且 $\omega=2\pi f=314\text{rad/s}$，则有

$$u_R=U_m\sin(\omega t+\varphi_u)=311\sin(314t+90°)\text{V}$$

$$i_R=I_m\sin(\omega t+\varphi_i)=0.386\sin(314t+90°)\text{A}$$

(3)电压与电流的相量式为

$$\dot{U}_R=220\angle90°\text{V},\dot{I}_R=0.273\angle90°\text{V}$$

再次说明,正弦交流量(电压与电流)的相量式就是在有效值后附加一初相(角)。

2.2.2 电感元件 L

如 1.2.4 节所述,电感元件(如图 2.7)也称为电感器,简称电感。它就是一个用带有绝缘层的导线绕制而成的线圈(绕组),在通电以后能够把电能转化为磁能,即可以储存磁场能量。电感的基本作用是"通直流、阻交流",即有阻止电流变化的功能,通常把这种功能简称为"镇流"或"扼流"。

为研究电感元件在正弦交流电路中的特性,设计一个如图 2.8 所示的实验电路。

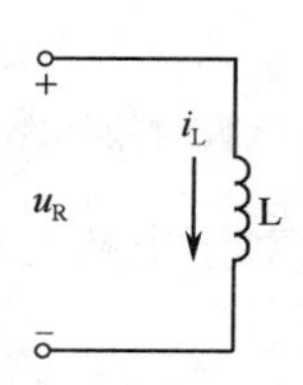

图 2.7 电感元件

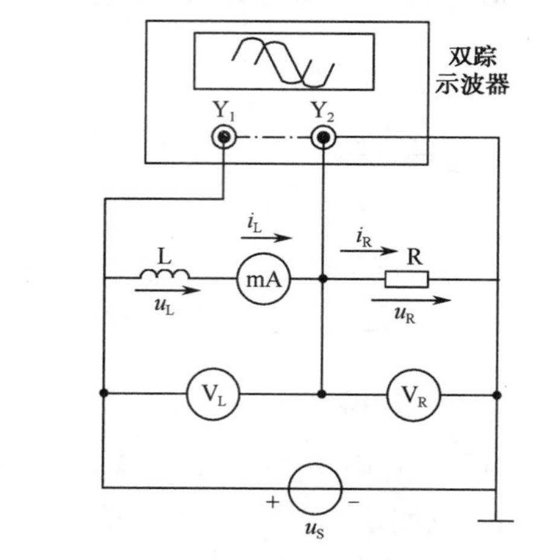

图 2.8 研究电感交流特性的实验电路

电路中的电感元件 L 与电阻 R(100Ω)串联后接上低频信号源 u_S,其输出正弦交流电压大小 U_S(即有效值)和频率 f 均连续可调;交流电压表 V_L 测量的是电感 L 的电压有效值 U_L,交流电压表 V_R 测量的是电阻 R 的电压有效值 U_R;交流电流表 mA 测量的是电路中的电流有效值 I_L($I_L=I_R$);使用双踪示波器的 Y_1 通道观测信号源 u_S 的波形,Y_2 通道观测电阻 u_R 的波形。

1. 电感的感抗 X_L

在频率为 f(角频率为 $\omega=2\pi f$)的正弦交流电路中,电感 L 的电压与电流的有效值之比叫做感抗 X_L,其单位也是欧姆(Ω),即

$$X_L=\frac{U_L}{I_L} \tag{2-26}$$

在如图 2.8 所示电路中,选取 $L=0.1$H(即 100mH)的电感器,将低频信号源频率依次调至 0.5、1.0、1.5、2.0kHz,注意始终保持电源输出电压固定不变(本实验中电源输出电压的有效值 U_S 为 10V),通过电压表 V_L 和 V_R 依次获得电感电压 U_L 和电阻电压 U_R,通过 mA 表获得相应频率下的电流 I_L,并根据式(2-26)计算出感抗值 X_L,见表 2.1。

表 2-1 电感电路实验数据

f (kHz)	U_L(V)	U_R(V)	I_L(mA)	$X_L(\Omega)=U_L/I_L$
0.5	9.5	3.0	30.5	310
1.0	9.8	1.6	15.5	630
1.5	9.9	1.0	10.5	940
2.0	10	0.1	7.5	1300

由实验数据可以看出，在电源电压保持不变的情况下，随着频率 f 的增加，电流 I_L 越来越小，感抗 X_L 越来越大，画出它们随频率变化的曲线如图 2.9 所示。并且可以得出重要结论：电感的感抗 X_L 与频率 f 成正比例关系。

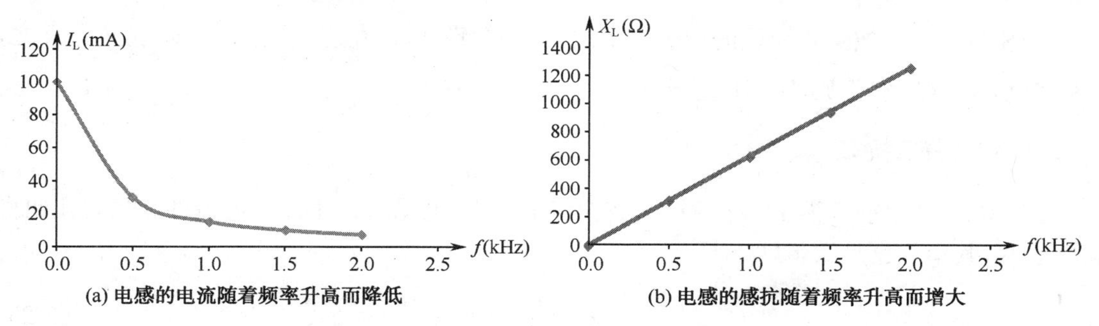

(a) 电感的电流随着频率升高而降低　　(b) 电感的感抗随着频率升高而增大

图 2.9　电感的频率特性

将图 2.8 电路中的电感换成电感系数 L 为 50mH（比原来的电感系数减少了一半）的电感器，重复上述操作，会发现在同一频率下的感抗值都减小了一半，这说明电感的感抗 X_L 与电感系数 L 也成正比例关系。理论与实验均可以证明电感 L 的感抗为

$$X_L = 2\pi fL = \omega L \tag{2-27}$$

感抗的大小体现了电感元件对交流电流的阻碍作用大小，感抗值越大，表明电感对交流电流的阻碍作用越大。从式(2-27)还可以得出电感元件具有“通低频、阻高频”的特性（因为感抗的大小与交流电的频率成正比）。

2. 电感的伏安关系

（1）相位关系。即电感电压与电流之间的相位关系。在图 2.8 电路中，使用双踪示波器可以观测到电感的电压与电流的瞬时波形图，选择电源电压 u_S 保持 10V 不变，频率 $f=2\text{kHz}$，$L=0.1\text{H}$。图中示波器的 Y_1 通道测量的是电源电压 u_S 的瞬时波形，由于此时感抗 X_L（1.3kΩ）远大于与其串联的电阻 R（100Ω），电感电压 U_L 也远大于电阻电压 U_R（见表 2.1 中第 2、3 列数据），所以电感电压近似等于电源电压：$u_L \approx u_S$，即示波器的 Y_1 通道观测的波形近似为电感电压 u_L 的瞬时波形。示波器的 Y_2 通道测量的是电阻电压 u_R 的瞬时波形，由于电阻电压 u_R 与电流 i_R 同相，所以电路中的电流 i_R 波形与电压 u_R 波形相同，又因电感与电阻串联，电感电流等于电阻电流（$i_L=i_R$），所以示波器 Y_2 通道观测到的波形也就是电感电流 i_L 的瞬时波形。观测结果如图 2.10 所示，电感电压 u_L 达到最大值与电流 i_L 达到最大值的时间差为四分之一周期（且电压 u_L 比电流 i_L 先达到最大值），从正弦量的角度差来看，二者在相位上相差 90°。因此得出重要结论：电感的电压 u_L 比电流 i_L 超前 90°，即

$$\varphi_{uL} - \varphi_{iL} = 90° \tag{2-28}$$

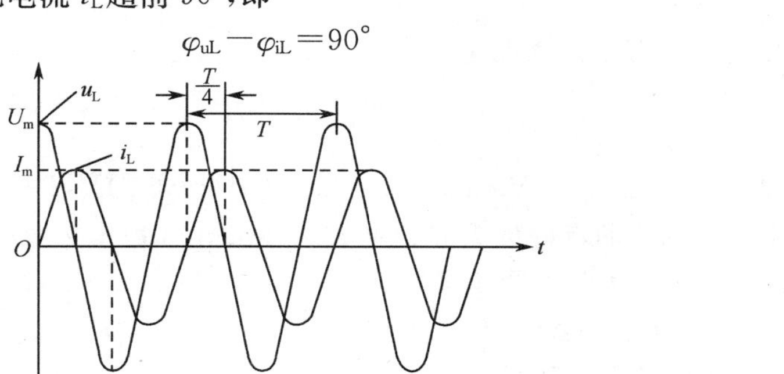

图 2.10　电感的电压与电流瞬时波形图

(2)瞬时关系。根据式(2-28)可知,如果假设电感的瞬时电流 i_L 的初相 $\varphi_{iL}=0$,即 $i_L=I_{mL}\sin\omega t$,则电感的瞬时电压 u_L 的初相 $\varphi_{uL}=90°$,即 $u_L=U_{mL}\sin(\omega t+90°)$;反之,如果假设电感电压 u_L 的初相 $\phi_{uL}=0$,即 $u_L=U_{mL}\sin\omega t$,则电感电流 i_L 的初相 $\phi_{iL}=-90°$,即 $i_L=I_{mL}\sin(\omega t-90°)$。

(3)相量关系。按照正弦量的相量表示法,如果假设 $\dot{I}_L=I_L\angle 0°$,则 $\dot{U}_L=U_L\angle 90°$;反之,如果假设 $\dot{U}_L=U_L\angle 0°$,则 $\dot{I}_L=I_L\angle -90°$。

3. 电感的复阻抗 Z_L

在频率为 f(角频率为 $\omega=2\pi f$)的正弦交流电路中,电感 L 的电压与电流的相量之比叫做复感抗 Z_L,其单位也是欧姆(Ω),即

$$Z_L=\frac{\dot{U}_L}{\dot{I}_L} \tag{2-29}$$

式(2-29)中右边是电压相量除以电流相量,两个相量相除,得到的商仍是一个相量,其大小(称为"模")等于这两个相量的模相除,其角度等于两个相量的角度差。即式(2-29)可化为

$$Z_L=\frac{U_L}{I_L}\underline{/\varphi_{uL}-\varphi_{iL}}=X_L\angle 90° \tag{2-30}$$

在相量表达式中,可用虚数单位 j 代表 90°角,所以复感抗又可写成

$$Z_L=X_L\angle 90°=jX_L=j\omega L \tag{2-31}$$

4. 功率与储能

理想电感元件 L 是具有储存磁场能量的元件(储能元件),不消耗电能,即平均功率(有功功率) $P_L=0$,这一点可以用数学方法进行理论证明。在交流电的一个周期时间内,电感元件在电路中吸收和释放的电能量相等,通常引用无功功率来衡量这种能量交换的最大速率。定义电感元件 L 的无功功率为

$$Q_L=U_LI_L=I_L^2X_L=U_L^2/X_L \tag{2-32}$$

Q_L 的单位为 V·A。

电感元件 L 中有电流通过时会产生磁场,储存磁场能量。理论与实验均可证明:电感元件在任一时刻储存的磁场能量为

$$W_L=\frac{1}{2}Li_L^2 \tag{2-33}$$

其单位为焦耳(J)。

显然,电感所储存的最大能量为

$$W_{Lm}=\frac{1}{2}LI_{Lm}^2 \tag{2-34}$$

【例 2.7】 在图 2.7 中,已知 $u_L=50\sqrt{2}\sin(314t+65°)$V,$L=80$mH。试求:(1) 感抗 X_L 与复感抗 Z_L;(2)电流的有效值 I_L;(3)电流瞬时值 i_L;(4)无功功率 Q_L;(5) 电感所储存的最大磁场能量 W_{Lm};(6)画出相量图。

解:(1) $X_L=\omega L=25\Omega$; $Z_L=25\underline{/90°}\Omega$

(2) $I_L=U_L/X_L=50/25=2$A

(3) $i_L = 2\sqrt{2}\sin(314t - 25°)$ A（i_L 比 u_L 滞后 90°，即 $\varphi_i = 65° - 90° = -25°$）

(4) $Q_L = U_L I_L = 100\text{V} \cdot \text{A}$

(5) $W_{Lm} = \frac{1}{2} L_I L_m{}^2 = 0.32\text{J}$

(6) 相量图如图 2.11 所示。

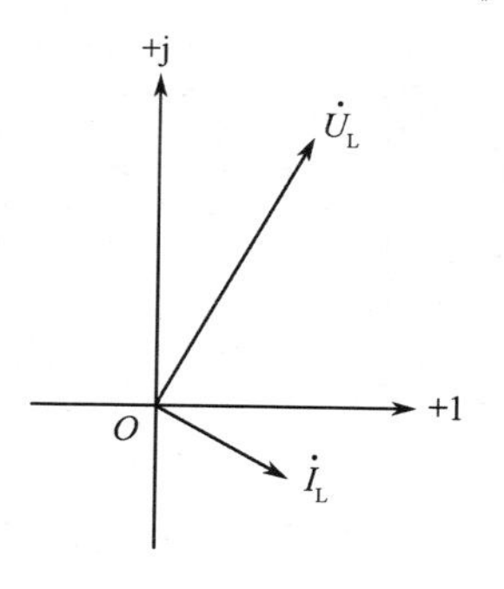

图 2.11　例 2.7 的相量图

2.2.3　电容元件 C

如 1.2.5 节所述，电容元件（见图 2.12）也称为电容器，简称电容。它就是一个用两块相互靠近且彼此绝缘的导体构成的二端元件。在通电以后能够把电能转化为电场能，即可以储存电场能量。电容的基本作用是“隔直流、通交流”，即阻止直流电流通过，而频率越高的交流电流越容易通过。

为研究电容元件在正弦交流电路中的特性，设计一个如图 2.13 所示的实验电路。

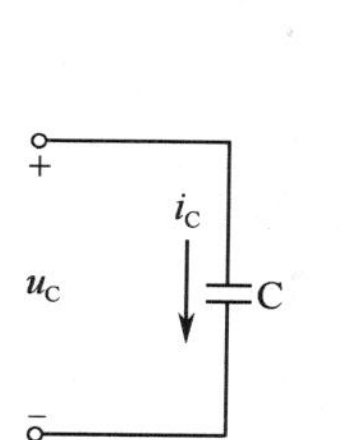

图 2.12　电容元件

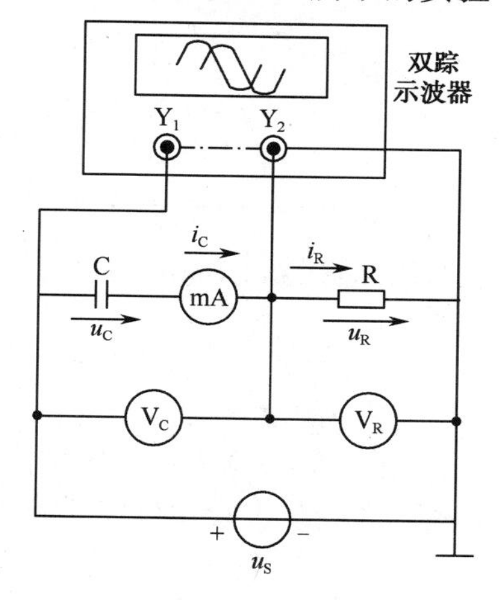

图 2.13　研究电容交流特性的实验电路

电路中的电容 C 与电阻 R（100Ω）串联后接上低频信号源 u_S，其输出正弦交流电压大小 U_S（即有效值）和频率 f 均连续可调；交流电压表 V_C 测量的是电容 C 的电压有效值 U_C，交流电压表 V_R 测量的是电阻 R 的电压有效值 U_R；交流电流表 mA 测量的是电路中的电流有效值 I_C（$I_C = I_R$）；使用双踪示波器的 Y_1 通道观测信号源 u_S 的波形，Y_2 通道观测电阻 u_R 的波形。

1. 电容的容抗 X_C

在频率为 f（角频率为 $\omega = 2\pi f$）的正弦交流电路中，电容 C 的电压与电流的有效值之比叫做容抗 X_C，其单位也是欧姆（Ω），即

$$X_C = \frac{U_C}{I_C} \tag{2-35}$$

在图 2.13 电路中，选取 $C = 0.1\,\mu\text{F}$ 的电容器，将低频信号源频率依次调至 50、100、200、300、400、500Hz，注意始终保持电源输出电压固定不变（本实验中电源输出电压的有效值 U_S 为 10V），通过电压表 V_C 和 V_R 依次获得电感电压 U_C 和电阻电压 U_R，通过 mA 表获得相应频率下的电流 I_C，并根据式(2-35)计算出容抗 X_C 值，见表 2.2。

表 2-2 电容电路实验数据

f (Hz)	U_C(V)	U_R(V)	I_C(mA)	X_C(kΩ)$=U_C/I_C$
50	10.0	0.3	3.0	3.3
100	10.0	0.6	6.5	1.5
200	9.9	1.2	12.5	0.79
300	9.8	1.9	18.5	0.53
400	9.7	2.4	24.5	0.40
500	9.5	3.0	30.0	0.32

由实验数据可以看出，在电源电压保持不变的情况下，随着频率 f 的增加，电流 I_C越来越小，容抗 X_C越来越大，画出它们随频率变化的曲线如图 2.14 所示。并且可以得出重要结论：电容的容抗 X_C与频率 f 成反比例关系。

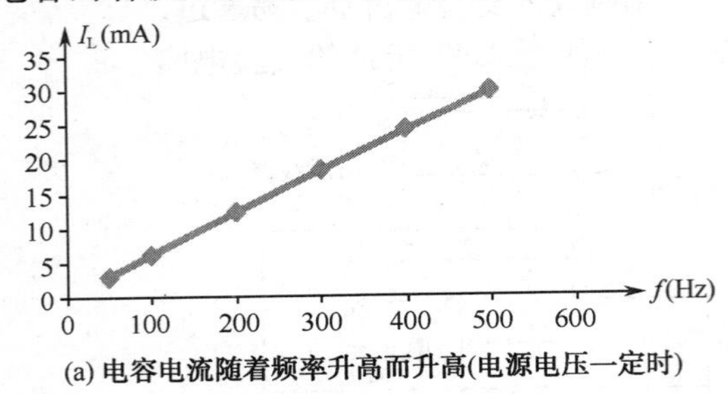

(a) 电容电流随着频率升高而升高(电源电压一定时)

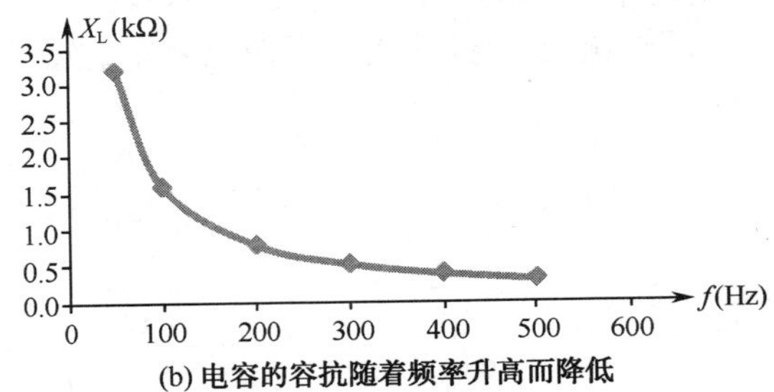

(b) 电容的容抗随着频率升高而降低

图 2.14 电容的频率特性

若将图 2.13 电路中的电容器换成电容量 C 为 0.2 μF,(即比原来的电容量增加了一倍)，重复上述操作，会发现在同一频率下的容抗值都减小了一半，这说明电容的容抗 X_C与电容量 C 也成反比例关系。理论与实验均可以证明电容 C 的容抗为

$$X_C=\frac{1}{1\pi fc}=\frac{1}{\omega C} \tag{2-36}$$

容抗的大小体现了电容元件对交流电流的阻碍作用大小，容抗值越大，表明电容对交流电流的阻碍作用越大。从式(2-36)还可以得出电容元件具有“通高频、阻低频”的特性(因为容抗的大小与交流电的频率成反比)。

2. 电容的伏安关系

(1)相位关系。即电容电压与电流之间的相位关系。在图 2.13 电路中，使用双踪示波器可以观测到电容的电压与电流的瞬时波形图，选择电源电压 u_S保持 10V 不变，频率 $f=$ 100Hz，$C=0.1$ μF。图中示波器的 Y_1通道测量的是电源电压 u_S的瞬时波形，由于此时容抗 X_C(1.5kΩ)远大于与其串联的电阻 R(100Ω)，电容电压 U_C也远大于电阻电压 U_R(见表 2.2 中第 2、3 列数据)，所以电容电压近似等于电源电压：$u_C\approx u_S$，即示波器的 Y_1通道观测的波形近似为电容电压 u_C的瞬时波形。示波器的 Y_2通道测量的是电阻电压 u_R的瞬时波形，由于电阻电压 u_R与电流 i_R同相，所以电路中的电流 i_R波形与电压 u_R波形相同，又因电容与电阻串联，电容电流等于电阻电流($i_C=i_R$)，所以示波器 Y_2通道观测到的波形也就是电容电流 i_C的瞬时波形。观测结果如图 2.15 所示，电容的电流 i_C达到最大值与电压 u_C达到最大值的时间差为四分之一周期(且电流 i_C比电压 u_C先达到最大值)，从正弦量的角度差来看，二者在相位上相差

90°。因此得出重要结论：电容的电压 u_C 比电流 i_C 滞后 90°，即

$$\varphi_{uC}-\varphi_{iC}=-90° \tag{2-37}$$

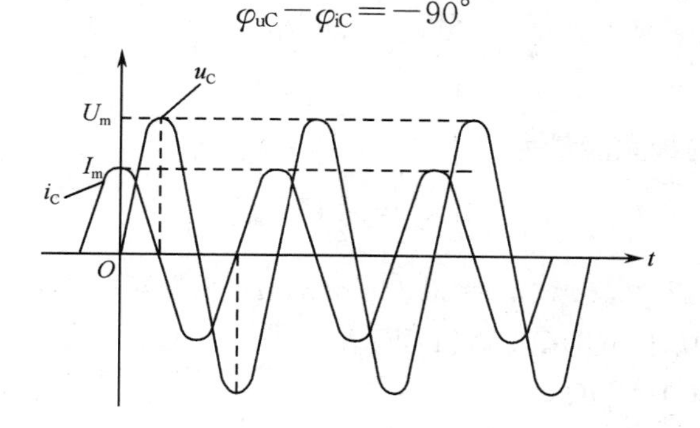

图 2.15 电容的电压与电流瞬时波形图

(2) 瞬时关系。根据式(2-37)可知，如果假设电容的瞬时电压 u_C 的初相 $\varphi_{uC}=0$，即 $u_C=U_{mC}\sin\omega t$，则电容的瞬时电流 i_C 的初相 $\varphi_{iC}=90°$，即 $i_C=I_{mC}\sin(\omega t+90°)$；反之，如果假设电容电流 i_C 的初相 $\varphi_{iC}=0$，即 $i_C=I_{mC}\sin\omega t$，则电容电压 u_C 的初相 $\varphi_{uC}=-90°$，即 $u_C=U_{mC}\sin(\omega t-90°)$。

(3) 相量关系。按照正弦量的相量表示法，如果假设 $\dot{I}_C=I_C\angle 0°$，则 $\dot{U}_C=U_C\angle -90°$；反之，如果假设 $\dot{U}_C=U_C\angle 0°$，则 $\dot{I}_C=I_C\angle 90°$。

3. 电容的复阻抗 Z_L

在频率为 f(角频率为 $\omega=2\pi f$)的正弦交流电路中，电容 C 的电压与电流的相量之比叫做复容抗 Z_C，其单位也是欧姆(Ω)，即

$$Z_C=\frac{\dot{U}_C}{\dot{I}_C} \tag{2-38}$$

式(2-38)中右边是电压相量除以电流相量。如前所述，两个相量相除，得到的商仍是一个相量，其大小(即“模”)等于这两个相量的模相除，其角度等于两个相量的角度差。即式(2-38)可化为

$$Z_C=\frac{U_C}{I_L}\underline{/\varphi_{uC}-\varphi_{iC}}=X_C\angle -90° \tag{2-39}$$

在相量表达式中，可用虚数单位 j 代表 90°角，−j 代表 −90°角，所以复容抗又可写成

$$Z_C=X_C\angle -90°=-jX_C=-j\,\frac{1}{\omega C}=\frac{1}{j\omega C} \tag{2-40}$$

4. 功率与储能

理想电容元件 C 是具有储存电场能量的元件(储能元件)，不消耗电能，即平均功率(有功功率) $P_C=0$，这一点可以用数学方法进行理论证明。在交流电的一个周期时间内，电容元件在电路中吸收和释放的电能相等。如前所述，通常引用无功功率来衡量这种能量交换的最大速率，定义电容元件 C 的无功功率为

$$Q_C=U_CI_C=I_C{}^2X_C=U_C{}^2/X_C \tag{2-41}$$

Q_C 的单位亦为 V·A。

电容元件 C 在有电压作用时，会产生电场，所以要储存电场能量。理论与实验均可证明：

电容元件在任一时候储存的电场能量为

$$W_C = \frac{1}{2}Cu_C{}^2 \tag{2-42}$$

其单位为焦耳(J)。

显然,电容所储存的最大能量为

$$W_{Cm} = \frac{1}{2}CU_{Cm}{}^2 \tag{2-43}$$

【例 2.8】 在图 2.12 中,已知 $u_C=20\sqrt{2}\sin(314t+20°)$V, $C=127\,\mu$F。试求:(1)X_C; (2)i_C; (3)Q_C; (4)W_{Cm}。

解: (1) $X_C=1/(\omega C)=25\Omega$

(2)$I_C=U_C/Z_C=20/25=0.8$A

$i_C=0.8\sqrt{2}\sin(314t+110°)$A($i_C$ 比 u_C 超前 90°)

(3) $Q_C=U_CI_C=16$V·A

(4) $W_{Cm}=(1/2)CU_{Cm}{}^2=0.0508$J

思考与练习 2.2

1. 将 $U=220$V 的工频交流电压分别作用在下列元件两端,求通过它们的电流 I:(1)电阻 $R=1$kΩ,(2)电感 $L=0.1$H,(3)电容 $C=10\mu$F。

2. 设 $L=10$mH 的电感两端加有正弦交流电压 $u=10\sqrt{2}\sin\omega t$ V,试求在下列频率时的感抗 X_L 与电感电流 I_L。并说明计算结果能说明什么问题?
(1)$f=100$Hz,(2)$f=10$kHz,(3)$f=1$MHz。

3. 设可调电感 L 两端加有正弦交流电压 $u=10\sqrt{2}\sin3140t$ V,试求在下列电感值时的感抗 X_L 与电感电流 I_L。并说明计算结果能说明什么问题?
(1)$L=1$mH,(2)$L=10$mH,(3)$L=1$H。

4. 设 $C=1\mu$F 的电容两端加有正弦交流电压 $u=6\sqrt{2}\sin\omega t$ V,试求在下列频率时的容抗 X_C 与电容电流 I_C。并说明计算结果能说明什么问题?
(1)$f=50$Hz,(2)$f=5$kHz,(3)$f=500$GHz。

5. 设可调电容 C 两端加有正弦交流电压 $u=6\sqrt{2}\sin3140t$ (V),试求在下列电容值时的容抗 X_C 与电容电流 I_C。并说明计算结果能说明什么问题?
(1)$C=0.1\mu$F,(2)$C=1\mu$F,(3)$C=10\mu$F。

2.3 RLC 串联电路

2.3.1 RLC 串联电路的等效阻抗

1. 阻抗与阻抗角

如图 2.16 所示 RLC 串联电路可以等效一只阻抗。

根据基尔霍夫电压定律(KVL),在任一时刻电压的瞬时值关系式为

$$u = u_R + u_L + u_C \tag{2-44}$$

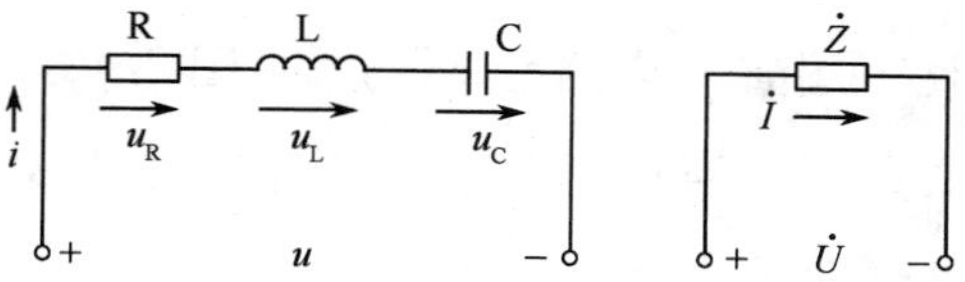

R　L　C　i　u_R　u_L　u_C　+　u　−　$\dot{Z}$　$\dot{I}$　+　$\dot{U}$　−

图 2.16 RLC 串联及其等效阻抗

由此可得 KVL 的相量关系

$$\dot{U} = \dot{U}_R + \dot{U}_L + \dot{U}_C \tag{2-45}$$

根据 $\dot{U}_R = R\dot{I}$， $\dot{U}_L = jX_L\dot{I}$， $\dot{U}_C = -jX_C\dot{I}$，代入式(2-45)可得

$$\dot{U} = [R + j(X_L - X_C)]\dot{I} = \dot{Z}\dot{I}$$

其中 $\dot{Z} = \dot{U}/\dot{I}$ 为串联电路的等效复阻抗

$$\dot{Z} = R + j(X_L - X_C) = R + j(\omega L - \frac{1}{\omega C}) = R + jX \tag{2-46}$$

或者

$$\dot{Z} = |Z| \angle \varphi \tag{2-47}$$

其中，$X = X_L - X_C$ 称为 RLC 串联电路的电抗，单位为欧姆(Ω)。

$|Z|$ 为阻抗大小，即

$$|Z| = \sqrt{R^2 + X^2} = \sqrt{R^2 + (X_L - X_C)^2} \tag{2-48}$$

φ 为阻抗角，代表路端电压 u 与电流 i 的相位差，即

$$\varphi = \psi_u - \psi_i = \text{arctg}(X/R) \tag{2-49}$$

显然，R、X、$|Z|$ 构成阻抗三角形，根据电抗 X 可能的取值情况，可以画出三种阻抗三角形图形，如图 2.17 所示。

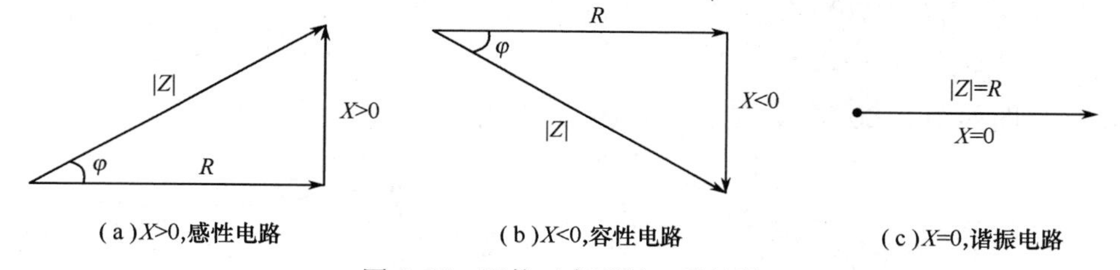

(a) $X>0$，感性电路　(b) $X<0$，容性电路　(c) $X=0$，谐振电路

图 2.17 阻抗三角形的三种情况

2. 电路性质

根据电抗 X 或阻抗角 φ 为正、为负、为零，将电路分为三种。

(1)感性电路：当 $X>0$ 时，即 $X_L > X_C$， $\varphi>0$，电压 u 比电流 i 超前 φ，称电路呈感性。

(2)容性电路：当 $X<0$ 时，即 $X_L < X_C$， $\varphi<0$，电压 u 比电流 i 滞后 $|\varphi|$，称电路呈容性。

(3)谐振电路：当 $X=0$ 时，即 $X_L = X_C$， $\varphi=0$，电压 u 与电流 i 同相，称电路呈电阻性。

2.3.2 电压关系

以相量电流 $\dot{I}$ 为参考方向(设 $\psi_i=0$)，可以画出各元件上电压 $\dot{U}_R$ 和 $\dot{U}_L$，$\dot{U}_C$ 与总电压 $\dot{U}$

的相量图,如图 2.18 所示。$\dot{U}_R$ 与 $\dot{I}$ 同相,$\dot{U}_L$ 比 $\dot{I}$ 超前 90°,$\dot{U}_C$ 比 $\dot{I}$ 滞后 90°,$\dot{U}$ 与 $\dot{I}$ 的相位差为 φ。当 $U_L > U_C$ 时,$\dot{U}$ 比 $\dot{I}$ 超前 φ,电路呈感性,参见图 2.18(a);当 $U_L < U_C$ 时,$\dot{U}$ 比 $\dot{I}$ 滞后 $|\varphi|$,电路呈容性参见图 2.18(b);当 $U_L = U_C$ 时,$\dot{U}$ 与 $\dot{I}$ 同相($\varphi = 0$),电路呈电阻性,参见图 2.18(c),即谐振。

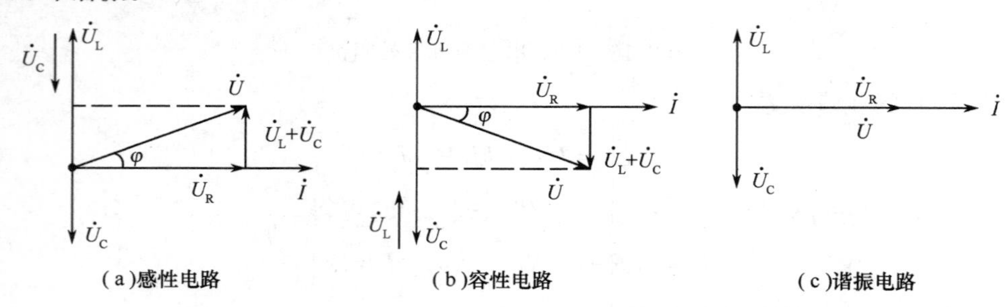

图 2.18　RLC 串联电路的相量图

由相量图可得,总电压有效值 U 与各元件上的电压有效值的关系为

$$U = \sqrt{U_R{}^2 + (U_L - U_C)^2} \tag{2-50}$$

显然,$\dot{U}_R$,$(\dot{U}_L + \dot{U}_C)$ 与总电压 $\dot{U}$ 构成电压三角形。

在交流电路中,电感或电容上的电压很可能比电源电压高,这一点与直流电路情况截然不同,值得注意。

【例 2.9】 如图 2.19 所示,在 RL 串联电路中,已知 $R = 40\Omega$,$L = 95.5\text{mH}$,外加频率为 50Hz,$U = 200\text{V}$ 的交流电压源。试求:(1)电路中的电流 I;(2)各元件电压 U_R 和 U_L;(3)画出相量图(设 $\dot{I} = I\angle 0°\text{A}$)。

解:(1) $|Z| = \sqrt{R^2 + Z_L^2} = \sqrt{40^2 + 30^2} = 50\Omega$,$I = U/|Z| = 4\text{A}$($Z_L - 2\pi fL = 30\Omega$)

(2) $U_R = RI = 160\text{V}$,$U_L = X_L I = 120\text{V}$

(3) $I = U/|Z| = 4\text{A}$

画出相量图如图 2.20 所示,显然 $U = \sqrt{U_R{}^2 + U_L{}^2}$。

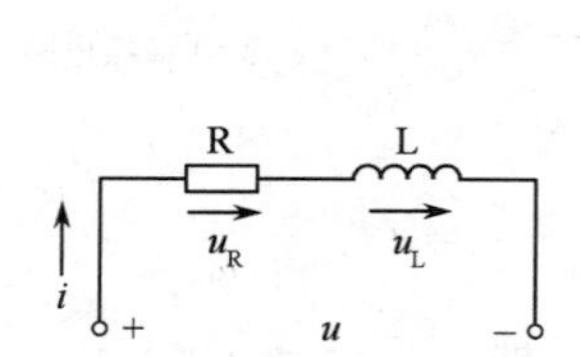

图 2.19　RL 串联电路

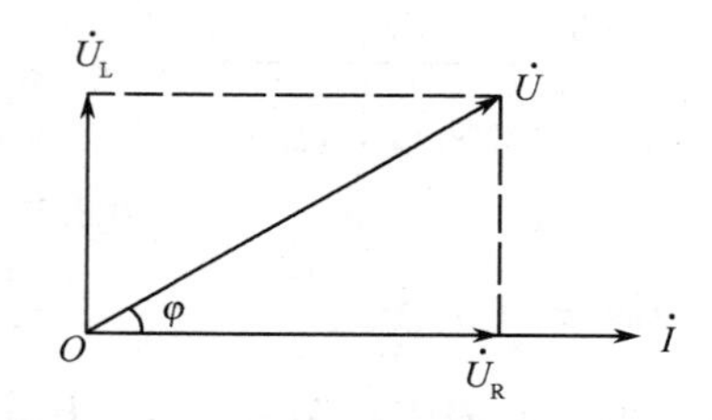

图 2.20　例 2.9 所示电路参数的相量图

【例 2.10】 如图 2.21 所示,在 RC 串联电路中,已知:$R = 60\Omega$,$C = 20\mu\text{F}$,外加电压为 $U = 100\text{V}$,频率 $f = 100\text{Hz}$。试求:(1)电路中的电流 I;(2)各元件电压 U_R 和 U_C;(3)画出相量图(设 $\dot{I} = I\angle 0°\text{A}$)。

解:(1) $X_C = \dfrac{1}{\omega C} = 80\Omega$,$|Z| = \sqrt{R^2 + Z_C^2} = 100\Omega$,$I = U/|Z| = 1\text{A}$

(2) $U_R = RI = 60\text{V}$,$U_C = X_C I = 80\text{V}$

(3) 画出相量图,如图 2.22 所示。显然,$U=\sqrt{U_R^2+U_C^2}$。

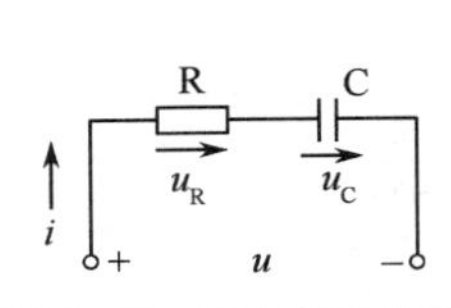

图 2.21 RC 串联电路

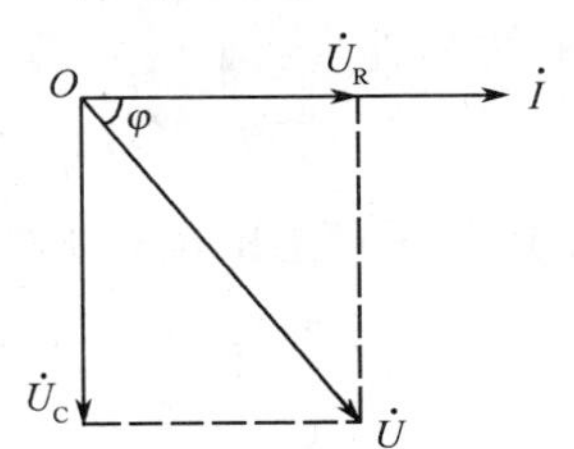

图 2.22 例 2.10 所示电路参数的相量图

*2.3.3 RLC 串联电路的谐振

工作在谐振状态下的电路称为谐振电路。谐振电路在电子技术与工程技术中有着广泛的应用。谐振电路最为明显的特征是整个电路呈电阻性,即电路的等效阻抗为 $Z_0=R$,总电压 u 与总电流 i 同相。

1. 谐振频率与特性阻抗

如前所述,RLC 串联电路呈谐振状态时,感抗与容抗相等,即 $X_L=X_C$,设谐振角频率为 ω_0,则 $\omega_0 L=\frac{1}{\omega_0 C}$,于是谐振角频率为

$$\omega_0=\frac{1}{\sqrt{LC}} \tag{2-51}$$

由于 $\omega_0=2\pi f_0$,所以谐振频率为

$$f_0=\frac{1}{2\pi\sqrt{LC}} \tag{2-52}$$

由此可见,谐振频率 f_0 只由电路中的电感 L 与电容 C 决定,是电路中的固有参数。通常将谐振频率 f_0 叫做固有频率。

电路发生谐振时的感抗或容抗叫做特性阻抗,用符号 ρ 表示,单位为欧姆(Ω)。

$$\rho=\omega_0 L=\frac{1}{\omega_0 C}=\sqrt{\frac{L}{C}} \tag{2-53}$$

2. 谐振特征与品质因数

在 RLC 串联电路中,由式(2-48)可得阻抗大小 $|Z|=\sqrt{R^2+\left(\omega L-\frac{1}{\omega C}\right)^2}$。设外加交流电源 u_S(又称信号源)的电压大小为 U_S,则电路中电流的大小为

$$I=\frac{U_S}{|Z|}=\frac{U_S}{\sqrt{R^2+\left(\omega L-\frac{1}{\omega C}\right)^2}} \tag{2-54}$$

式(2-54)表示电流大小与电路工作频率之间的关系,叫做串联电路的电流幅频特性。不难理解,当外加电源 u_S 的频率 $f=f_0$ 时,电路发生谐振($X_L=X_C$),此时电路的阻抗达到最小值,称为谐振阻抗 Z_0 或谐振电阻 R_0,即

$$Z_0 = R_0 = |Z|_{\min} = R \tag{2-55}$$

因此,谐振时电路中的电流达到了最大值,叫做谐振电流 I_0,即

$$I_0 = U_S/R \tag{2-56}$$

谐振时电感 L 与电容 C 上的电压大小相等,即

$$U_L = U_C = X_L I_0 = X_C I_0 = \frac{\rho}{R}U_S = QU_S \tag{2-57}$$

其中,Q 叫做串联谐振电路的品质因数,即

$$Q = \frac{\rho}{R} = \frac{\omega_0 L}{R} = \frac{1}{\omega_0 CR} \tag{2-58}$$

式(2-57)表明:RLC 串联电路发生谐振时,电感 L 与电容 C 上的电压大小是外加电源电压 U_S 的 Q 倍,所以又叫做电压谐振。一般情况下串联谐振电路都符合 $Q \gg 1$ 的条件。

3. 谐振曲线与通频带

由式(2-54)可以得到电流大小 I 随频率 f 变化的曲线,叫做谐振特性曲线,如图 2.23 所示。当外加电源 u_S 的频率 $f=f_0$ 时,电路处于谐振状态;当 $f \neq f_0$ 时,称为电路处于失谐状态,若 $f<f_0$,则 $X_L<X_C$,电路呈容性;若 $f>f_0$,则 $X_L>X_C$,电路呈感性。

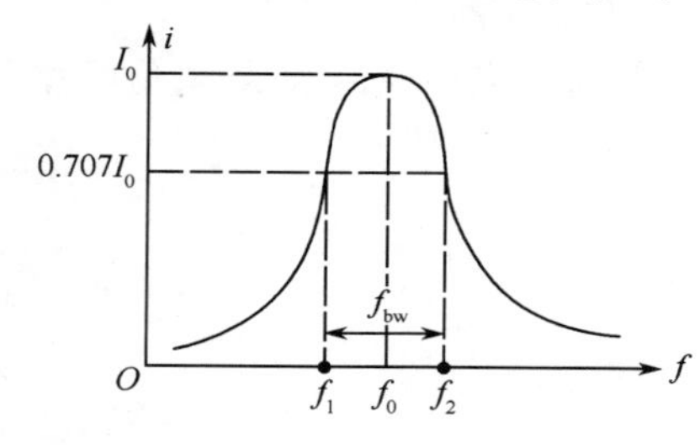

图 2.23 串联电路的谐振曲线

在实际应用中,规定把电流 I 范围($0.707\ I_0 \leqslant I \leqslant I_0$)所对应的频率范围($f_1 \sim f_2$)叫做串联谐振电路的通频带(又叫做频带宽度),用符号 f_{bw} 表示,其单位也是频率的单位。

理论分析表明,串联谐振电路的通频带为

$$f_{bw} = f_2 - f_1 = \frac{f_0}{Q} \tag{2-59}$$

频率 f 在通频带以内($f_1 \leqslant f \leqslant f_2$)的信号可以在串联谐振电路中产生较大的电流,而频率 f 在通频带以外($f<f_1$ 或 $f>f_2$)的信号仅在串联谐振电路中产生很小的电流,因此谐振电路具有选频特性。

【例 2.11】 设在 RLC 串联电路中,电源电压 $U=1\text{mV}$,$L=30\mu\text{H}$,$C=211\text{pF}$,$R=9.4\Omega$。试求:(1)该电路的固有谐振频率 f_0 与通频带 f_{bw};(2)当电源频率 $f=f_0$ 时(电路处于谐振状态),电路中的谐振电流 I_0、电感 L 与电容 C 元件上的电压 U_{L0} 和 U_{C0};(3)如果电源频率与谐振频率偏差 $\Delta f=f-f_0=10\%\ f_0$,电路中的电流 I 为多少?

解:(1) $f_0=\dfrac{1}{2\pi\sqrt{LC}}=2\text{MHz}$, $Q=\dfrac{\omega_0 L}{R}=40$, $f_{bw}=\dfrac{f_0}{Q}=50\text{kHz}$

(2) $I_0=U/R=1/9.4=0.106\text{mA}$, $U_{L0}=U_{C0}=QU=40\text{mV}$

(3) 当 $f=f_0+\Delta f=2.2\text{MHz}$ 时, $\omega=2\pi f=13.816\times10^6\text{rad/s}$

$$|Z| = \sqrt{R^2+\left(\omega L-\frac{1}{\omega C}\right)^2} = 72\Omega$$

$I=U/|Z|=0.014\text{mA}$(仅为谐振电流 I_0 的 13.2%)。

思考与练习 2.3

1. 将一 RL 串联负载接到 $U=12V$ 的交流电源上，若用交流电压表测得电阻电压 $U_R=6V$，则电感电压 U_L 是多少？

2. 将一 RC 串联负载接到 $U=10V$ 的交流电源上，若用交流电压表测得电阻电压 $U_R=5V$，则电容电压 U_C 是多少？

3. 将一 RLC 串联负载接到 $U=10V$ 的交流电源上，若用交流电压表测得电感电压 $U_L=12V$，电容电压 $U_C=4V$，则电阻电压 U_R 是多少？

4. 将一 RL 串联负载接到 $U=220V$ 的工频电源上，若已知 $R=30\Omega, L\approx 0.13H$，试求：RL 串联等效阻抗 $|Z|$、电子路中的电流 I、电阻电压 U_R、电感电压 U_L。

5. 将一 RC 串联负载接到 $U=220V$ 的工频电源上，若已知 $R=40\Omega, C=100\mu F$，试求：RC 串联等效阻抗 $|Z|$、电路中的电流 I、电阻电压 U_R、电容电压 U_C。

6. 将一 RLC 串联负载接到 $U=10V$、$f=1kHz$ 的交流电源上，若已知 $R=30\Omega, L=19.1mH, C=2\mu F$。试求：RLC 串联等效阻抗 $|Z|$、电路中的电流 I、电阻电压 U_R、电感电压 U_L、电容电压 U_C。

2.4 RLC 并联电路

2.4.1 一般分析方法

如图 2.24(a)所示，n 只阻抗 $Z_1, Z_2, \cdots, Z_n$ 并联的电路，对电源来说可以等效为一只阻抗为 Z 的电路，如图 2.24(b)所示。根据基尔霍夫电流定律(KCL)可得任何时刻各支路电流的瞬时值关系

$$i = i_1 + i_2 + \cdots + i_n \tag{2-60}$$

与之相应的相量关系式为

$$\dot{I} = \dot{I}_1 + \dot{I}_2 + \cdots + \dot{I}_n \tag{2-61}$$

其中，$\dot{I}_1=\dot{U}/Z_1, \dot{I}_2=\dot{U}/Z_2, \dot{I}_n=\dot{U}/Z_n, \dot{I}=\dot{U}/Z$，代入式(2-61)可得

$$\frac{1}{Z} = \frac{1}{Z_1} + \frac{1}{Z_2} + \cdots + \frac{1}{Z_n} \tag{2-62}$$

即 n 只并联阻抗的等效阻抗 Z 之倒数等于各个阻抗的倒数之和。

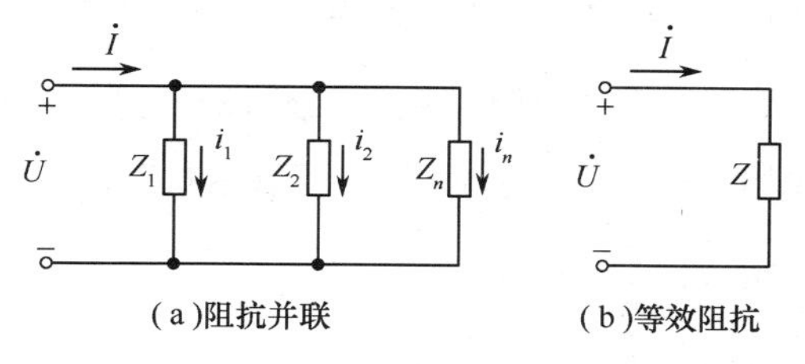

图 2.24 阻抗并联电路及其等效阻抗

为便于表达与分析并联电路，定义复阻抗 Z 的倒数叫做复导纳，用符号 Y 表示，即 $Y=1/Z$，单位为西门子(S)。于是，式(2-62)可以写为

$$Y = Y_1 + Y_2 + \cdots + Y_n \tag{2-63}$$

即 n 只并联导纳的等效导纳 Y 等于所有导纳之和。

于是欧姆定律的相量形式为

$$\dot{U} = Z\dot{I} \quad 或 \quad \dot{I} = Y\dot{U} \tag{2-64}$$

2.4.2 并联电路的分析举例

1. RLC 并联

【例 2.12】 如图 2.25 所示,在 RLC 并联电路中,已知 $U=120\text{V}$,$f=50\text{Hz}$,$R=50\Omega$,$L=0.19\text{H}$,$C=80\mu\text{F}$。试求:(1)各支路电流 I_R,I_L,I_C;(2)画出相量图(设 $\dot{U}=120\angle 0°\text{V}$)。求出总电流 I,并说明该电路成何性质?(3)等效阻抗大小 $|Z|$。

解: (1) $\omega=2\pi f=314\text{rad/s}$,$X_L=\omega L=60\Omega$,$X_C=1/(\omega C)=40\Omega$

$I_R=U/R=120/50=2.4\text{A}$,$I_L=U/X_L=2\text{A}$,$I_C=U/X_C=3\text{A}$

(2) 根据 R,L,C 元件的基本特性可知:$\dot{I}_R$ 与 $\dot{U}$ 同相,$\dot{I}_L$ 比 $\dot{U}$ 滞后 90°,$\dot{I}_C$ 比 $\dot{U}$ 超前 90°,相量图如图 2.26 所示,由此图可得

$$I = \sqrt{I_R{}^2 + (I_C - I_L)^2} \tag{2-65}$$

代入数值,即得 $I=2.6\text{A}$。由相量图(见图 2.26)可以看出总电流 $\dot{I}$ 比电压 $\dot{U}$ 超前,所以该电路呈容性。

(3) $|Z|=U/I=120/2.6=46\Omega$。

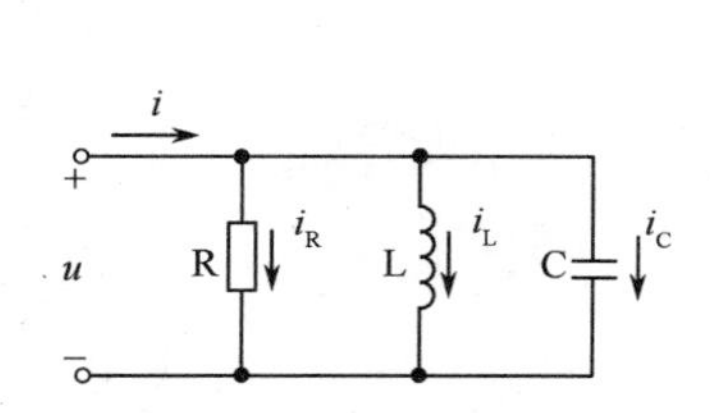

图 2.25 RLC 并联电路

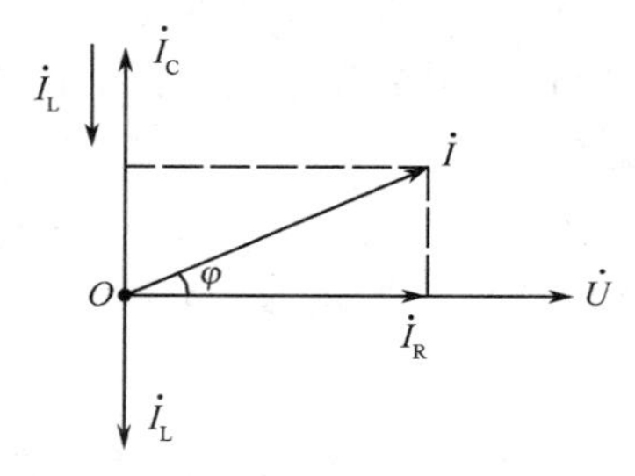

图 2.26 例 2.12 所示电路参数的相量图

由例 2.12 可以得出这样的结论:对于 RLC 并联电路,由于各元件上的电压相等,① 当 $X_L>X_C$ 时,则 $I_L<I_C$,电路中总电流 $\dot{I}$ 比路端电压 $\dot{U}$ 超前,电路呈容性;② 当 $X_L<X_C$ 时,则 $I_L>I_C$,电路中总电流 $\dot{I}$ 比路端电压 $\dot{U}$ 滞后,电路呈感性;③ 当 $X_L=X_C$ 时,则 $I_L=I_C$,电路中总电流 $\dot{I}$ 与路端电压 $\dot{U}$ 同相,电路呈电阻性,即处于谐振状态。

2. RL 并联和 RC 并联电路

在讨论 RLC 并联的基础上,容易分析 RL 并联和 RC 并联电路的电流情况。只需将图 2.25电路中的电容开路去掉($I_C=0$),即可获得 RL 并联电路,如图 2.27 所示;将图 2.25 电路中的电感开路去掉($I_L=0$),即可获得 RC 并联电路,如图 2.28 所示;式(2-65)对这两种电路也完全适用。

【例 2.13】 已知在 RL 并联电路中，$R=50\Omega$，$L=0.318\text{H}$，工频电源 $f=50\text{Hz}$，电压 $U=220\text{V}$。试求各支路电流 I_R，I_L，I 与等效阻抗大小 $|Z|$。

解： $I_R=U/R=220/50=4.4\text{A}$，$X_L=2\pi fL=100\Omega$，$I_L=U/X_L=2.2\text{A}$

$I=\sqrt{I_R{}^2+I_L{}^2}=4.92\text{A}$，$|Z|=U/I=220/4.92=44.72\Omega$。

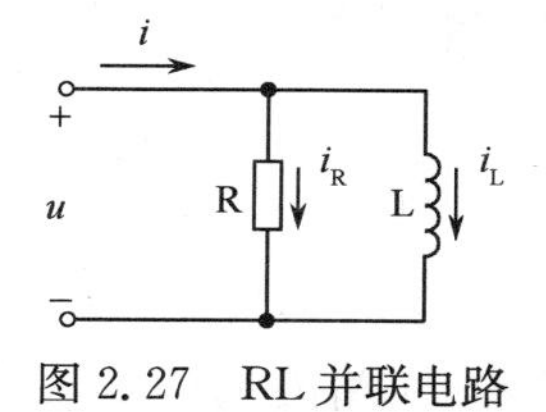

图 2.27　RL 并联电路

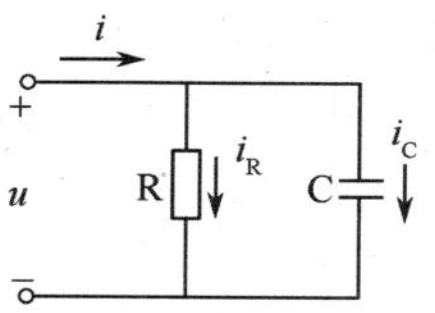

图 2.28　RC 并联电路

*2.4.3　RLC 并联电路的谐振

实际电感与电容并联可以构成 LC 并联谐振电路（通常称为 LC 并联谐振回路）。由于实际电感可以看成一只电阻 R（叫做线圈导线铜损电阻）与一理想电感 L 相串联，所以 LC 并联谐振回路为 RL 串联再与电容 C 并联，并且在实际应用中，LC 并联谐振回路所接电源（信号源）一般为电流源 $\dot{I}_S$ 模型，如图 2.29 所示。

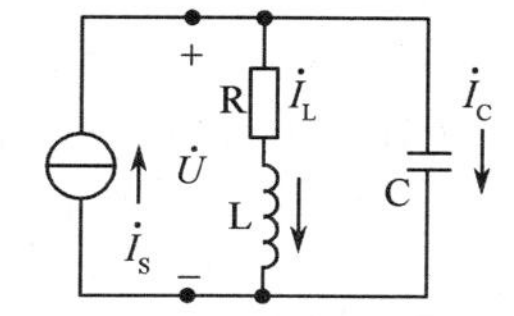

图 2.29　LC 并联谐振电路

1. 谐振频率与谐振阻抗

设谐振角频率为 ω_0，当电路发生谐振时，$\dot{U}$ 与 $\dot{I}_S$ 同相，即谐振阻抗 Z_0 呈电阻性（为实数）。理论上可求得谐振角频率 ω_0 与频率 f_0 为

$$\omega_0\approx\frac{1}{\sqrt{LC}},\ f_0\approx\frac{1}{2\pi\sqrt{LC}} \tag{2-66}$$

谐振阻抗 Z_0 为

$$Z_0=R(1+Q_0{}^2)\approx Q_0{}^2R \tag{2-67}$$

其中，$Q_0=\omega_0L/R\gg1$，并联谐振回路的特性阻抗与式(2-53)一样。

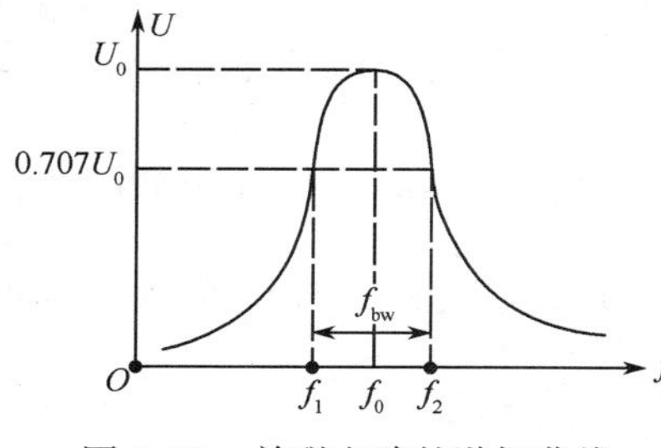

图 2.30　并联电路的谐振曲线

2. 谐振曲线与通频带

理论分析表明：LC 并联谐振回路的电压谐振曲线如图2.30所示，它表示出 LC 回路的端电压 U 随电路工作频率 f 变化的关系，称为电压 U 的幅频特性。

当外加电流源 $\dot{I}_S$ 的频率 $f=f_0$ 时，电路处于谐振状态，$Q_0=\dfrac{\omega_0L}{R}\approx\dfrac{1}{\omega_0CR}$，即 $X_{L0}\approx X_{C0}$，则电感 L 支路电流 I_{L0} 与电容 C 支路电流 I_{C0} 分别为

$$I_{L0}=\frac{U_0}{|Z_1|}\approx\frac{U_0}{X_{L0}}=\frac{Q_0{}^2RI_S}{\omega_0L}=Q_0I_S \tag{2-68}$$

$$I_{C0}=\frac{U_0}{|Z_2|}=\frac{U_0}{X_{C0}}\approx\frac{U_0}{X_{L0}}=Q_0I_S \tag{2-69}$$

即谐振时各支路电流为总电流的 Q_0 倍,所以 LC 并联谐振又称为电流谐振。

当 $f \neq f_0$ 时,称为电路处于失谐状态。对于 LC 并联电路来说,若 $f < f_0$,则 $X_L < X_C$,电路呈感性;若 $f > f_0$,则 $X_L > X_C$,电路呈容性,这与 RLC 串联电路的情况正相反。

在实际应用中,规定把电压 $U(0.707\,U_0 \leqslant U \leqslant U_0)$ 所对应的频率范围($f_1 \sim f_2$)称为并联谐振电路的通频带或频带宽度,用符号 f_{bw} 表示,其单位也是频率的单位。

理论分析表明,并联谐振电路的通频带为

$$f_{bw} = f_2 - f_1 = \frac{f_0}{Q_0} \tag{2-70}$$

频率 f 在通频带以内($f_1 \leqslant f \leqslant f_2$)的信号可以在并联谐振回路两端产生较大的电压,而频率 f 在通频带以外($f < f_1$ 或 $f > f_2$)的信号仅在并联谐振回路两端产生很小的电压,因此并联谐振回路也具有选频特性。

【例 2.14】 如图 2.29 所示,在 LC 并联谐振电路中,已知信号源 $I_S = 1\text{mA}$,$R = 10\Omega$,$L = 80\mu\text{H}$,$C = 320\text{pF}$。试求:(1)该电路的固有谐振频率 f_0 与通频带 f_{bw};(2)当信号源频率 $f = f_0$ 时(电路处于谐振状态)电路中的谐振电压 U_0、谐振阻抗 Z_0;(3)谐振状态下电感 L 支路与电容 C 支路上的电流 I_{L0} 和 I_{C0}。

解:(1)$\omega_0 = \frac{1}{\sqrt{LC}} \approx 6.25 \times 10^6\,\text{rad/s}$,$f_0 = \frac{1}{2\pi\sqrt{LC}} \approx 1\text{MHz}$

$$Q_0 = \frac{\omega_0 L}{R} = 50,\ f_{bw} = \frac{f_0}{Q_0} = 20\text{kHz}$$

(2)$Z_0 = Q_0{}^2 R = 25\text{k}\Omega$,$U_0 = Z_0 I_S = 25\text{V}$

(3)$I_{L0} \approx I_{C0} = Q_0 I_S = 50\text{mA}$

思考与练习 2.4

1. 将一 RL 并联负载接到交流电源上,若用交流电流表测得电路中总电流 $I = 2\text{A}$ 和电阻所在支路电流 $I_R = 1\text{A}$,则电感所在支路电流 I_L 是多少?

2. 将一 RC 并联负载接到交流电源上,若用交流电流表测得电路中总电流 $I = 3\text{A}$ 和电阻所在支路电流 $I_R = 2\text{A}$,则电容所在支路电流 I_C 是多少?

3. 将一 RLC 并联负载接到交流电源上,若用交流电流表测得各支路电流分别为 $I_R = 1\text{A}$,$I_L = 2\text{A}$,$I_C = 3\text{A}$,则电路中总电流 $I = ?$

4. 将一 RL 并联负载接到 $U = 50\text{V}$ 的工频电源上,若已知 $R = 50\Omega$,$L \approx 0.13\text{H}$,试求:电路中的电阻电流 I_R、电感电流 I_L、总电流 I,R,L 并联等效阻抗 $|Z|$。

5. 将一 RC 并联负载接到 $U = 120\text{V}$ 的工频电源上,若已知 $R = 40\text{k}\Omega$,$C = 0.1\mu\text{F}$,试求:电路中的电阻电流 I_R、电容电流 I_C、总电流 I,R、C 并联等效阻抗 $|Z|$。

6. 将一 RLC 并联负载接到 $U = 10\text{V}$,$f = 500\text{Hz}$ 的交流电源上,若已知 $R = 50\Omega$,$L = 12.74\text{mH}$,$C = 16\mu\text{F}$。试求:电路中的电阻电流 I_R、电感电流 I_L、电容电流 I_C、总电流 I 以及 R,L,C 并联等效阻抗 $|Z|$。

2.5 交流电路的功率与功率因数的提高

2.5.1 交流电路的功率

对于正弦交流电路来说,无论阻抗串联还是阻抗并联,其等效复阻抗 Z 总是由实部与虚

部组成的，即

$$Z=R+\mathrm{j}X=|Z|\angle\varphi=|Z|\cos\varphi+\mathrm{j}|Z|\sin\varphi \tag{2-71}$$

如前所述，阻抗角 φ 代表路端电压 $\dot{U}$ 与总电流 $\dot{I}$ 的相位差，式(2-71)中阻抗 Z 的实部 $R=|Z|\cos\varphi$，虚部 $X=|Z|\sin\varphi$，$|Z|=U/I$。

复阻抗的实部(电阻部分)表示消耗电能的部分，虚部(电抗部分)表示储存电能部分。前者的功率为实际消耗的功率，叫做有功功率(平均功率)，用符号 P 表示，单位为 W；后者实际上不消耗功率，应用无功功率表示在单位时间内与电源交换能量的快慢，用符号 Q 表示，单位为 var。

有功功率的计算公式为

$$P=I^2R=UI\cos\varphi=UI\lambda \tag{2-72}$$

其中，$\lambda=\cos\varphi$ 叫做功率因数(无量纲)，功率因数越大(阻抗角越小)，有功功率也越大。

特别需要指出的是，有功功率 P 总是等于电路中所有电阻消耗的功率，也可以直接计算电路中的电阻消耗功率来求得电路的有功功率。

无功功率的计算公式为

$$Q=I^2X=UI\sin\varphi \tag{2-73}$$

如果 $X>0$，即 $\varphi>0$，则 $Q>0$，表明电路呈感性；如果 $X<0$，即 $\varphi<0$，则 $Q<0$，表明电路呈容性。

电力工程上将交流电路的路端电压 U 与总电流 I 的乘积叫做视在功率，用符号 S 表示，单位为伏安(V・A)。即

$$S=UI=I^2|Z|=U^2/|Z| \tag{2-74}$$

P,Q,S 之间呈三角形关系(叫做功率三角形)，即

$$S=\sqrt{P^2+Q^2} \tag{2-75}$$

显然功率因数 $\lambda=P/S$。

如果路端电压 $\dot{U}$ 与总电流 $\dot{I}$ 同相，即电路处于谐振状态，则有 $\varphi=0,X=0,Q=0,S=P$。

2.5.2 提高感性负载功率因数的意义

在交流电力系统中，负载多为感性负载。例如，常用的感应电动机，接上电源时要建立磁场，它除了需要从电源取得有功功率外，还要由电源取得磁场的能量，并与电源做周期性的能量交换。在交流电路中，负载从电源接收的有功功率 $P=UI\cos\varphi$，显然与功率因数有关。功率因数低引起下列不良后果：

(1) 负载的功率因数低，使电源设备的容量不能充分利用。因为电源设备(发电机、变压器等)是依照它的额定电压与额定电流设计的。例如，一台容量为 $S=100\text{kV}\cdot\text{A}$ 的变压器，若负载的功率因数 $\lambda=1$ 时，则此变压器输出 100kW 的有功功率；若 $\lambda=0.6$ 时，则此变压器只能输出 60kW 的有功功率，也就是说变压器的容量未能充分利用。

(2) 在一定的电压下向负载输送一定的有功功率时，负载的功率因数越低，输电线路的电压降和功率损失越大。这是因为输电线路电流 $I=P/(U\cos\varphi)$，当 $\lambda=\cos\varphi$ 较小时，I 必然较大，输电线路上的电压降也要增加。因为电源电压一定，所以负载的端电压将减少，影响负载的正常工作。从另一方面看，电流 I 增加，输电线路中的功率损耗也要增加。因此，提高负载的功率因数对科学地使用电能有着重要的意义。

常用的感应电动机在空载时的功率因数约为 0.2～0.3，而在额定负载时约为 0.83～

0.85,不装电容器的日光灯,功率因数为0.45～0.6,应设法提高这类感性负载的功率因数,以降低输电线路电压降和功率损耗。

2.5.3　提高功率因数的方法

提高感性负载功率因数较简便的方法是用适当容量的电容器与感性负载并联。这样可以使电感中的磁场能量与电容器的电场能量进行交换,从而减少电源与负载间能量的互换。利用相量图分析方法可以看出在感性负载两端并联一个适当的电容后,对提高电路的功率因数十分有效。

如图2.31所示,感性负载相当于一只电阻R与电感L串联而成,感性负载RL未并联电容C前(开关S断开),电路中电流 $\dot{I}=\dot{I}_L$ 比电源电压 $\dot{U}$ 滞后一角度 φ_1,如图2.32所示,此时电路的功率因数为 $\cos\varphi_1$。

当在RL两端并联电容C以后(开关S闭合),感性负载两端电压并未改变(仍为 $\dot{U}$),RL支路中的电流 $\dot{I}_L$ 也不变(仍比电源电压 $\dot{U}$ 滞后一角度 φ_1)。但由于电容C支路中有电流 $\dot{I}_C$ 比电源电压 $\dot{U}$ 越前90°,这时总电流 $\dot{I}=\dot{I}_L+\dot{I}_C$,所以 $\dot{I}$ 比电源电压 $\dot{U}$ 滞后的角度减小到 φ_2。若电容 C 值选得合适(亦即 $\dot{I}_C$ 大小适当),可以提高电路的功率因数,即功率因数从 $\cos\varphi_1$ 提高到 $\cos\varphi_2$。

借助图2.32容易证明:对于额定电压为 U、额定功率为 P、工作频率为 f 的感性负载RL来说,将功率因数从 $\lambda_1=\cos\varphi_1$ 提高到 $\lambda_2=\cos\varphi_2$,所需并联的电容

$$C=\frac{P}{2\pi fU^2}(\mathrm{tg}\varphi_1-\mathrm{tg}\varphi_2)\tag{2-76}$$

其中,$\varphi_1=\arccos\lambda_1$,$\varphi_2=\arccos\lambda_2$,且 $\varphi_1>\varphi_2$,$\lambda_1<\lambda_2$。

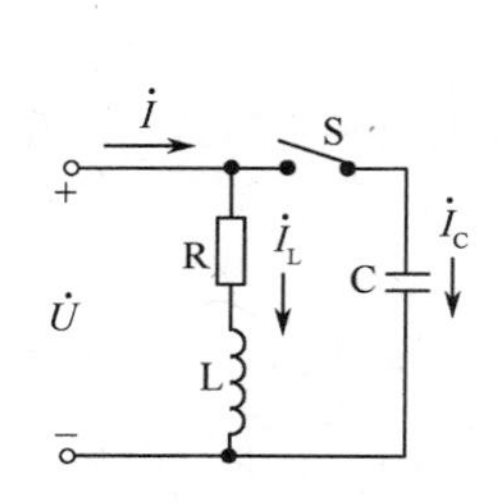

图2.31　感性负载功率因数的提高

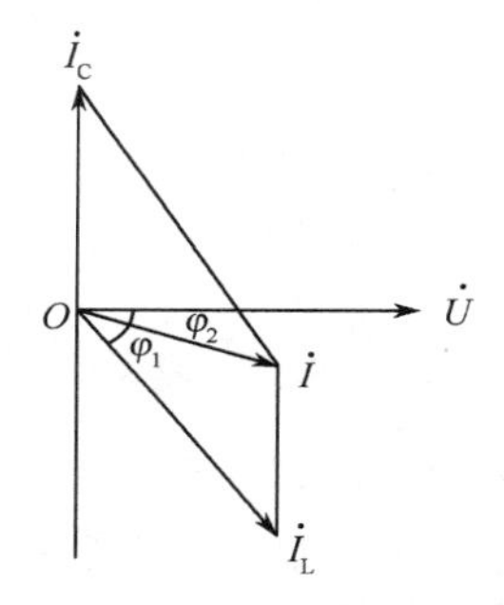

图2.32　提高功率因数的原理相量图

思考与练习2.5

1. 将一RLC串联负载接到 $U=10\text{V}$,$f=1\text{kHz}$ 的交流电源上,若已知 $R=30\Omega$,$L=19.1\text{mH}$,$C=2\mu\text{F}$。利用思考与练习2.3中第6题的计算结果,求该电路的功率因数 λ、有功功率 P、无功功率 Q、视在功率 S。

2. 将一RLC并联负载接到 $U=10\text{V}$,$f=500\text{Hz}$ 的交流电源上,若已知 $R=50\Omega$,$L=12.74\text{mH}$,$C=16\mu\text{F}$。利用思考与练习2.4中第6题的计算结果,求该电路的功率因数 λ、有功功率 P、无功功率 Q、视在功率 S。

3. 提高感性负载功率因数的意义何在?如何提高?

4. 有一电动机的额定参数为:功率 $P=10\text{kW}$,工作电压 $U=220\text{V}$,频率 $f=50\text{Hz}$,功率因数 $\lambda_1=0.6$。如果要把该电动机的功率因数提高到 $\lambda_2=0.9$,应选择一只多大的电容 C 与之并联?

本章小结

1. 正弦交流电的基本概念

正弦交流电压、电流(简称正弦量)的表示方法、基本参数以及两个同频率正弦量之间的相位关系(相位差)等概念列于表 2-1 中。

表 2-1 正弦交流电的基本概念

概念名称		正弦交流电压	正弦交流电流
(1)表示方法	①瞬时值表达式	$u(t)=U_m\sin(\omega t+\psi_u)$	$i(t)=I_m\sin(\omega t+\psi_i)$
	②波形图	三角函数图像	
	③相量表达式	$\dot{U}=U\angle\psi_u$	$\dot{I}=I\angle\psi_i$
	④相量图	在复平面中带有大小和方向的相量	
(2)主要参数	①三要素	U_m,ω,ψ_u	I_m,ω,ψ_i
	②周期与频率	$T=2\pi/\omega, f=1/T, \omega=2\pi f$	
	③峰一峰值	$U_{p\text{-}p}=2U_m$	$I_{p\text{-}p}=2I_m$
	④有效值	$U=0.707U_m$	$I=0.707I_m$
	⑤平均值	$U_{av}=0.637U_m$	$I_{av}=0.637I_m$
(3)两个同频率正弦量(以 u 和 i 为例)的相位关系	①相位差	$\varphi_{ui}=\psi_u-\psi_i\|\psi\|\leqslant\pi,\|\varphi_{ui}\|\leqslant\pi$	
	②越前(超前)	$\varphi_{ui}>0$,u 比 i 越前(超前)	
	③滞后(落后)	$\varphi_{ui}<0$,u 比 i 滞后(落后)	
	④同相	$\varphi_{ui}=0$,u 与 i 同相	
	⑤反相	$\varphi_{ui}=\pm\pi$,u 与 i 反相	
	⑥正交	$\varphi_{ui}=\pm(\pi/2)$,u 与 i 正交(垂直)	

2. R,L,C 元件的特性

R,L,C 元件在电路中的基本特性列于表 2-2 中。

3. 阻抗串、并联电路

掌握对正弦交流电路的基本分析方法以熟练运用正弦交流电的基本概念和元件基本特性为前提,读者可以运用前两部分知识分析表 2-3 中的结论,而不必对公式死记硬背。

表 2-2 R,L,C 元件的特性

特性名称		电阻 R	电感 L	电容 C
(1)阻抗特性	①阻抗大小	电阻 R	感抗 $X_L=\omega L$	容抗 $X_C=1/(\omega C)$
	②复阻抗	$Z_R=R\angle 0°=R$	$Z_L=X_L\angle 90°=jX_L$	$Z_C=X_C\angle -90°=-jX_C$
	③直流特性	呈现一定的阻碍作用	通直流(相当于短路)	隔直流(相当于开路)
	④交流特性	呈现一定的阻碍作用	通低频,阻高频	通高频,阻低频
(2)伏安关系	①瞬时关系	$u_R(t)=Ri_R(t)$	$u_L(t)=L\dfrac{\Delta i_L}{\Delta t}$	$i_C(t)=C\dfrac{\Delta u_C}{\Delta t}$
	②相量关系	$\dot{U}_R=R\dot{I}_R$	$\dot{U}_L=Z_L\dot{I}_L$	$\dot{U}_C=Z_C\dot{I}_C$
	③大小关系	$U_R=RI_R$	$U_L=X_LI_L$	$U_C=X_CI_C$
	④相位关系	$\varphi_{ui}=\psi_u-\psi_i=0$	$\varphi_{ui}=\psi_u-\psi_i=90°$	$\varphi_{ui}=\psi_u-\psi_i=-90°$
(3)功率情况		耗能元件,存在有功功率 $P_R=U_RI_R$(W)	储能元件($P_L=0$),存在无功功率 $Q_L=U_LI_L$(V·A)	储能元件($P_C=0$),存在无功功率 $Q_C=U_CI_C$(V·A)

表 2-3 RLC 串联与并联电路的基本结论

内 容		RLC 串联电路	RLC 并联电路
电路结构	电路图	见图 2.16	见图 2.25
等效阻抗	复阻抗 Z	$Z=R+j(X_L-X_C)=R+jX$ $=\|Z\|\angle\psi$	$\dfrac{1}{Z}=\dfrac{1}{R}+j(\dfrac{1}{X_C}-\dfrac{1}{X_L})=G+jB$ $Z=\dfrac{1}{G+jB}=\|Z\|\angle\psi$
	阻抗大小	$\|Z\|=\sqrt{R^2+X^2}$ $=\sqrt{R^2+(X_L-X_C)^2}$	$\|Z\|=\dfrac{1}{\sqrt{G^2+B^2}}$ $=\dfrac{1}{\sqrt{\dfrac{1}{R^2}+(\dfrac{1}{X_L}-\dfrac{1}{X_C})^2}}$
	阻抗角	$\varphi=\text{arctg}(X/R)$	$\varphi=-\text{arctg}(B/G)$
电压或电流关系	相量关系	$\dot{U}=\dot{U}_R+\dot{U}_L+\dot{U}_C=Z\dot{I}$	$\dot{I}=\dot{I}_R+\dot{I}_L+\dot{I}_C=\dot{U}/Z$
	相量图	见图 2.18	见图 2.26
	大小关系	$U=\sqrt{U_R{}^2+(U_L-U_C)^2}$	$I=\sqrt{I_R{}^2+(I_L-I_C)^2}$
电路性质	感性电路	$X_L>X_C,U_L>U_C,\varphi>0$	$X_L<X_C,I_L>I_C,\varphi>0$
	容性电路	$X_L<X_C,U_L<U_C,\varphi<0$	$X_L>X_C,I_L<I_C,\varphi<0$
	谐振电路	$X_L=X_C,U_L=U_C,\varphi=0$	$X_L=X_C,I_L=I_C,\varphi=0$
功率	有功功率	$P=I^2R=UI\cos\varphi$(W)	$P=U^2/R=UI\cos\varphi$ (W)
	无功功率	$Q=I^2X=UI\sin\varphi$ (V·A)	$Q=U^2B=UI\sin\varphi$ (V·A)
	视在功率	$S=UI=I^2\|Z\|=U^2/\|Z\|=\sqrt{P^2+Q^2}$(V·A)	

说明:(1) RL 串联电路。只需将 RLC 串联电路中的电容 C 短路去掉,即令 $X_C=0,U_C=0$。表 2-3 中有关串联电路的公式完全适用于 RL 串联情况。

(2) RC 串联电路。只需将 RLC 串联电路中的电感 L 短路去掉,即令 $X_L=0,U_L=0$。表 2-3 中有关串联电路的公式完全适用于 RC 串联情况。

(3) RL 并联电路。只需将 RLC 并联电路中的电容 C 开路去掉,即令 $X_C=\infty,I_C=0$。表 2-3 中有关

并联电路的公式完全适用于 RL 并联情况。

(4) RC 并联电路。只需将 RLC 并联电路中的电感 L 开路去掉，即令 $X_L=\infty$，$I_L=0$。表 2-3 中有关并联电路的公式完全适用于 RC 并联情况。

4. 提高感性负载功率因数的方法

提高感性负载(RL)功率因数的方法是用适当容量的电容器与感性负载并联(参见图 2.31与图 2.32)。对于额定电压为 U、额定功率为 P、工作频率为 f 的感性负载来说，将功率因数从 $\lambda_1=\cos\varphi_1$ 提高到 $\lambda_2=\cos\varphi_2$，所需并联的电容 C 为

$$C=\frac{P}{2\pi fU^2}(\mathrm{tg}\varphi_1-\mathrm{tg}\varphi_2)$$

其中，$\varphi_1=\arccos\lambda_1$，$\varphi_2=\arccos\lambda_2$，且 $\varphi_1>\varphi_2$，$\lambda_1<\lambda_2$。

习题 2

2.1 解释下列关于正弦交流量的概念，并写出必要的公式。

(1)三要素；(2)周期；(3)角频率与频率；(4) 峰值与峰—峰值；(5)有效值；(6)平均值；

(7)相位与初相；(8)越前(超前)；(9)滞后(落后)；(10)同相；(11)反相；(12)正交。

2.2 试说明正弦交流电流 $i(t)=2\sin(314t-60°)$A 与电压 $u(t)=110\sin(314t+30°)$V 的三要素与初始值。

2.3 已知某正弦交流电流的最大值是 1A，频率为 50Hz，设初相位为−60°。试求该电流的瞬时表达式 $i(t)$。

2.4 正弦交流电流 $i(t)=3\sin(\omega t+30°)$A 通过 $R=20\Omega$ 的电阻时，求功率 P。

2.5 求正弦交流电压 $u=311\sin(314t+120°)$V 与正弦交流电流 $i=5\sin(314t-60°)$A 的峰—峰值、有效值、平均值以及相位差 φ_{ui}。

2.6 已知：$u=120\sin(314t-20°)$V，$i=2\sin(314t+30°)$A。试求：u 与 i 的相位差 φ_{ui}。

2.7 把下列正弦量用相量表示，并作相量图。

$u=280\sin(314t+60°)$V，$i=5\sin(314t-45°)$ A。

2.8 把下列正弦相量用三角函数的瞬时值表达式表示，设角频率均为 ω。

$\dot{U}=20\,\underline{/-30°}$V，$\dot{I}=\underline{/140°}$A

2.9 在图 2.6 所示电路中，已知 $u_R=10\sin628t$V，$R=20\Omega$。试求：瞬时电流 i_R、相量 $\dot{I}_R$、有效值 I_R、功率 P_R。

2.10 在图 2.7 所示电路中，已知 $u_L=10\sqrt{2}\sin314t$V，$L=40$mH。试求：(1) 感抗 X_L 与复感抗 Z_L；(2)电流的有效值 I_L；(3)电流瞬时值 i_L；(4)无功功率 Q_L；(5) 电感所储存的最大磁场能量 W_m；(6)画出相量图。

2.11 在图 2.7 所示电路中，$i_L=3\sqrt{2}\sin(628t-90°)$A，$L=40$mH。试求：$u_L$、$U_L$。

2.12 在图 2.12 所示电路中，已知 $u_C=12\sqrt{2}\sin(314t+60°)$V，$C=254\mu$F。试求(1) X_C；(2)i_C；(3)I_C；(4)Q_C；(5)W_{Cm}。

2.13 在图 2.13 所示电路中，已知 $i_C=2\sqrt{2}\sin(628t+60°)$A，$C=40\mu$F。试求：$u_C$，$U_C$，$Q_C$。

2.14 在 RLC 串联电路中(参见图 2.16)，已知：$R=60\Omega$，$L=0.254$H，$C=20\mu$F，若外加工频电压 $U=$

220V。试求：(1)等效阻抗大小$|Z|$与阻抗角φ,并说明电路呈何性质；(2)电路中的电流I；(3)各元件上的电压U_R,U_L,U_C；(4) 有功功率P、无功功率Q、视在功率S与功率因数λ。

2.15　在RL串联电路中(参见图2.19)，已知$R=50\Omega$,$L=0.1H$,外加频率为100Hz,$U=120V$的交流电压源。试求：(1)电路中的电流I；(2)各元件电压U_R、U_L；(3)画出相量图(设$\dot{I}=I\angle 0°A$)。

2.16　在RC串联电路中(参见图2.21)，已知：$R=100\Omega$,$C=10\mu F$,外加电压为$u=170\sqrt{2}\sin 628t$ V。试求：(1)电路中的电流I；(2)各元件电压U_R,U_C；(3)画出相量图。

2.17　设在RLC串联电路中，$L=32\mu H$,$C=200pF$,$R=10\Omega$,外加电源电压为$u=2\sqrt{2}\sin(2\pi ft)$ mV。试求：(1)该电路的固有谐振频率f_0与通频带f_{bw}；(2)当电源频率$f=f_0$时(电路处于谐振状态)，电路中的谐振电流I_0、电感L与电容C元件上的电压U_{L0}和U_{C0}。

2.18　如图2.25所示的RLC并联电路，已知$U=220V$,$f=50Hz$,$R=100\Omega$,$L=0.4H$,$C=40\mu F$。试求：(1)各支路电流I_R,I_L,I_C；(2)画出相量图(设$\dot{U}=220\angle 0°V$)，求出总电流I,并说明该电路是何性质？(3)等效阻抗大小$|Z|$；(4) 有功功率P、无功功率Q、视在功率S与功率因数λ。

2.19　已知在RL并联电路中，$R=30\Omega$,$L=0.2H$,工频电源$f=50Hz$,电压$U=220V$。试求各支路电流I_R,I_L,I与等效阻抗大小$|Z|$。

2.20　已知在RC并联电路中，$R=50\Omega$,$C=20\mu F$,工频电源$f=50Hz$,电压$U=220V$。试求各支路电流I_R,I_C,I与等效阻抗大小$|Z|$。

2.21　已知感性负载(RL串联)的额定参数是功率$P=132W$,工频电压$U=220V$,电流$I=1A$。试求把电路功率因数提高到0.95时，应使用一只多大的电容C与该负载并联？

2.22　教学楼有功率为60W,功率因数为0.5的日光灯200只，并联在220V、$f=50Hz$的电源上。求此时电路的总电流I。如果要把该电路的功率因数提高到0.9,应在每只日光灯两端并联一只多大的电容C。

第3章

三相交流电路

学习目标

1. 掌握对称三相电压的特点及数学表达式。

2. 掌握对称三相负载作星形连接和三角形连接时的相电压、线电压、相电流、线电流等概念，会对称三相电路的电压和电流分析计算。

3. 掌握对称三相电路功率及功率因数的计算方法。

4. 了解一般三相四线制电路的分析方法。

工业及民用的交流电源几乎都是由三相电源供给的，单相交流电源只不过是三相电源的其中一相而已，即单相正弦交流电路可以认为是三相交流电路的其中一相电路。本章介绍对称三相电源、三相负载及三相电路功率等重要强电知识。

3.1 对称三相电源

3.1.1 对称三相电动势与电压

三相电源一般由三相发电机产生。如图3.1所示为一台三相交流发电机的结构示意图，它有三个完全相同的线圈A-X，B-Y，C-Z，称为三相绕组，每相绕组放置在发电机的固定凹槽（称为定子）内，彼此在空间位置上相差120°。转子上绕有励磁线圈，给它通入直流电流后可以产生磁场（图3.1中的N和S磁极），当转子由其他动力机械拖动并以恒定转速ω转动时，由电磁感应定律可知，在三相绕组内会产生按正弦规律变化的感应电动势e_A，e_B，e_C，它们振幅相等（设均为E_m）、角频率相同（设均为ω）、在相位上彼此相差120°，称为对称三相电动势。

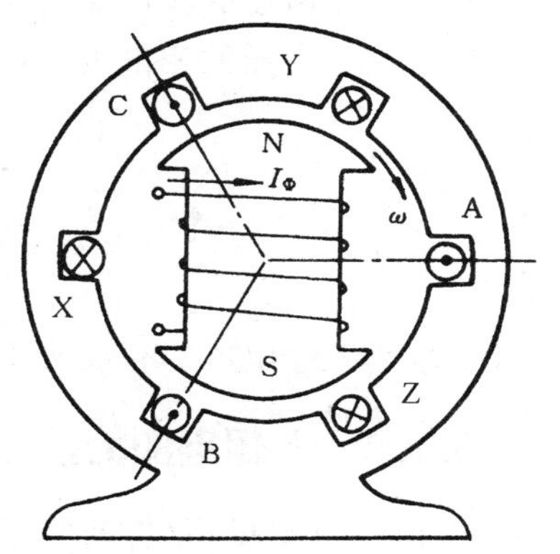

图3.1 三相交流发电机的结构

对称三相电动势的方向分别为X→A，Y→B，Z→C的方向，即A，B，C为三相电源的正极，叫做相头或首端，X，Y，Z为三相电源的负极，叫做相尾或尾端。三相电动势达到最大值（振幅）的先后次序叫做相序。在图3.1所示的三相交流发电机的结构中，转子顺时针转动时，e_A比e_B超前120°，e_B比e_C超前120°，而e_C又比

e_A 超前 120°,这种相序称为正相序或顺相序。反之,如果转子逆时针转动,会有 e_A 比 e_C 超前 120°,e_C 比 e_B 超前 120°,e_B 比 e_A 超前 120°,这种相序称为负相序或逆相序。相序是一个十分重要的概念,为使电力系统能够安全可靠地运行,通常统一规定技术标准,一般在配电盘上用黄色标出 A 相,用绿色标出 B 相,用红色标出 C 相。对称三相电动势瞬时值的数学表达式为

$$\left.\begin{aligned} &\text{A 相电动势:} && e_A = E_m \sin\omega t \\ &\text{B 相电动势:} && e_B = E_m \sin(\omega t - 120°) \\ &\text{C 相电动势:} && e_C = E_m \sin(\omega t + 120°) \end{aligned}\right\} \tag{3-1}$$

显然,有

$$e_A + e_B + e_C = 0 \tag{3-2}$$

对称三相电动势的有效值相量可表示为

$$\left.\begin{aligned} \dot{E}_A &= E \angle 0° \\ \dot{E}_B &= E \angle -120° \\ \dot{E}_C &= E \angle +120° \end{aligned}\right\} \tag{3-3}$$

其中,E 为电动势的有效值,即 $E = E_m/\sqrt{2}$。

对应式(3-2),有

$$\dot{E}_A + \dot{E}_B + \dot{E}_C = 0 \tag{3-4}$$

三相电源的三个绕组端电压分别用 u_A,u_B,u_C 表示,称为对称三相电压,分别叫做 A,B,C 相电压。它们的瞬时值表达式(解析式)如下

$$\left.\begin{aligned} u_A &= U_m \sin\omega t \\ u_B &= U_m \sin(\omega t - 120°) \\ u_C &= U_m \sin(\omega t + 120°) \end{aligned}\right\} \tag{3-5}$$

其中,U_m 为电压的最大值,$U_m = E_m$。

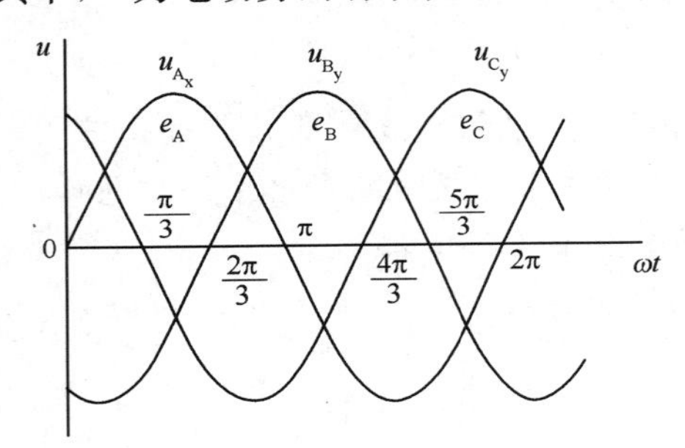

图 3.2 对称三相电压的波形图

对称三相电压的波形如图 3.2 所示。

对称三相电压的相量表达式为

$$\left.\begin{aligned} \dot{U}_A &= U_P \angle 0° \\ \dot{U}_B &= U_P \angle -120° \\ \dot{U}_C &= U_P \angle +120° \end{aligned}\right\} \tag{3-6}$$

其中,U_P 为三相电压的有效值,$U_P = U_m/\sqrt{2}$。

3.1.2 三相电源的接法

三相绕组有星形(亦称 Y 形)接法和三角形(亦称△形)接法,如图 3.3(a)所示为 Y 形接法。

从三相电源三个相头 A,B,C 引出的三根导线称为端线或火线,任意两个火线之间的电压称为线电压。Y 形公共联结点 N 称为中点,从中点引出的导线称为中线或零线,任意一个端线与中线之间的电压称为相电压。在 Y 形接法中由如图 3.3(b)所示的相量图可以

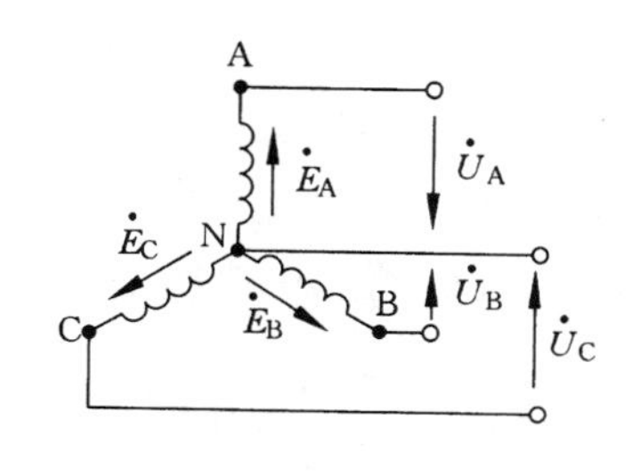

(a) 三相电源的Y形连接

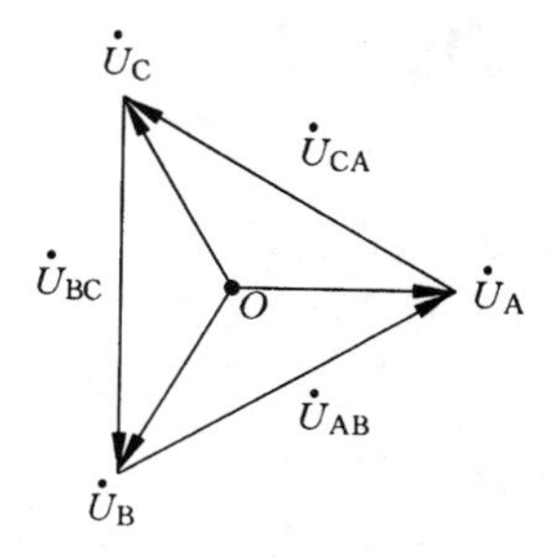

(b) 相电压与线电压的相量图

图 3.3 三相电源的星形接法

得到下结论：

$$\left.\begin{aligned}&\text{线电压 } \dot{U}_{AB}=\dot{U}_A-\dot{U}_B=\sqrt{3}\dot{U}_A\,\underline{/30^\circ}=\sqrt{3}U_P\,\underline{/30^\circ},\ \dot{U}_{AB}\text{ 比}\dot{U}_A\text{ 超前 }30^\circ\\&\text{线电压 } \dot{U}_{BC}=\dot{U}_B-\dot{U}_C=\sqrt{3}\dot{U}_B\,\underline{/30^\circ}=\sqrt{3}U_P\,\underline{/-90^\circ},\ \dot{U}_{BC}\text{ 比 }\dot{U}_B\text{ 超前 }30^\circ\\&\text{线电压 } \dot{U}_{CA}=\dot{U}_C-\dot{U}_A=\sqrt{3}\dot{U}_C\,\underline{/30^\circ}=\sqrt{3}U_P\,\underline{/150^\circ},\ \dot{U}_{CA}\text{ 比 }\dot{U}_C\text{ 超前 }30^\circ\end{aligned}\right\}\quad(3\text{-}7)$$

线电压大小(有效值)为

$$U_L=\sqrt{3}U_P$$

如图 3.4(a)所示为三相电源的△形接法及其相量图，显然线电压等于相电压，即大小相等 $U_L=U_p$，相位相同，并且没有中点和中线。

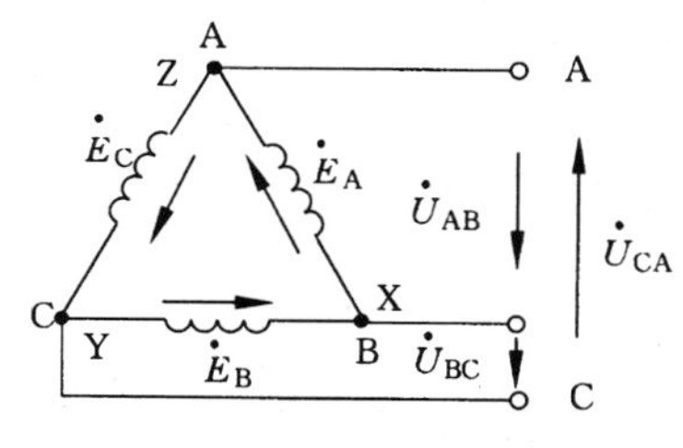

(a) 三相电源的△形连接

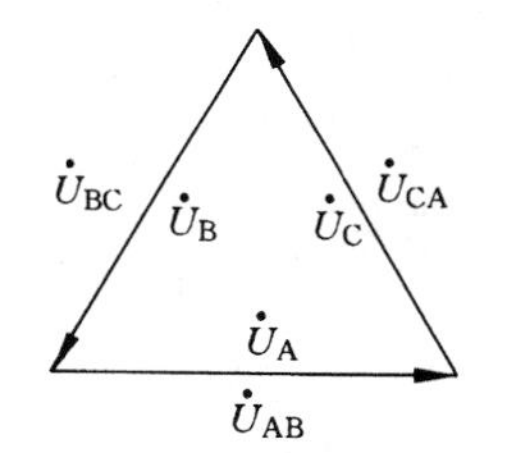

(b) 相电压与线电压的相量图

图 3.4 三相电源的三角形接法

需要注意的是，在工业用电系统中如果只引出三根导线(三相三线制)，那么这三根导线都是火线(没有中线)，所说的三相电压大小均指线电压 U_L；而民用电源则需要引出中性线，所说的电压大小均指相电压 U_P。

【例 3.1】 已知图 3.3(a)与图 3.4(a)所示的三相绕组产生的电动势大小均为 $E=220V$。试求它们的相电压 U_P 与线电压 U_L。

解:(1) 图 3.3(a)所示为三相电源的 Y 形接法，$U_P=E=220V$，$U_L=\sqrt{3}U_P=380V$。

(2) 图 3.4(a)所示为三相电源的△形接法，$U_P=E=220V$，$U_L=U_P=220V$。

思考与练习 3.1

1. 什么叫做对称三相电动势和对称三相电压?

2. 设一三相发电机中每相绕组产生的电压均为 200V,分别求出两种情况下产生的相电压 U_P 和线电压 U_L。(1)三相绕组作 Y 连接,(2)三相绕组作△形连接。

3. 如果假设一对称三相电源 A 相的电压 $u_A=300\sqrt{2}\sin(\omega t-90°)$V,试写出相应的 B 和 C 两相电压 u_B 和 u_C 的表达式。

3.2 对称三相负载

3.2.1 三相负载的 Y 形连接

三相负载的星形连接如图 3.5 所示。该接法有三根火线和一根零线,叫做三相四线制电路。这种电路中三相电源也必须是 Y 形接法,所以又叫做 Y-Y 接法的三相电路。设各相负载为 $Z_A=R_A+jX_A$,$Z_B=R_B+jX_B$,$Z_C=R_C+jX_C$;各相电压为 $\dot{U}_A$,$\dot{U}_B$,$\dot{U}_C$;显然,不管负载是否对称(相等),线电压 $\dot{U}_{AB}$,$\dot{U}_{BC}$,$\dot{U}_{CA}$与相应的相电压之间的关系仍然满足式(3-7),且负载的相电流等于线电流(如$\dot{I}_A=\dot{I}_{ZA}$,$\dot{I}_B=\dot{I}_{ZB}$,$\dot{I}_C=\dot{I}_{ZC}$)。

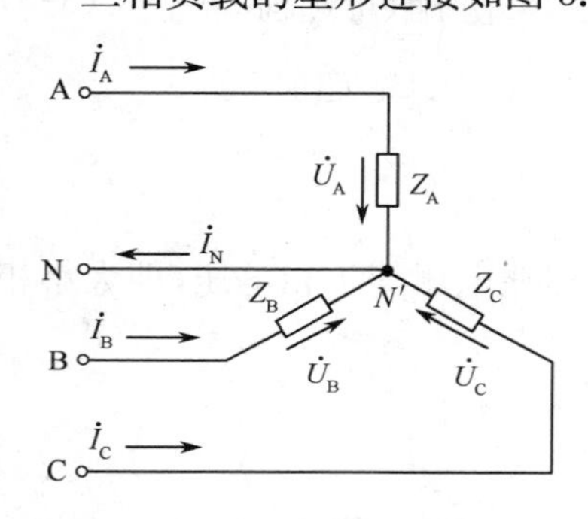

图 3.5 三相负载的星形接法

$$\dot{I}_A=\frac{\dot{U}_A}{Z_A},\ \dot{I}_B=\frac{\dot{U}_B}{Z_B},\dot{I}_C=\frac{\dot{U}_C}{Z_C} \tag{3-8}$$

中线电流为

$$\dot{I}_N=\dot{I}_A+\dot{I}_B+\dot{I}_C \tag{3-9}$$

当三相负载对称时,即 $Z_A=Z_B=Z_C=Z$,相电流或线电流也一定对称(称为 Y-Y 形对称三相电路),即相电流或线电流振幅相等、频率相同、相位彼此相差 120°。容易证明:其相量和与中线电流为

$$\dot{I}_N=\dot{I}_A+\dot{I}_B+\dot{I}_C=0 \tag{3-10}$$

所以中线可以去掉,即形成三相三线制电路。也就是说,对于对称负载来说,不必关心电源的接法,只需关心负载的接法。

【例 3.2】 在负载作 Y 形连接的对称三相电路中,已知每相负载为 $Z=12+j16\Omega$,设线电压 $U_L=380$V。试求:各相电流(也就是线电流)。

解: 在对称 Y 形负载中,相电压 $U_P=380/\sqrt{3}=220$V

相电流 $I_P=U_P/|Z|=220/20=11$A(线电流)

3.2.2 三相负载的△形连接

负载作△形连接（如图 3.6 所示）时，一般为对称负载，并且只能形成三相三线制电路，此时各相负载的相电压是线电压。设各相负载为

$Z_{AB}=R_{AB}+jX_{AB}$，$Z_{BC}=R_{BC}+jX_{BC}$，$Z_{CA}=R_{CA}+jX_{CA}$

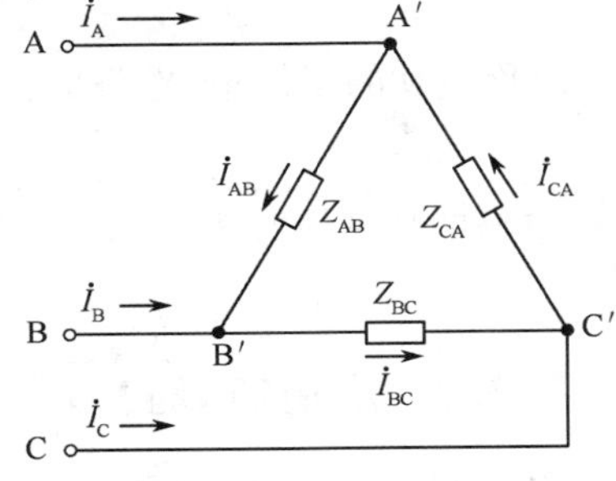

图 3.6 三相负载的三角形接法

各负载的相电流分别等于相应的相电压（也是线电压）除以负载阻抗

$$I_P=U_L/|Z|=U_P/|Z| \tag{3-11}$$

借助相量图可以证明：线电流为

$$I_L=\sqrt{3}I_P \tag{3-12}$$

线电流比相应的相电流滞后 30°，如 $\dot{I}_A=\sqrt{3}\dot{I}_{AB}\angle -30°$。

【例 3.3】 在对称三相电路中，负载作△形连接。已知每相负载为 $Z=40+j30\Omega$，设线电压 $U_L=380V$。试求各相电流和线电流。

解：在△形负载中，相电压等于线电压，$U_P=U_L$

相电流 $I_P=U_P/|Z|=380/50=7.6A$

线电流 $I_L=\sqrt{3}I_P=13.16A$

【例 3.4】 三相发电机是星形接法，负载也是星形接法，发电机的相电压 $U_p=1\ 000V$，负载每相均为 $R=50k\Omega$，$X_L=25k\Omega$。试求：(1)相电流；(2)线电流；(3)线电压。

解：$Z=R+jX_L=50+j25k\Omega$，$|Z|=\sqrt{50^2+25^2}=55.9k\Omega$

(1) 相电流 $I_P=U_P/|Z|=1000/55.9=17.9mA$

(2) 线电流 $I_L=I_P=17.9mA$

(3) 线电压 $U_L=\sqrt{3}U_P=1732V$

思考与练习 3.2

1. 已知三相对称 Y 形负载的每相阻抗为 $Z=4+j3\ k\Omega$，若接到线电压 $U_L=380V$ 的三相电源上，求负载的相电压 U_P、相电流 I_P、线电流 I_L。

2. 已知三相对称△形负载的每相阻抗为 $Z=4+j3\ k\Omega$，若接到线电压 $U_L=380V$ 的三相电源上，求负载的相电压 U_P、相电流 I_P、线电流 I_L。

3.3 三相电路的功率

3.3.1 Y 形负载的功率

设 Y 形连接的各相负载为 $Z_A=R_A+jX_A$， $Z_B=R_B+jX_B$， $Z_C=R_C+jX_C$，则第 k 相负载的有功功率为 $P_k=I_P{}^2R_k=U_PI_P\cos\varphi_k$，$\varphi_k=\text{arctg}(X_k/R_k)$，$k$=A,B,C。

三相负载的有功功率为

$$P = P_A + P_B + P_C \tag{3-13}$$

容易证明,在对称三相电路中,由于各相负载相同,各相电压大小相等,各相电流也相等,所以三相功率为

$$P = 3U_P I_P \cos\varphi = \sqrt{3} U_L I_L \cos\varphi \tag{3-14}$$

φ 为对称负载的阻抗角,也是负载相电压与相电流之间的相位差。三相电路的视在功率为

$$S = 3U_P I_P = \sqrt{3} U_L I_L \tag{3-15}$$

三相电路的功率因数为

$$\lambda = P/S = \cos\varphi \tag{3-16}$$

3.3.2 △形负载的功率

设各相负载为 $Z_{AB}=R_{AB}+jX_{AB}$,$Z_{BC}=R_{BC}+jX_{BC}$,$Z_{CA}=R_{CA}+jX_{CA}$,k 相负载的有功功率为 $P_k=I_P{}^2R_k=U_PI_P\cos\varphi_k$,$\varphi_k=\text{arctg}(X_k/R_k)$,$k$=AB,BC,CA。

容易证明,在对称三相电路中,由于各相负载相同、各相电压大小相等、各相电流也相等,三相功率 P、视在功率 S、功率因数 λ 分别同式(3-14)、式(3-15)和式(3-16)。

【例 3.5】 分别计算例 3.2 所示与例 3.3 所示三相电路的功率 P,S 与功率因数 λ。

解:(1) 在例 3.2 所示三相电路中已经求出 $I_L=I_P=11\text{A}$,$U_L=380\text{V}$,阻抗角 $\varphi=53°$,故

$$P=\sqrt{3}U_LI_L\cos\varphi = 4\ 356\text{W},\ S = 3U_PI_P = 7\ 240\text{V}\cdot\text{A},\lambda = P/S = 0.6$$

(2) 在例 3.3 所示三相电路中已经求出 $I_L=13.16\text{A}$,$U_L=380\text{V}$,阻抗角 $\varphi=37°$,故

$$P=\sqrt{3}U_LI_L\cos\varphi = 6\ 931.2\text{W},\ S = 3U_PI_P = 8\ 664\text{V}\cdot\text{A},\lambda = P/S = 0.8$$

三相电路的无功功率 Q 与 P,S 也是三角形关系,即 $S=\sqrt{P^2+Q^2}$。

思考与练习 3.3

1. 计算思考与练习 3.2 中第 1 题的三相功率和功率因数。
2. 计算思考与练习 3.2 中第 2 题的三相功率和功率因数。

*3.4 一般三相四线制电路的分析方法

前面几节介绍的是对称三相电路,即不但三相电源是对称的,而且各相负载均相等($Z_A=Z_B=Z_C=Z$)。在一般三相四线制电路中,三相负载是非对称的,即 Z_A、Z_B、Z_C 互不相等。本节列举两个实例说明一般三相四线制电路的分析方法。

【例 3.6】如图 3.7 所示三相四线制电路中,相电压为 220V,三相负载 $R_A=200\Omega$,$R_B=400\Omega$,$R_C=100\Omega$,试求:各线电流(I_A、I_B、I_C)和中性线电流 I_N。

解:设三相电压为 $\dot{U}_A=220\angle 0°$ V,$\dot{U}_B=220\angle -120°$ V,$\dot{U}_C=220\angle -120°$ V,则各线电流为

$\dot{I}_A=\dot{U}_A/R_A=1.1\angle 0°$ A,

$\dot{I}_B=\dot{U}_B/R_B=0.55\angle -120°$ A,

$\dot{I}_C=\dot{U}_C/R_C=2.2\angle -120°$ A。

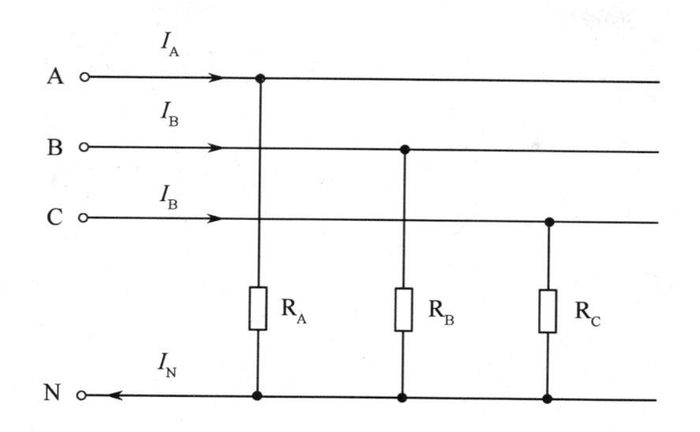

图 3.7 例 3.6 电路

即各线电流大小为 $I_A=1.1A$，$I_B=0.55A$，$I_C=2.2A$。

中性线电流 $\dot{I}_N=\dot{I}_A+\dot{I}_B+\dot{I}_C=1.1\underline{/0^\circ}+0.55\underline{/-120^\circ}+2.2\underline{/-120^\circ}=1.45\underline{/100.9^\circ}$ A，即中性线电流大小为 $I_N=1.45A$。

可见，由于负载是不对称的，各相电流大小不相等，导致中性线电流不为零，因此中性线的作用不可忽视。

中性线的作用在于使星形连接的不对称负载的相电压对称。换句话说，为了保证三相负载的相电压对称，就不能让中性线断开。因此，为防止发生错误，规定中性线内不允许接入熔断器或闸刀开关。

【例 3.7】 如图 3.8 所示的两组三相负载：一组 A 相接有 220V、40W 灯 20 盏，B 相接有 220V、40W 灯 15 盏；C 相接有 220V、100W 灯 15 盏，另一组电动机负载为△形连接，每相阻抗 $Z=(19.2+j8)\Omega$，电源相电压为 220V，试求各相负载相电流及中性线电流。

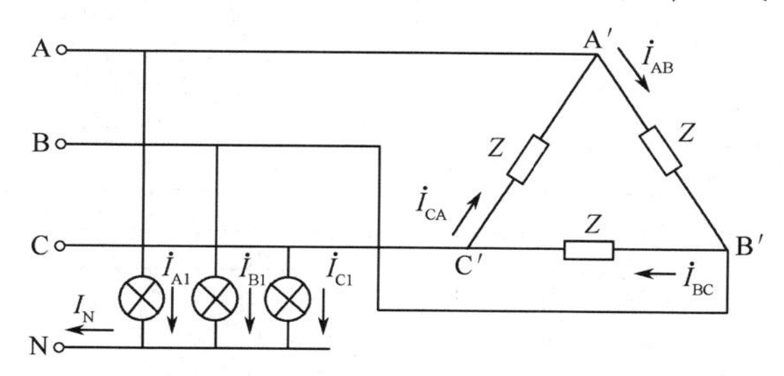

图 3.8 例 3.7 电路

解: 各相电阻及电动机阻抗

$$R_A=\frac{1}{20}\left(\frac{U^2}{P_1}\right)=\frac{1}{20}\times\frac{220^2}{40}\Omega=60.5\Omega$$

$$R_B=\frac{1}{15}\left(\frac{U^2}{P_1}\right)=80.67\Omega$$

$$R_C=\frac{1}{15}\left(\frac{U^2}{P_2}\right)=\frac{1}{15}\times\frac{220^2}{100}\Omega=32.3\Omega$$

$$Z=(19.2+j8)\Omega=20.8\underline{/22.6^\circ}\ \Omega$$

设 $\dot{U}_A=220\underline{/0^\circ}$ V，则 $\dot{U}_{AB}=380\underline{/30^\circ}$ V。

灯：

$$\dot{I}_A=\frac{\dot{U}_A}{R_A}=\frac{220}{60.5}A=3.63A$$

$$\dot{I}_R=\frac{\dot{U}_A}{R_B}=\frac{220\angle -120^\circ}{80.67}\text{A}=2.73\angle -120^\circ\ \text{A}$$

$$\dot{I}_{C1}=\frac{\dot{U}_C}{R_C}=\frac{220\angle 120^\circ}{32.3}\text{A}=6.81\angle 120^\circ\ \text{A}$$

电动机：
$$\dot{I}_{AB}=\frac{\dot{U}_B}{Z}=\frac{380\angle 30^\circ}{20.8\angle 22.6^\circ}\text{A}=18.26\angle 7.4^\circ\ \text{A}$$

$$\dot{I}_{BC}=18.26\angle -112.6^\circ\ \text{A}$$

$$\dot{I}_{CA}=18.26\angle 127.4^\circ\ \text{A}$$

中性线电流

$$\dot{I}_N=\dot{I}_{A1}+\dot{I}_{B1}+\dot{I}_{C1}=3.63\text{A}+2.73\angle -120^\circ\ \text{A}+6.81\angle 120^\circ\ \text{A}=3.7\angle 107.8^\circ\ \text{A}$$

*【**例 3.8**】 如图 3.9 所示为两组 Y 形连接三相负载，接在线电压为 380V 的对称三相电源上。一组为对称负载 $Z=(3+\text{j}4)\Omega$，另一组为不对称负载 $Z_A=10\Omega$，$Z_B=\text{j}10\Omega$，$Z_C=-\text{j}10\Omega$，均未接中性线。求两负载中性点间电压 $\dot{U}_{N''N'}$。

解 设电源中性点为 N，$\dot{U}_A=220\angle 0^\circ$ V

$$\dot{U}_{N'N}=0 \qquad Y_A=\frac{1}{10}\text{S}\quad Y_B=-\text{j}\,\frac{1}{10}\text{S}\quad Y_C=\text{j}\,\frac{1}{10}\text{S}$$

$$\dot{U}_{N''N'}=\dot{U}_{N''N}=\frac{\dot{U}_AY_A+\dot{U}_BY_B+\dot{U}_CY_C}{Y_A+Y_B+Y_C}$$

$$=\frac{220\times\frac{1}{10}+220\angle -120^\circ\left(-\text{j}\,\frac{1}{10}\right)+220\angle 120^\circ\left(\text{j}\,\frac{1}{10}\right)}{\frac{1}{10}-\text{j}\,\frac{1}{10}+\text{j}\,\frac{1}{10}}\text{V}$$

$$=-161\text{V}=161\angle 180^\circ\ \text{V}$$

图 3.9 例 3.8 电路

从上述例题的结果可以看出，对于非对称的三相电路来说，分析与计算是比较复杂的。特别是对计算来说，需要熟练掌握复数及相量运算能力。本节的主要目的在于给出一般三相四线制电路的分析方法，并理解中性线在非对称三相电路中的作用。

本章小结

(1) 三相电源：三相电源的电动势与电压为对称的三相电动势和三相电压，即各相电动势或电压振幅相等，频率相同，在相位上彼此相差 120°。

如果三相绕组是Y形连接的，那么线电压等于相电压的$\sqrt{3}$倍，即$U_L=\sqrt{3}U_P$；如果三相绕组是△形连接的，那么线电压等于相电压，即$U_L=U_p$。

(2) 对称三相负载：对称三相负载的线电压、相电压、线电流、相电流也是对称的。

如果对称三相负载是Y形连接的，那么线电压等于相电压的$\sqrt{3}$倍，即$U_L=\sqrt{3}U_P$，并且线电流等于相电流，即$I_L=I_P$；如果对称的三相负载是△形连接的，那么线电压等于相电压，即$U_L=U_p$，并且线电流等于相电流的$\sqrt{3}$倍，即$I_L=\sqrt{3}I_P$。

(3) 三相功率：对称三相电路的有功功率$P=3U_PI_P\cos\varphi=\sqrt{3}U_LI_L\cos\varphi$，$\varphi$为对称负载的阻抗角，也是负载相电压与相电流之间的相位差。三相电路的视在功率为$S=3U_PI_P=\sqrt{3}U_LI_L$，功率因数为$\lambda=P/S=\cos\varphi$，无功功率$Q=\sqrt{S^2-P^2}$。

习题3

3.1 星形连接的三相发电机线电压为6 000V。试求每相的电压；当发电机的绕阻连接成三角形时，问发电机的线电压是多少？

3.2 三相发电机是星形接法，负载也是星形接法，发电机的线电压$U_L=1\ 000$V，负载每相均为$R=50\Omega$，$X_L=30\Omega$。试求：(1)相电压；(2)相电流；(3)线电流。

3.3 三相四线制电路中，电源线电压$U_L=380$V，三相负载都是$Z=100\Omega$。求各相电流和三相功率。

3.4 连接成△形的对称负载，接在一对称的三相电压上，线电压为380V，负载每相阻抗$Z=8+j6\Omega$。求负载的相电压、相电流、线电流和三相功率。

3.5* 在线电压为380V的三相四线制线路上，接有星形负载：A相为电阻$R_A=10\Omega$，B相为电阻$R_B=10\Omega$和感抗$X_B=20\Omega$串联；C相为电阻$R_C=10\Omega$和容抗$X_C=10\Omega$串联。试求各相电流与中性线电流I_N。

3.6 三相电动机(为对称负载)接于380V线电压上运行，测得线电流为14.9A，功率因数为0.866。求电动机的功率。

3.7 三相四线制电路中，线电压为380V，今在A相中接20盏灯，B相接30盏灯，C相接40盏灯(灯泡均为并联)，灯泡的额定电压皆为220V，功率皆为100W。问电源供给的功率是多少瓦？

3.8 对称三相感性负载在线电压为380V的三相电源作用下，通过的线电流为17.2A，输入功率为7.5kW。求负载的功率因数。

3.9 某一三相对称负载(设阻抗角为75°)与三相对称电源相联，已知线电流$I_L=5$A，线电压$U_L=380$V。求此负载消耗的功率及其功率因数。

3.10 一个三相对称负载联成△形，接到线电压$U_L=380$V的电源上，从电源上取用的功率为7.5kW，感性负载功率因数为0.8。求三相负载的相电流、线电流。

3.11 三相电源的线电压$U_L=380$V。要制造一台12kW的电阻加热炉，现有额定电压为220V，功率为2kW的电阻丝，能否用这种电阻丝构成要求的电阻炉？如可以，请画出线路图，说明需要电阻元件的数目，并计算出这个电路的相电流、线电流。

3.12* 已知对称三相电源的线电压为380V，接有甲、乙两组对称负载：甲组为△形连接，功率为10kW，功率因数为1；乙组为Y形连接(感性)，功率为5kW，功率因数为0.5。试画出这个电路的线路原理图，并求出：(1)△形负载的相电流$I_{P\triangle}$与线电流$I_{L\triangle}$；(2)Y形负载的相电压U_{PY}与线电流I_{LY}；(3)该电路中总的线电流I_L(三相电源的线电流)。

第4章

变压器

学习目标

1. 了解铁磁材料的基本特性和磁路定律。

2. 掌握变压器的基本工作原理(变换电压、电流和阻抗的作用)。

3. 了解几种常见变压器的结构原理和用途。

为了将发电厂产生的电能既科学又经济地传输并得到合理分配及安全使用,必须使用电力变压器,将某一等级电压的交流电能转换为同频率的另一等级电压的交流电能。正如2.5节所述,当输送一定功率和功率因数的电能时,电压越高,输电线路中的电流越小,因而在线路电阻一定时功率损耗也越小,所以采用高压输电要比低压输电经济。一般情况下,输电传输距离越远、输送功率越大,要求输电电压也越高。例如,输电距离在200~400km、输送容量为20~30kW的电能,输电电压为220kV的高压。

电能输送到用电区后,要经过降压变压器将高电压降低到用户需要的电压等级。工矿企业使用大型动力设备多采用几千伏至十几千伏的电压(如6kV或10kV),小型动力设备或照明用电采用380V或220V的电压,特殊的电器使用36V及其以下的电压,因此在电力系统中广泛使用变压器实现各种所需的电压值。此外,各种电子设备中也较普遍地使用变压器完成变换电压、变换电流、变换阻抗、传递信号的功能。各种变压器的结构和性能虽然各不相同,但它们的基本工作原理相同,即以电磁感应原理以及两组或多组线圈间的通过磁路相互感应作用为基础,利用磁场实现能量转换。

本章初步介绍铁磁材料的基本性质及由其构成的交直流磁路的基本概念,然后着重讨论变压器的基本工作原理和变换作用(对电压、电流、阻抗三个量的变换)以及变压器的运行特性,最后介绍几种普遍使用的常见变压器。

*4.1 铁磁材料与磁路的基本概念

4.1.1 磁场的基本物理量

在物理学中已经知道磁场主要来自磁体、载流导体或通电线圈。磁体的磁极有两种,即N极和S极,且同性磁极相斥、异性磁极相吸。磁场的分布情况可用磁感应线(又称磁感线或磁力线)描述。磁场具有力的效应:即处于磁场中的载流导体、运动电荷、磁体等要受到磁场的电磁力作用。

1. 磁感应强度 $\boldsymbol{B}$ 与磁通量 $\boldsymbol{\Phi}_{\mathrm{B}}$

设在磁感应强度为 $\boldsymbol{B}$ 的磁场中有一小段载流导体，长度为 ΔL，电流为 I。通常把这样一小段通电的线元叫做电流元 $I\Delta L$，规定电流元的方向是电流 I 的方向，如图 4.1 所示。

定义：磁场中某一点的磁感应强度大小 $\boldsymbol{B}$ 等于垂直于磁场的电流元所受到的磁场力 ΔF 与电流元($I\Delta L$)参数的比值，即

$$\boldsymbol{B} = \frac{\Delta F}{I\Delta L} \tag{4-1}$$

磁感应强度 $\boldsymbol{B}$ 的方向、载流导体中电流 I 的方向、导体所受磁场力 ΔF 的方向，三者遵循左手定则。

磁感应强度 $\boldsymbol{B}$(矢量)的 SI 制单位是特斯拉(T)。

由式(4-1)可得

$$\Delta F = \boldsymbol{B}I\Delta L \tag{4-2}$$

该式表明：通有电流 I、长度为 ΔL 的一段导线，在电流方向与磁感应强度 $\boldsymbol{B}$ 方向垂直时，所受到的磁场力为 $BI\Delta L$。

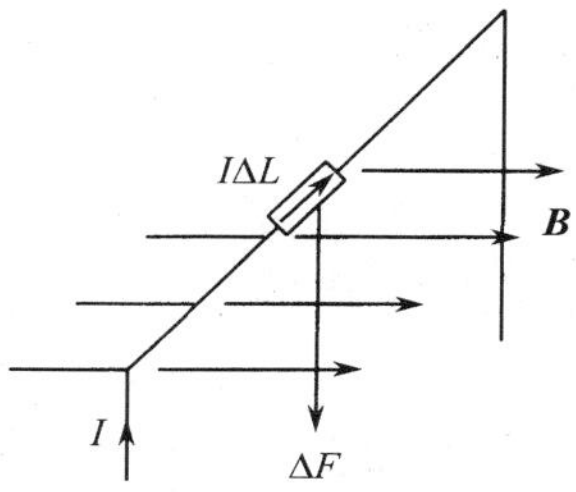

图 4.1　磁感应强度的定义

如图 4.2(a)所示，磁场通过某一面元 ΔS 的磁通量 $\Delta\Phi_{\mathrm{B}}$ 定义为

$$\Delta\Phi_{\mathrm{B}} = \vec{B}\cdot\Delta\vec{S} = \boldsymbol{B}\Delta S\cos\theta \tag{4-3}$$

其中，θ 为面元 ΔS 的法线 n 方向与磁场 $\boldsymbol{B}$ 方向之间的夹角，磁通量 Φ_{B} 的 SI 制单位为韦伯(Wb)。

对于均匀磁场来说，如图 4.2(b)所示，由于 $\boldsymbol{B}$ 处处相等，则有

$$\Phi_{\mathrm{B}} = \boldsymbol{B}\cdot S \tag{4-4}$$

S 为与磁场 B 垂直的面积，Φ_{B} 叫做通过面积 S 的磁通量。在专门讨论磁场问题时，也可以省略 Φ_{B} 的下标 B，即 Φ 用表示磁通量。

由式(4-3)可知：若 $\boldsymbol{B}$ 垂直穿过 $\Delta S(\theta=0°)$，则 $\boldsymbol{B}=\Delta\Phi_{\mathrm{B}}/\Delta S$ 。因此，磁感应强度 $\boldsymbol{B}$ 是单位面积上的磁通，可称做磁通密度。

2. 磁导率 $\boldsymbol{\mu}$ 与磁场强度 $\boldsymbol{H}$

研究物质的磁性时，通常把物质称为磁介质。设在真空中有一均匀磁场(磁感应强度为 $\boldsymbol{B}_0$)，实验发现将不同的磁介质放入该磁场中，如图 4.3 所示，各种磁介质中的磁感应强度 $\boldsymbol{B}$ 有所不同，磁介质中的磁感应强度 $\boldsymbol{B}$ 是真空中磁感应强度 $\boldsymbol{B}_0$ 的 μ_{r} 倍，即

$$\boldsymbol{B} = \mu_{\mathrm{r}}\boldsymbol{B}_0 \tag{4-5}$$

或

$$\mu_{\mathrm{r}} = \boldsymbol{B}/\boldsymbol{B}_0 \tag{4-6}$$

μ_{r} 称为磁介质的相对磁导率(或相对导磁率)。它没有单位，并且各种磁介质在不同的环境下具有不同的数值。根据 μ_{r} 大小的不同，将物质按磁性分成三类：

(1) 顺磁性物质。μ_{r} 略微大于 1，如空气、铝、铬、铂等物质。

(2) 逆磁性物质。μ_{r} 略微小于 1，如氢气、铜、水、金等物质。这类物质也称为抗磁性材料。

(3) 铁磁性物质。μ_r 远远大于1,这类物质主要是铁族元素,包括铁、钴、镍以及它们的合金或化合物,μ_r 可达到几百至几万以上。

真空条件下的绝对磁导率定义为

$$\mu_0 = 4\pi \times 10^{-7} \quad H/m \tag{4-7}$$

H/m 读做亨利/米。任一磁介质的绝对磁导率(简称磁导率)为

$$\mu = \mu_r \mu_0 \tag{4-8}$$

磁导率 μ 与外磁场强度、环境温度等因素有关,其 SI 制单位为 H/m 。

在各相同性的磁介质中,某点的磁场强度$\boldsymbol{H}$等于该点的磁感应强度$\boldsymbol{B}$除以磁介质的磁导率μ,磁场强度的方向与磁感应强度的方向一致,即

$$\boldsymbol{H} = \boldsymbol{B}/\mu \tag{4-9}$$

或

$$\boldsymbol{B} = \mu \boldsymbol{H} \tag{4-10}$$

磁场强度 $\boldsymbol{H}$ 的 SI 制单位是安培/米(A/m)。

应当注意:磁场强度(矢量)$\boldsymbol{H}$与磁场中的磁介质性质无关。也就是说,在同一磁场中的同一地点,磁场强度$\boldsymbol{H}$与该处有什么磁介质材料无关。例如,在空气中某点的磁感应强度为$\boldsymbol{B}_0$,则该处的磁场强度$\boldsymbol{H}=\boldsymbol{B}_0/\mu_0$,若在该处放入磁导率为 μ 的磁介质,则该处的磁场强度不变(仍为$\boldsymbol{H}$),而该处的磁感应强度则变为 $\boldsymbol{B}_0$ 的 μ_r 倍,即

$$\boldsymbol{B} = \mu \boldsymbol{H} = \mu_r \mu_0 \boldsymbol{H} = \mu_r \boldsymbol{B}_0 \tag{4-11}$$

在实际应用中,一般可以认为顺磁性和抗磁性物质的 $\mu_r \approx 1$,即 $\boldsymbol{B} \approx \boldsymbol{B}_0$。也就是说,这两类物质不能用做提高磁感应强度或磁通量来使用。通常所说的铁磁性材料均指具有很高磁导率的材料,在电力工程中广泛使用。

4.1.2 铁磁材料的基本性能

如前所述,铁磁材料主要是指铁、钴、镍及其合金物质。铁磁材料的磁性能直接关系到电气设备的工作质量。铁磁材料的磁性能有以下四个特点。

1. 高导磁性

铁磁材料的磁导率 μ 很高,相对磁导率 μ_r(其磁导率与空气磁导率之比 μ/μ_0)可达数千,甚至数万。

2. 磁饱和性

铁磁材料在磁场中,随着磁场强度$\boldsymbol{H}$的增加,其磁感应强度$\boldsymbol{B}$的增加并非与之成正比,铁磁材料的磁化曲线($\boldsymbol{B}$-$\boldsymbol{H}$关系曲线)如图 4.4 所示,其磁导率 $\mu=\boldsymbol{B}/\boldsymbol{H}$不是一个常数,随$\boldsymbol{H}$不同而改变。当$\boldsymbol{H}$较小时,随着$\boldsymbol{H}$的增加,$\boldsymbol{B}$增加较快;但当$\boldsymbol{H}$大到一定值(如 a 点)后,随着$\boldsymbol{H}$的增加,$\boldsymbol{B}$增加得很少,这叫做磁饱和现象,此时 μ 值变得较小。

3. 磁滞性

铁磁材料在交变磁场中(在$+\boldsymbol{H}_m$ 与$-\boldsymbol{H}_m$ 之间变化)反复磁化,其$\boldsymbol{B}$-$\boldsymbol{H}$关系曲线是一条回

形闭合曲线，称为磁滞回线，如图 4.5 所示。当$\boldsymbol{H}$由$+\boldsymbol{H}_m$减小到零时，$\boldsymbol{B}$却未回到零。只有当H反方向变化到$-\boldsymbol{H}_{CB}$时，$\boldsymbol{B}$才减小到零，这种磁感应强度$\boldsymbol{B}$的变化滞后于磁场强度$\boldsymbol{H}$的变化的性质，称为磁滞性。当$\boldsymbol{H}=0$时的磁感应强度$\boldsymbol{B}_r$称为剩余磁感应强度，简称剩磁。若施加反方向磁场强度$-\boldsymbol{H}_{CB}$，则剩磁消失，故此$\boldsymbol{H}_{CB}$称为矫顽力。

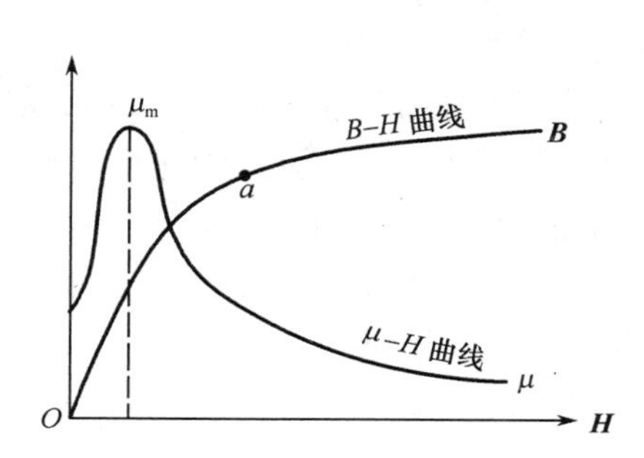

图 4.4 磁化曲线与 μ-$\boldsymbol{H}$ 曲线

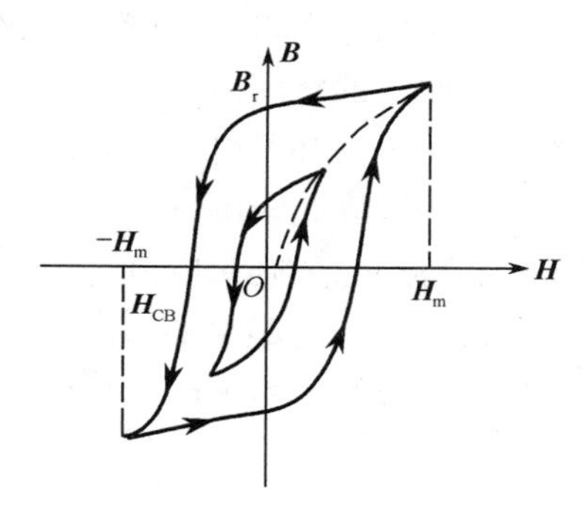

图 4.5 磁滞回线

不同的铁磁材料，其磁滞回线的形状不同。磁滞回线面积窄小、矫顽力小的铁磁材料称为软磁材料，可用做电工设备的铁芯，如硅钢片、铸铁、坡莫合金等。而磁滞回线面积宽大，矫顽力大的铁磁材料称为硬磁材料，可用做制造永久磁铁，如钴钢、铁铝镍合金等。

手册中通常给出的软磁性材料的磁化曲线是由许多不同$\boldsymbol{H}_m$的磁滞回线顶点连接而成的，称为基本磁化曲线。如图 4.6 所示，给出几种常用铁磁材料的典型基本磁化曲线。

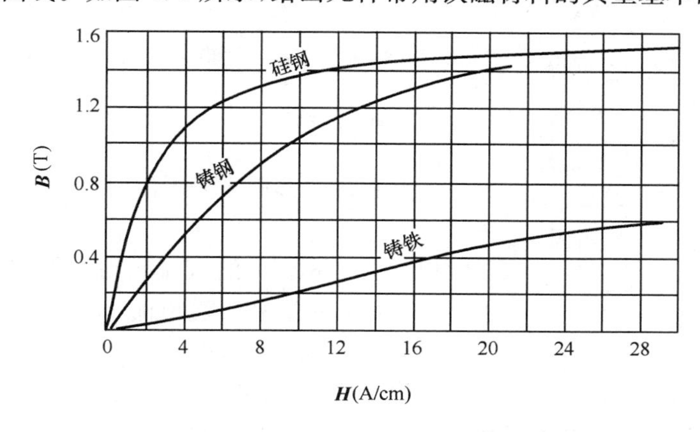

图 4.6 几种铁磁材料的($\boldsymbol{B}$-$\boldsymbol{H}$)磁化曲线

4. 功率损耗性(在交变磁场中)

铁磁材料在交变磁场中会消耗电功率而发热，这种功率损耗称为铁损。它包括两种损耗：磁滞损耗和涡流损耗。

磁滞损耗是铁磁材料内分子在交变磁场作用下反复磁化取向所消耗的功率。

铁磁材料在交变磁场的作用下，其内部会产生许多环行感应电流，称为涡流。涡流损耗是涡流流经铁磁材料时所产生的功率损耗。

4.1.3 磁路

1. 磁路的基本概念

在电动机和电器中,为了得到较强的磁场,通常利用磁导率很高的铁磁材料把电流所产生的磁通集中在限定的空间内。这种集中的磁通所经过的路径称为磁路。

如图 4.7 所示为几种电气设备的磁路。线圈绕在由铁磁材料制成的铁芯上,线圈通以电流,便产生磁通 Φ,故此线圈称为励磁线圈。线圈中的电流称为励磁电流。励磁电流若为直流,则磁路为直流磁路;励磁电流若为交流,则磁路为交流磁路。磁路的几何形状决定于铁芯的形状和励磁线圈在铁芯上的安装位置。图 4.7(a)中变压器的磁路是单回路方形磁路;图 4.7(b)接触器的磁路是双回路方形磁路,每个回路中有两小段空气隙 δ;而图 4.7(c)直流电动机的磁路是具有四个回路的扇形磁路,其中包含有空气隙。

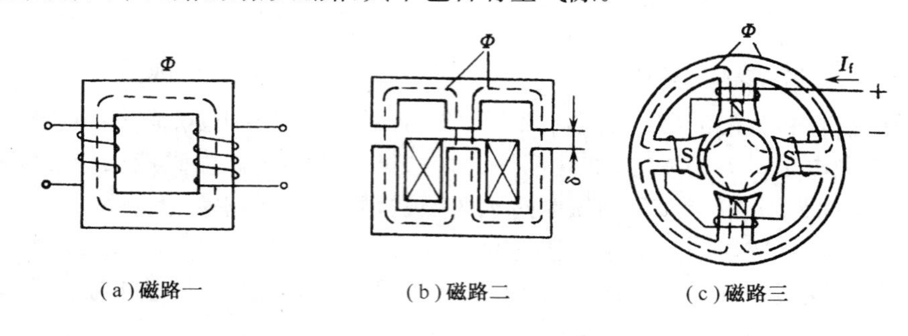

(a)磁路一　(b)磁路二　(c)磁路三

图 4.7　几种电气设备的磁路

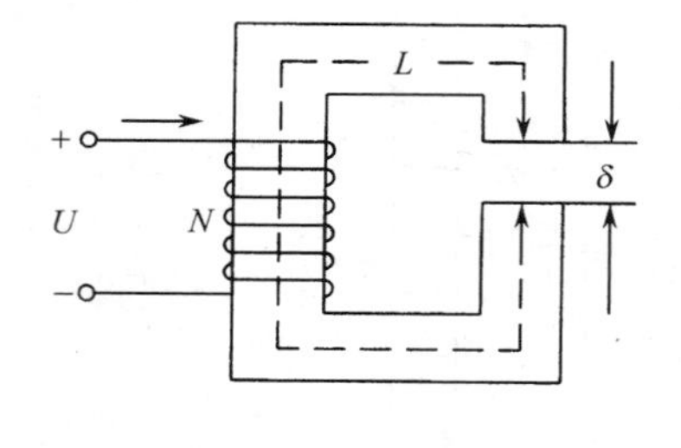

图 4.8　直流磁路

2. 磁路定律

磁路欧姆定律用来表示磁路中磁通量与磁动势之间的关系。

以如图 4.8 所示的直流磁路为例,设该磁路铁芯上绕有 N 匝线圈,并通有直流电流 I,铁芯的横截面积均匀,大小为 S,平均长度为 L,磁导率为 μ。空气隙长度为 δ($\delta \ll L$),有效面积为 S_0。空气隙磁导率可以认为等于真空磁导率 μ_0,并且可以认为铁芯中的磁场强度 $\boldsymbol{H}$ 各处均匀(铁芯与空气中的磁场强度均为 $\boldsymbol{H}$)。

(1) 磁动势 F。

$$F = NI \tag{4-12}$$

磁动势是含有一定磁介质(磁导率 μ)的磁路中决定磁通量 Φ 大小的决定因素,即在一定磁介质的磁路中,载流线圈产生的磁通量 Φ 与线圈匝数 N、电流强度 I 均成正比。F 的单位为 A。

(2) 磁阻 R_m。

$$R_m = \frac{L}{\mu S} \tag{4-13}$$

磁阻表示磁介质对磁通量 Φ 阻碍作用的大小。容易理解:磁介质的磁导率 μ 越大(导磁能力越强),横截面 S 越大(磁通越易通过),则对磁通量 Φ 的阻碍作用越小;而磁路越长(L 越

大),对磁路的阻碍作用越大。在图 4.8 所示直流磁路中有两段磁阻,分别为

$$R_{m1}=\frac{L}{\mu S},\ R_{m2}=\frac{\delta}{\mu_0 S} \tag{4-14}$$

磁阻的 SI 制单位为(H^{-1})。

(3) 磁路欧姆定律。实验发现:通过磁路的磁通量 Φ 与磁动势 F 成正比,与磁阻 R_m 成反比,这称为磁路欧姆定律。即

$$\Phi=F/R_m \tag{4-15}$$

在图 4.8 所示直流磁路中有

$$F=R_m\Phi=(R_{m1}+R_{m2})\Phi \tag{4-16}$$

式(4-15)在形式上与电路中的欧姆定律 $I=E/R$ 相似,磁路中的磁通 Φ 对应于电路中的电流 I;磁动势 F 对应于电动势 E;磁阻 R_m 对应于电阻 R。

(4)安培环路定律。铁芯磁路中的磁通 $\Phi=\boldsymbol{B}S$,空气隙中的磁通 $\Phi_0=\boldsymbol{B}_0S_0$。根据磁通连续原理(磁通量连续),$\Phi=\Phi_0$,代入式(4-16),并结合式(4-12)与式(4-14)可得

$$NI=L\frac{\boldsymbol{B}}{\mu}+\delta\frac{\boldsymbol{B}_0}{\mu_0} \tag{4-17}$$

由于 $\boldsymbol{B}=\mu\boldsymbol{H}$,$\boldsymbol{B}_0=\mu_0\boldsymbol{H}$,则

$$NI=\boldsymbol{H}L+\boldsymbol{H}\delta=\boldsymbol{H}L_{\Sigma} \tag{4-18}$$

其中,$L_{\Sigma}=L+\delta$ 为磁路的总长度,$\boldsymbol{H}L$ 和 $\boldsymbol{H}\delta$ 分别叫做铁芯和空气隙的磁压降,单位为 A。式(4-18)表明磁动势等于磁路上各段磁压降之和,叫做安培环路定律。

磁路欧姆定律便于定性地分析直流或交流磁路中磁通与磁动势、磁阻之间的关系,而用来定量计算则不方便,因为铁磁材料的磁导率 μ 与 $\boldsymbol{H}$ 有关,所以 R_m 是与 $\boldsymbol{H}$ 有关的变量,这需要查阅磁化曲线(参见图 4.6),并利用安培环路定律进行计算,本书不做赘述。

4.1.4 交流铁芯线圈

许多电工设备(如变压器、交流电动机等),其铁芯线圈通以交流电流励磁,其磁路为交流磁路。所以需要了解铁芯线圈在所施加的交流电压下与交变磁通、电流的关系。

如图 4.9 所示为一个交流铁芯线圈的电路,线圈的匝数为 N,导线电阻(铜损)电阻为 R,当线圈两端接通正弦交流电压 u 时,线圈中的交流电流为 i,线圈中产生的交变磁通绝大部分通过铁芯而闭合,这部分磁通成为主磁通 Φ,还有少量的磁通经过线圈周围的空气而闭合,称为漏磁通 Φ_σ。磁通的方向与电流 i 的方向符合右手螺旋定则。

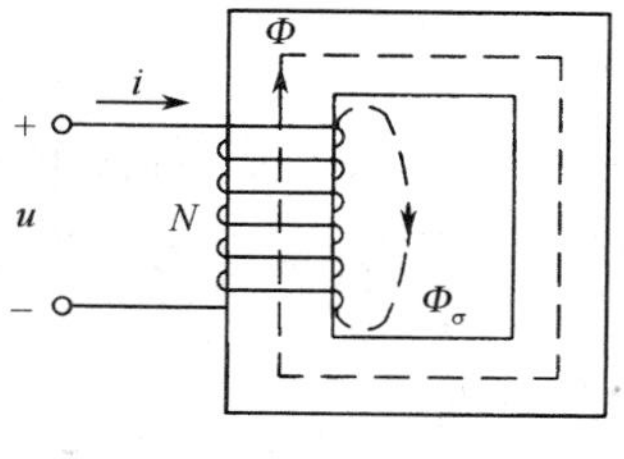

图 4.9 交流铁芯线圈

在忽略导线电阻与漏磁通的条件下,根据电磁感应定律

$$u=N\frac{\triangle\Phi}{\triangle t}$$

主磁通 Φ 近似为正弦量,可以证明:

$$U\approx 4.44fN\Phi_m=4.44fN\boldsymbol{B}_mS \tag{4-19}$$

式中,U 为 $u(t)$的有效值,f 为交流电的频率,Φ_m 为主磁通的最大值,$\boldsymbol{B}_m$ 为铁芯中的最大磁感应强度,S 为磁路的有效横截面积。式(4-19)是讨论交流铁芯线圈和变压器工作原理的重要依据。

思考与练习 4.1

1. 磁感应强度 $\boldsymbol{B}$ 与磁场强度 $\boldsymbol{H}$ 有何区别?
2. 什么叫做磁导率?真空中磁导率是多少?
3. 铁磁材料的磁性能有何特点?
4. 什么叫做磁路、磁动势、磁阻?
5. 叙述磁路欧姆定律和安培环路定律。
6. 写出交流铁芯线圈的电压 U 与频率 f、匝数 N、磁通 Φ 的关系式。

4.2 单相变压器的结构和工作原理

4.2.1 单相变压器的基本结构

单相变压器主要由两组线圈(称为绕组)和铁芯构成,如图 4.10 所示,与交流电源相接的绕组叫做原线圈或原绕组,与负载相接的绕组叫做副线圈或副绕组。电力工程与电子工程上将原绕组和副绕组分别称为一次绕组、二次绕组或初级线圈、次级线圈。一般变压器的铁芯通常用硅钢片叠成,硅钢片的表面涂有绝缘漆,以避免在交流电源作用下铁芯中产生较大的涡流损耗。

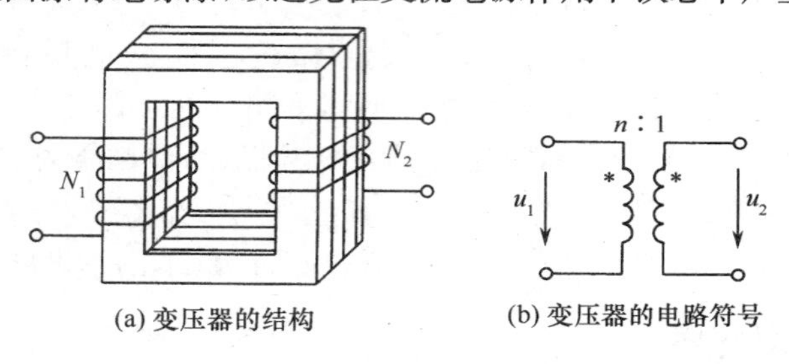

(a) 变压器的结构　　(b) 变压器的电路符号

图 4.10　单相变压器的结构与电路符号

4.2.2 变压器的工作原理

为便于讨论变压器的工作原理和基本作用,通常采用理想变压器模型进行分析,即假设变压器无漏磁、铜损(导线电阻产生的功率损耗)、铁损(铁芯的磁滞损耗与涡流损耗)均可以忽略,并且当空载运行(副边不接负载、开路)时,原绕组中的电流为零。

变压器的原绕组与副绕组中,电压极性始终相同的两端叫做同名端,用“·”或“*”号来标记。理论上要根据楞次定律来判定两绕组的同名端,实际应用中可以用实验方法来判定。

如图 4.11 所示,变压器的初级绕组两个端钮为 a、b,次级绕组两个端钮为 c、d。初级线圈两抽头 a、b 接有直流电源 Us、开关 S 和限流电阻 R;次级线圈两抽头 c、d 接有检流计(也可是直流电压表)。当开关 S 突然闭合时,检流计指针必然发生偏转。若指针为正偏(顺时针偏转),则表明 c 与 a(d 与 b)为同名端;若指针为反偏(逆时针偏转),则表明 d 与 a(c 与 b)为同名端。(在实验过程中,开关 S 不要长时间闭合。)

采用如图 4.12 所示的实验线路,可判定变压器的两个次级线圈的同名端,并能给出两个次级线圈输出的电压大小以及变压比。例如,当按图 4.12(a)连接电路测试时,万用表交流电压挡的表头读数为 25V；当按图 4.12(b)连接电路测试时，万用表交流电压挡的表头读数为 7V。

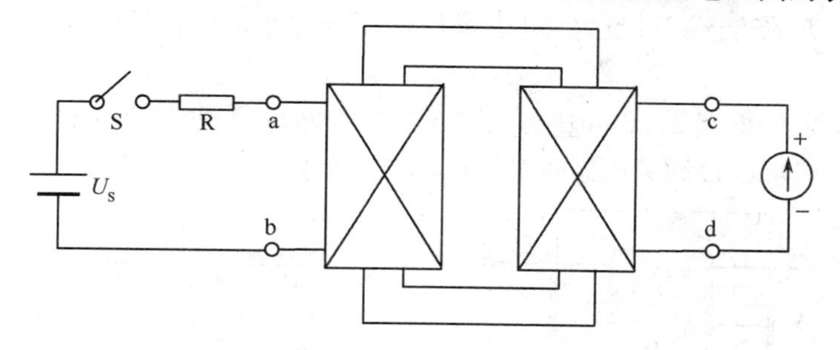

图 4.11 同名端的实验判定

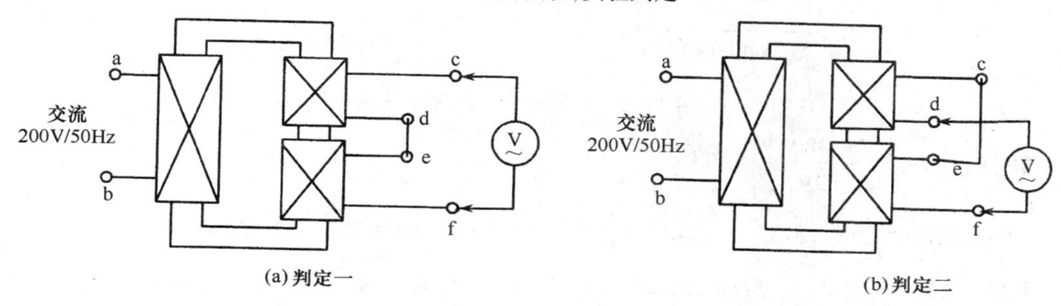

图 4.12 多次级绕组同名端的实验判定

可以确定 $U_{cd}+U_{ef}=U_{cf}=25V$，$U_{dc}+U_{ef}=U_{df}=7V$，再将两式相加，并注意到 $U_{dc}=-U_{cd}$，可得 $2U_{ef}=32V$，即 $U_{ef}=16V$，于是 $U_{cd}=25-16=9V$。因此，c 与 e(或 d 与 f)为同名端。次级线圈 cd 的变压比为 $n_1=220/9=24.4$，次级线圈 ef 的变压比为 $n_2=220/16=13.75$。

1. 变换电压

根据式(4-19)可知，原、副绕组两端电压 $\dot{U}_1$ 和 $\dot{U}_2$ 的大小(有效值)为 $U_1=4.44fN_1\Phi_m$，$U_2=4.44fN_2\Phi_m$，其中 f 为交流电的频率，Φ_m 为主磁通的最大值，则

$$\frac{U_1}{U_2}=\frac{N_1}{N_2}=n \tag{4-20}$$

式中 $n=N_1/N_2$ 叫做变压器的变压比。

式(4-20)表明，变压器中匝数较多的绕组，其工作电压高于匝数较少的绕组两端电压，即当 $n>1$ 时，$U_1>U_2$，叫做降压变压器；当 $n<1$ 时，$U_1<U_2$，叫做升压变压器；当 $n=1$ 时，$U_1=U_2$，叫做等比变压器，既不升压也不降压。原绕组两端的电压叫做变压器的初级电压或输入电压，副绕组两端的电压叫做变压器的次级电压或输出电压。

2. 变换电流

在理想条件下，传输一定容量的变压器原、副绕阻两边的视在功率相等，即

$$U_1I_1=U_2I_2 \tag{4-21}$$

所以

$$\frac{I_1}{I_2}=\frac{U_2}{U_1}=\frac{N_2}{N_1}=\frac{1}{n} \tag{4-22}$$

即 $I_2=nI_1$(副边电流是原边电流的 n 倍)。由此可以知道,对于升压变压器来说,电压由 U_1 升高到 U_2,电流则由 I_1 降低到 I_2;反之,对于降压变压器来说,电压由 U_1 降低到 U_2,电流则由 I_1 升高到 I_2。

【例 4.1】 如图 4.13 所示,已知理想变压器中输入电压 $U_1=220\text{V}$,要为负载 $Z_L=R_L=15\Omega$ 提供 15V 的电压。试求:(1)该变压器的变压比 n;(2)初级回路与次级回路中的电流 I_1 和 I_2。

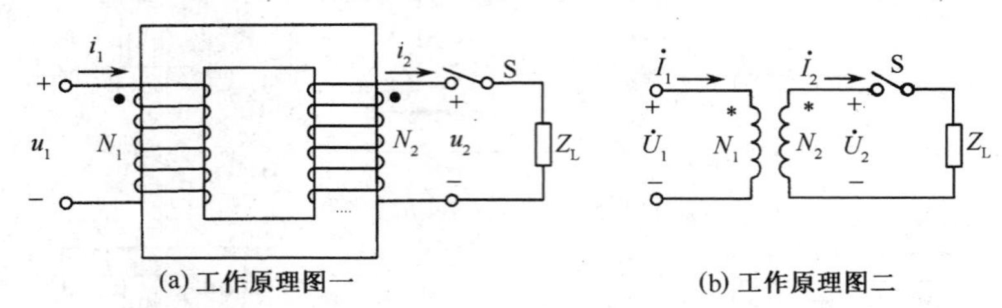

图 4.13 变压器工作原理电路图

解:(1) $n=\dfrac{U_1}{U_2}=\dfrac{220}{15}=14.67$

(2) $I_2=\dfrac{U_2}{R_L}=15/15=1\text{A}, I_1=\dfrac{I_2}{n}=1/14.67=0.0682\text{A}=68.2\text{mA}$

【例 4.2】 如图 4.13 所示,已知理想变压器输入电压为 $U_1=220\text{V}$,负载 $R_L=0.1\text{k}\Omega$ 消耗的功率为 1W。试求:(1)次级回路中的电流 I_2;(2)该变压器的变压比 n 。

解:(1) $P_2=I_2{}^2R_L=1\text{W}, I_2=\sqrt{\dfrac{P_1}{R_L}}=0.1\text{A}$

(2) $P_2=U_2{}^2/R_L=1\text{W}, U_2=\sqrt{P_2R_L}=10\text{V}, n=\dfrac{U_1}{U_2}=220/10=22$

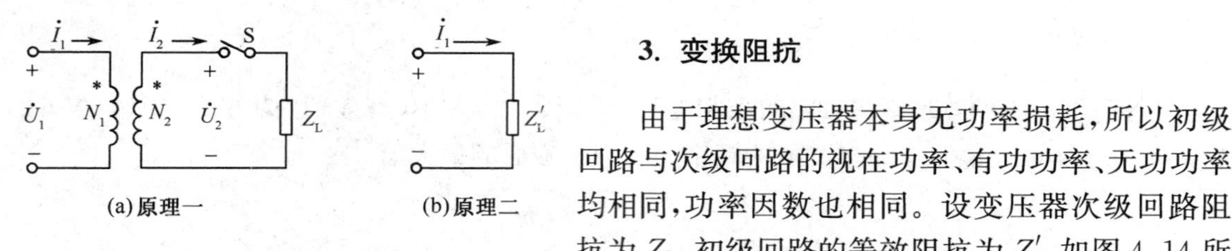

图 4.14 变压器变换阻抗的原理

3. 变换阻抗

由于理想变压器本身无功率损耗,所以初级回路与次级回路的视在功率、有功功率、无功功率均相同,功率因数也相同。设变压器次级回路阻抗为 Z_L,初级回路的等效阻抗为 Z_L',如图 4.14 所示,则 $P_1=I_1{}^2Z_L'\cos\varphi, P_2=I_2{}^2Z_L\cos\varphi$,即

$$Z_L'=\frac{I_2^2}{I_1^2}Z_L=n^2Z_L \tag{4-23}$$

当负载为纯电阻 R_L 时

$$R_L'=n^2R_L \tag{4-24}$$

【例 4.3】 将接入变压器副边的负载 $R_L=8\Omega$ 阻抗,变换成所需的 20Ω 阻抗,应选择变压比 n 为多少的变压器?如果原绕组绕制 300 匝,副绕组应绕制多少匝?

解: $R_L'=n^2R_L=20\Omega, n=\sqrt{\dfrac{R_L'}{R_L'}}=\sqrt{20/8}=1.58$

由 $n=\dfrac{N_1}{N_2}$,可得 $N_2=\dfrac{N_1}{n}=300/1.58=190$

【例 4.4】 如图 4.15 所示，电压源 $U_S=220V$，内阻 $R_i=500\Omega$，负载 $R_L=2k\Omega$，若使负载获得最大功率 P_m，应如何选择变压器的变压比 n？负载能够获得的最大功率 $P_m=$？

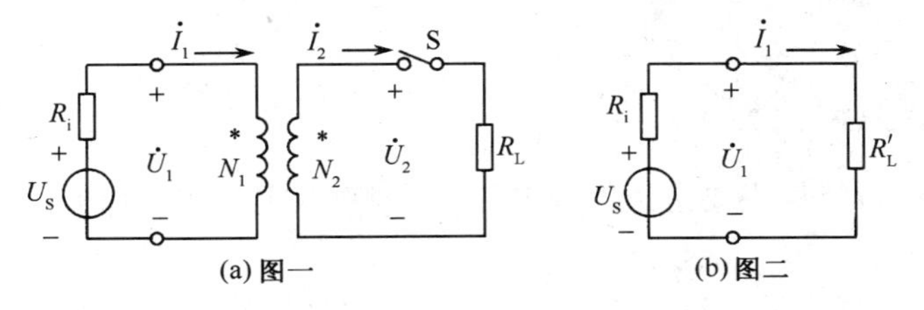

图 4.15　例 4.4 的图

解： 令 $R_L{}'=n^2R_L=R_i$，$n=\sqrt{\dfrac{R_i}{R_L}}=\sqrt{500/2\ 000}=0.5$

$$I_1=\frac{U_S}{R_L'+R_i}=220/(500+500)=0.22A$$

$$P_m=I_1{}^2R_L{}'=24.2W$$

思考与练习 4.2

1. 有一理想变压器初级绕组匝数为 2 100 匝，接在 220V 交流电源上，若要在次级绕组上获得 22V 电压，次级绕组应有多少匝？

2. 某收音机输出变压器的初级绕组匝数为 230 匝，次级绕组匝数为 80 匝，原来配有阻抗为 8Ω 的电动扬声器，现在要改接阻抗为 4Ω 的扬声器，那么次级绕组匝数应如何变动？（初级绕组匝数不变）

3. 一理想变压器初、次级绕组匝数分别为 3 000 匝和 100 匝，测得初级回路电流为 0.22A，次级带有 10Ω 负载，试求初级输入电压和等效电阻。

4.3　变压器的运行特性

4.3.1　变压器的额定值

为了安全和经济地使用变压器，规定了变压器的铭牌数据，即额定值。

（1）初级电压 U_{1N}：即原绕组的额定电压（初级额定电压）。它是根据绝缘强度和允许温升规定的在原绕组两端所允许施加的最高电压值。如果施加电压超过额定值，则绝缘材料寿命将会缩短甚至造成损坏和严重事故。

（2）次级电压 U_{2N}：即初级电压为额定值 U_{1N} 时副绕组的空载电压。对于电子仪器的小型电源变压器，次级电压是指满载时的副绕组电压（次级电压）。

（3）额定电流 I_{1N} 与 I_{2N}：即初级电压为额定值 U_{1N} 时，原绕组与副绕组允许长期通过的最大电流。

（4）额定容量 S_N：即变压器输出视在功率的能力。对于单相变压器而言，$S_N=U_{2N}I_{2N}$，其单位是 V·A 或 kV·A。

（5）额定频率 f_N：即规定的初级电源频率，变压器按此频率设计。我国的电力变压器的 f_N 是 50Hz。

(6) 额定温升:变压器在额定运行情况下,内部温度允许高出规定的环境温度的度数。

变压器的额定运行(或满载)状态是指变压器的初级电压与次级电流为额定值时的工作状态。

4.3.2 输出电压与效率

实际变压器的运行特性主要是指次级电压 U_2 与次级电流 I_2 的变化关系和功率传输效率(简称效率 η)。

变压器次级电压随负载的变化情况,可用外特性曲线来表示。所谓外特性,是指当初级电压(变压器的输入电压)为额定值 U_{1N},负载功率因数 $\cos\varphi_2$ 一定时,次级电压 U_2 与电流 I_2 的关系曲线,如图 4.16 所示。负载为电阻性或感性时,U_2 随 I_2 的增大而降低,这是由于原、副绕组的电阻压降和漏磁电压降所造成的。

次级电压随负载变化的程度用电压变化率 $\Delta U\%$ 来衡量,即当初级电压为额定值 U_{1N},负载功率因数 $\cos\varphi_2$ 一定时,空载电压 U_{20} 与满载时电压 U_2 之差与 U_{20} 之比的百分数:

$$\Delta U\% = \frac{U_{20} - U_2}{U_{20}} \times 100\% \tag{4-25}$$

一般电力变压器的电压变化率为 2%～3%,小型电源变压器的电压变化率为 3%～5%。

变压器的效率是指输出功率 P_2 与输入功率 P_1 之比的百分数:

$$\eta = \frac{P_2}{P_1} \times 100\% \tag{4-26}$$

实际变压器在运行中是有功率损耗的,包括原、副绕组导线电阻上的铜损 P_{Cu} 和铁芯中的铁损耗 P_{Fe}。铜损 $P_{Cu} = I_1{}^2R_1 + I_2{}^2R_2$,$R_1$ 和 R_2 分别为原、副绕组导线的电阻。而铁损 P_{Fe} 仅与原绕组电压 U_1 的平方成正比,与电流无关。根据能量守恒原理

$$P_1 = P_2 + P_{Cu} + P_{Fe} \tag{4-27}$$

显然效率 η 与 P_2 即负载电流 I_2、功率因数 $\cos\varphi_2$ 有关。η 与 I_2 的典型关系曲线如图 4.17 所示。空载时,$I_2=0$,$\eta=0$;轻载时,I_2 较小,η 较低;一般当 $I_2\approx(0.6\sim0.75)I_{2N}$ 时,η 最高;满载时,小型变压器的效率为 60%～90%,大型电力变压器的效率在 90%以上。

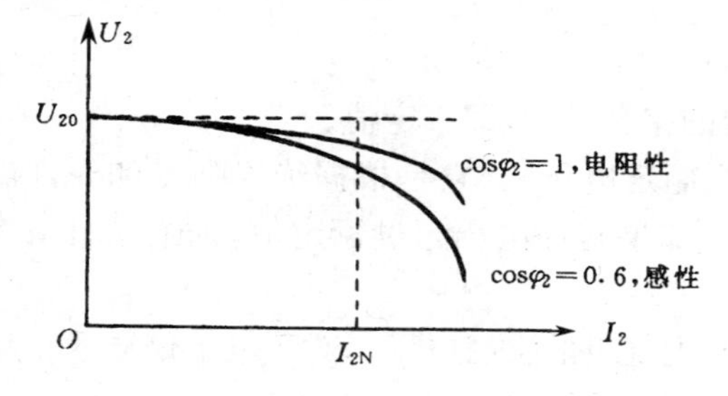

图 4.16 变压器的外特性

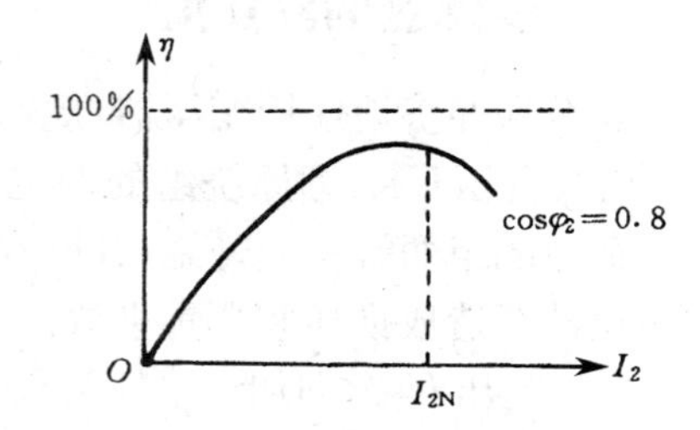

图 4.17 变压器的效率曲线(举例)

思考与练习 4.3

1. 变压器的铭牌数据主要有哪些?各有什么含义?
2. 变压器的运行特性主要指的是什么?什么是变压器的外特性和效率?

*4.4 常见变压器

本节简要阐述三相变压器、自耦变压器、仪用互感器。这几种常见的变压器和前面讨论的单相双绕组变压器相比，基本原理相同，但各有其特点和不同的用途。

4.4.1 三相变压器

三相变压器的用途是变换三相电压。它主要用于输电、配电系统中，也用于三相整流电路等场合。其结构(如图4.18所示)特点是具有三个铁芯柱，每个铁芯柱上绕着属于同一相的高压绕组和低压绕组。三个高压绕组的始端标以 U_1，V_1，W_1，末端相应地标以 U_2，V_2，W_2。对应的低压绕组始端标以 u_1，v_1，w_1，末端标以 u_2，v_2，w_2。

根据国家标准的规定，高、低压三相绕组的接法，有五种连接方式：Y/Y_0，Y/Y，Y_0/Y，$Y/\triangle$，$Y_0/\triangle$。其中"/"前面的Y或 Y_0 分别表示高压绕组是无中线或有中线的星形接法，"/"后面的Y，Y_0，△分别表示低压绕组是无中线的星形接法、有中线的星形接法、三角形接法。无中线的星形接法属于三相三线制，有中线的星形接法属于三相四线制，△形接法属于三相三线制。

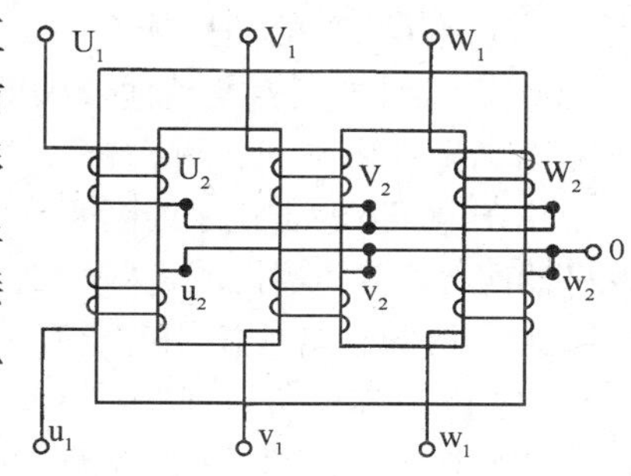

图4.18 三相变压器

三相变压器的额定电压 U_{2N}、额定电流 I_{2N} 均指线电压、线电流。其额定容量 S_N 与额定电压、电流的关系为

$$S_N = \sqrt{3}U_{2N}I_{2N} \tag{4-28}$$

注意：三相变压器的电压比是指初级额定相电压与次级额定相电压之比值，而不是额定线电压的比值。

可以将三台单相变压器按三相电路连接，其作用与三相变压器相同。三相变压器中的每一相，工作情况相当于一个单相变压器。因此，单相变压器的工作原理、基本方程式和运行特性都完全适用于三相变压器。

4.4.2 自耦变压器

前面讨论的双绕组单相变压器，初级与次级两绕组间仅有磁的耦合，并无电路上的联系。自耦变压器的特点是：铁芯上只绕有一个线圈，高压绕组的一部分兼做低压绕组使用。其电路如图4.19所示。因此，自耦变压器的初级与次级两绕组间既有磁的耦合，又有电的联系。

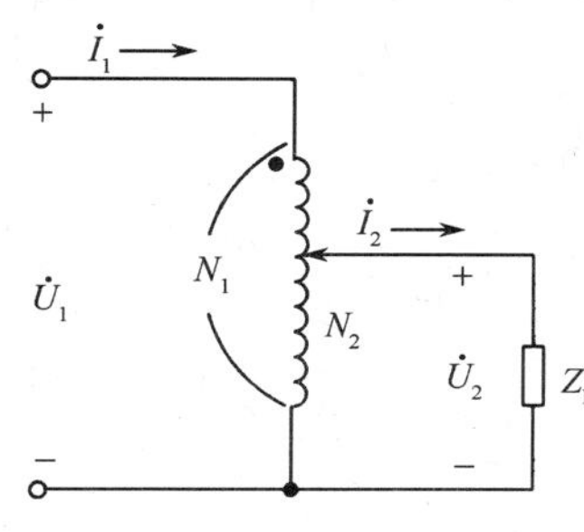

图4.19 自耦变压器原理图

自耦变压器的工作原理与普通双绕组单相变压器是相同的，因此初级电压 U_1 与次级电压 U_2 与相应的匝数 N_1 和 N_2 成正比，即满足关系式(4-20)。此外，变换电流、变换阻抗的作用也分别满足式(4-22)与式(4-23)。

有一种自耦变压器，利用滑动电刷可以连续改变次级绕组匝数 N_2，以平滑地调节输出电压，这种变压器称为自耦调压器或调压器。

还有一种三相自耦变压器，其电路犹如三个单相自耦变压器，可用做三相异步电动机的启动补偿器。

自耦变压器的优点是用料（硅钢片、导线等）少、重量轻、成本低、效率高。缺点是初、次级电路之间有直接联系而不能隔离，安全性较差。

4.4.3 仪用互感器

仪用互感器是有特殊用途的变压器，它用于测量、控制和保护电路等。仪用互感器分为电压互感器和电流互感器两种。

1. 电压互感器

电压互感器是一种精确地变换电压的降压变压器。其原理如图 4.20 所示。将高电压电源 $\dot{U}_1$ 接于互感器的高压侧 $U_1 \sim U_2$ 两端，低压侧为 $u_1 \sim u_2$ 两端，即输出低压 U_2（额定值规定为 100V）接到电压表及其他仪表的电压线圈或控制设备上，以扩大仪表量程，且使仪表和所接设备与高电压隔离，以保障操作人员的安全。

由于电压互感器次级线圈所接仪表或设备的阻抗很高，因此互感器工作在接近空载的状态，且互感器比普通变压器性能优良，所以，变压比非常接近于理想变压器的电压比，即 $U_1/U_2 = N_1/N_2$。

为了正确安全地使用电压互感器，应注意以下几点：

(1) 互感器的负载功率不要超过其额定容量，以免造成变压比及输出电压的相对误差过大。

(2) 其铁芯、次级绕组及外壳都要接地。这样，万一绝缘损坏，仍可保护人身安全。

(3) 初级与次级绕组侧都要接熔断器，以便当电路被短路时起保护作用，使互感器免遭损坏。

2. 电流互感器

电流互感器是能够精确地将大电流变小的一种变压器，其原理如图 4.21 所示。与普通变压器不同的是，其初级绕组匝数较少，甚至只有几匝，串联在被测电路中。次级绕组匝数较多，并与电流表或其他仪表的电流线圈或电流继电器等相串联。

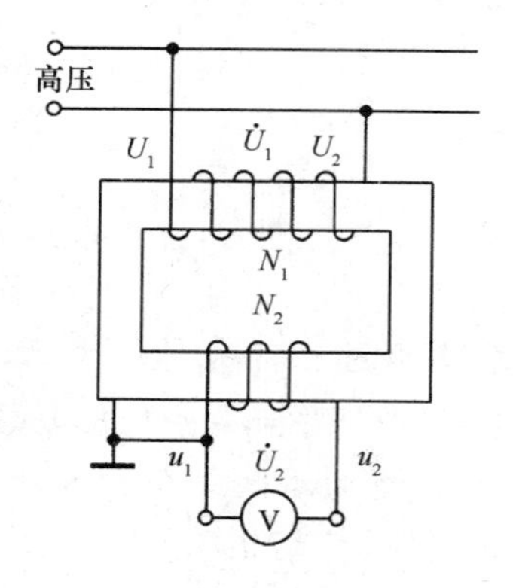

图 4.20 电压互感器

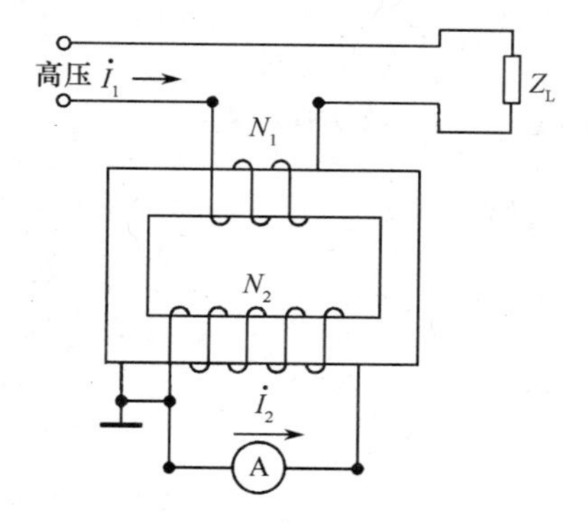

图 4.21 电流互感器

电流互感器的作用：一是扩大仪表的电流量程，减小电流继电器等控制设备的电流，电流互感器次级额定电流通常为5A；二是使仪表、设备与初级的高电压隔离，以保障人身安全。

电流互感器次级所接的电流表及其他电流线圈的阻抗很小，故工作状态接近于变压器的短路状态，且互感器制造得性能优良，励磁电流很小，所以在正常工作时非常接近于理想变压器，其变流比为 $I_1/I_2=N_2/N_1$。

为了正确安全地使用电流互感器，应注意以下几点：

(1) 所选用的电流互感器的初级额定电流 I_{1N} 应大于被测电流，并且其额定电压应与被测电路的电压相适应。

(2) 负载功率不要超过电流互感器的额定容量，以免变流比和电流误差过大。

(3) 在工作中不允许次级绕组开路，因为初级电流 I_1 由被测电路的负载决定，而与互感器次级所接阻抗无关。当次级绕组开路，I_2 减至零，互感器的磁动势猛增至 N_1I_1，磁通剧增，次级会感生高压，危及人身安全，同时，铁损耗剧增，会使互感器过热损坏。

(4) 互感器次级绕组的一端，铁芯及外壳应接地，以保证使用时安全。

思考与练习 4.4

1. 什么叫做自耦变压器？其主要优、缺点是什么？
2. 电压互感器和电流互感器的工作特点各有哪些？

本章小结

1. *铁磁材料与磁路的基本概念(见表4-1)

表4-1 铁磁材料与磁路的基本概念

序号	名称	符号	单位	主要关系式
1	磁感应强度	B	T	$B=\dfrac{\Delta F}{I\Delta L}=\mu H$
2	磁导率	μ	H/m	$\mu=B/H$，相对磁导率 $\mu_r=\mu/\mu_0$
3	磁场强度	H	A/m	$H=B/\mu$
4	磁通(量)	Φ	Wb	$\Phi=BS$
5	磁动势	F	A	$F=NI=\Phi R_m$
6	磁阻	R_m	H^{-1}	$R_m=\dfrac{L}{\mu S}=F/\Phi$
7	磁压降	H_L	A	$F=\Sigma(HL)$

2. 变压器基本原理

(1) 讨论交流铁芯线圈和变压器工作原理的重要依据 $U\approx4.44fN\Phi_m=4.44fNB_mS$。

(2) 理想变压器具有变换电压、电流、阻抗作用。

变换电压：$\dfrac{U_1}{U_2}=\dfrac{N_1}{N_2}=n$（参见图 4.11）

变换电流：$\dfrac{I_1}{I_2}=\dfrac{N_2}{N_1}=\dfrac{1}{n}$（参见图 4.11）

变换阻抗：$Z_L{}'=\dfrac{I_2{}^2}{I_1{}^2}Z_L=n^2Z_L$（参见图 4.12）

3. 常用变压器

常用变压器包括单相变压器(参见图 4.10)、三相变压器(参见图 4.18)、自耦变压器(参见图4.19)、电压互感器(参见图 4.20)、电流互感器(参见图 4.21)。尽管各种变压器的结构和用途不同,但其工作原理相似。

习题 4

*4.1　磁路中的空气隙很小,为什么磁阻却很大?(提示:参照图 4.8 和式(4-14)说明)

*4.2　一铁芯线圈(参见图 4.9)在下列情况下,为保持最大磁通 Φ_m 保持不变,线圈匝数 N、励磁电流大小 I 应如何变化?

(1) 直流励磁,磁路长度加长一倍,电源电压 U 与频率 f 等条件不变。

(2) 交流励磁,磁路长度加长一倍,电源电压 U 与频率 f 等条件不变。

(3) 直流励磁,电源电压增加一倍,其他条件不变。

(4) 交流励磁,电源电压增加一倍,其他条件不变。

*4.3　变压比 $n=1$ 的变压器在电路中是否有用?如果有用,那么其主要作用是什么?

4.4　参见图 4.13,已知理想变压器的初级电压 $U_1=380\text{V}$,要为负载 $R_L=50\Omega$ 提供 25V 的电压。试求:(1)该变压器的变压比 n;(2)初级回路与次级回路中的电流 I_1,I_2。

4.5　参见图 4.13,已知理想变压器初级电压为 $U_1=220\text{V}$,负载 $R_L=1\text{k}\Omega$ 消耗的功率为 0.5W。试求:(1)该变压器的变压比 n;(2)初级回路与次级回路中的电流 I_1,I_2。

4.6　参见图 4.13,将接入变压器副边的负载 $R_L=10\Omega$ 阻抗,变换成所需的 40Ω 阻抗。(1)应选择变压比 n 为多少的变压器?(2)如果原绕组绕制 1000 匝,那么副绕组应绕制多少匝?

4.7　参见图 4.15,电压源 $U_S=120\text{V}$,等效内阻 $R_i=100\Omega$,负载 $R_L=1\text{k}\Omega$。若使负载获得最大功率 P_m,应如何选择变压器的变压比 n?负载能够获得的最大功率 P_m?

4.8　如图 4.22 所示,一理想变压器的初级绕组 $N_1=120$ 匝,$U_1=12\text{V}$,两个次级绕组分别为 $N_2=120$ 匝、$N_3=2400$ 匝,负载电阻 $R_2=5\Omega$,$R_3=400\Omega$。试求:(1)两个次级电压 U_2,U_3;(2)各回路电流 I_1,I_2,I_3;(3)各负载变换到次级回路上的等效电阻以及初级回路的等效电阻。

4.9　如图 4.23 所示,理想变压器的次级绕组有两组,以便接 8Ω 或 3.5Ω 的扬声器(负载)时两者能达到阻抗匹配。试求次级绕组两部分匝数之比 N_2/N_3。

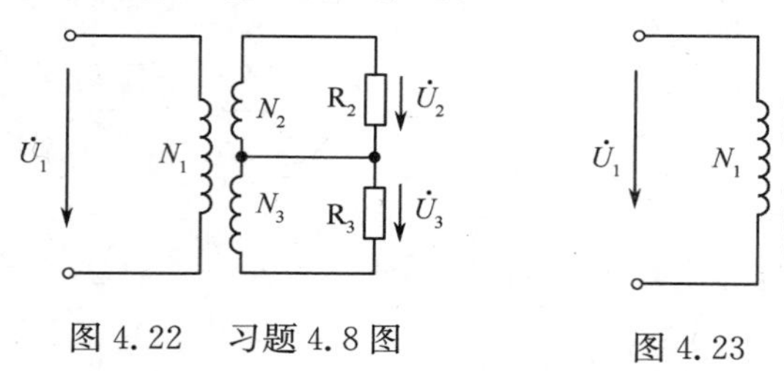

图 4.22　习题 4.8 图

图 4.23　习题 4.9 图

第5章

电工仪表与测量

学习目标

1. 了解电工测量仪表的分类和基本测量方法。

2. 掌握正确使用电压表、电流表和万用表测量电压、电流、电阻的技能。

3. 了解测量电功率和电能的方法。

将被测的电量或磁量与同类标准量进行比较的过程叫做电工测量。电工测量的对象主要是指电流、电压、电阻、电功率、电能、相位、频率、功率因数等。测量各种电量(包括磁量)的仪器仪表,统称为电工测量仪表。

由于测量方法的不同,会产生不同的测量误差,所以在测量中除了要正确选用仪表和使用仪表之外,还必须采用合适的测量方法,掌握测量的操作技术,以便尽可能地减小测量误差。

虽然目前在许多领域使用数字式仪表,但在各种电子仪器或设备上以及许多测量场合,还大量地使用指针式仪表。本书仅对常用指针式仪表做介绍,关于数字式仪表一般在《电子测量技术》中介绍。其实,无论指针式还是数字式仪表,用于电工测量时,采用的测量方法是相似的。

5.1 电工测量仪表的分类

在电工技术领域中,经常接触的电工仪表一般是指安装式仪表、实验室和可携式仪表以及电度表等。这些仪表可以直接读数获得测量结果,所以称为直读式电工仪表。

安装式仪表是安装在发电站、变电所的开关板上以及小型电器设备上使用的仪表。

实验室和可携式仪表是指在科学研究、教学研究以及工矿企业的实验室、现场测量用的仪表。它是非固定安装、可以移动和携带使用的仪表。

仪表的表盘上及外壳上的各种符号表明了电工仪表的基本结构特点、准确度、工作条件等。

5.1.1 仪表的分类

电工测量仪表按被测量的种类可分为电流表、电压表、功率表、电度表、欧姆表、兆欧表等。如表5-1所示,列出了几种最常用的电工测量仪表。

表 5-1 几种常用的电工测量仪表种类、名称及符号

序号	被测量的种类	仪表名称	符号
1	电流	安培表/毫安表/微安表	Ⓐ (mA) (μA)
2	电压	伏特表/毫伏表/千伏表	Ⓥ (mV) (kV)
3	电功率	瓦特计/千瓦计	Ⓦ (kW)
4	电能	电度表	kWh
5	电阻	欧姆表/兆欧表	(Ω) (MΩ)

电工测量仪表按工作原理分类，可分为：磁电系(式)仪表、电磁系(式)仪表、电动系(式)仪表、感应系(式)仪表等。磁电系仪表根据通电导体在磁场中产生电磁力的原理制成。电磁系仪表根据铁磁物质在磁场中被磁化后，产生电磁吸力(或推斥力)的原理制成。电动系仪表根据两个通电线圈之间产生电动力的原理制成。感应系仪表根据交变磁场中的导体感生涡流，与磁场产生电磁力的原理制成。此外，还有整流系、热电系、电子系、铁磁电动系等仪表。

对于磁电系、电磁系、电动系等仪表又有比率型仪表，这种仪表的工作原理是基于指针的偏转角，决定于两线圈电流的比率，如兆欧表、频率表和相位表等。如表 5-2 所示，列出了几种常用不同类型的电工指示仪表符号和可测量的物理量。

表 5-2 几种常用不同类型的电工指示仪表

序 号	仪表类型	符 号	可测量的物理量
1	磁电式		直流电流、电压、电阻
2	电磁式	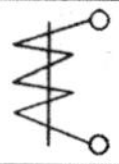	直流或交流电流、电压
3	电动式	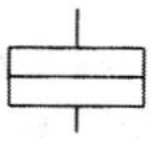	直流或交流电流、电压、功率、电能量
4	感应式	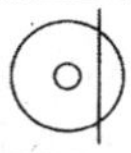	交流电能量
5	整流式	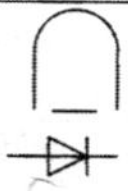	交流电流、电压

电工测量仪表按准确度等级可分为：0.1，0.2，0.5，1.0，1.5，2.5，5.0 共七级。等级的百分数乘以所使用的量程为测量时可能产生的最大绝对误差。例如，准确度为 1.5 等级的伏特表，使用 50V 的量程时，可能产生的最大绝对误差为 $\Delta U_{\max}=1.5\%\times50=0.75\text{V}$。仪表等级的百分数又叫做相对引用误差。

电工测量仪表按外壳的防护性能可分为：普通、防尘、防溅、防水、水密、隔爆等共六种类型。

5.1.2 电工仪表的型号

电工仪表的产品型号可以反映出仪表的用途和作用原理。电工仪表的产品型号是按主管部门制定的电工仪表的产品型号编制法，经生产单位申请，并由主管部门登记颁发的。对安装式和可携式指示仪表的型号，规定有不同的编号规则。

安装式指示仪表型号一般由形状代号、系列代号、设计序号和用途代号组成。形状代号有两位：第一位代号按仪表的面板形状最大尺寸编制；第二位代号按仪表的外壳尺寸编制。系列代号按仪表工作原理的系列编制。例如，磁电系代号为“C”，电磁系代号为“T”，电动系代号为“D”，感应系代号为“G”，整流系代号为“L”，静电系代号为“Q”，电子系代号为“Z”等。

例如，44C2-A 型电流表，其中“44”为形状代号，“C”表示磁电系仪表，“2”为设计序号，“A”表示用于电流测量。对于可携式指示仪表不用形状代号，其他部分则与安装式指示仪表完全相同。例如，T62-V 型电压表，其中“T”表示电磁系仪表，“62”为设计序号，“V”则表示用于电压测量。

电度表的型号编制规则，基本上与可携式指示仪表相同，只是在组别号前再加上一个“D”字表示电度表，如，“DD”表示单相、“DS”表示有功、“DT”表示三相四线、“DX”表示无功等。例如，DD28 型电度表，其中“DD”表示单相，“28”则表示设计序号。

5.1.3 常用的电工测量方法

电工测量是通过物理实验的方法，将被测的量与其同类的量（通常称为单位）进行比较的过程。比较的结果一般是用两个部分来表示的，即一部分是数字，另一部分是单位。

为了对同一个量，在不同的时间和地点进行测量时能够得到相同的测量结果，必须采用一种公认的而且是固定不变的单位。只有在测量单位确定和统一的条件下所进行的测量才具有实际意义。为此，每个国家都有专门的计量机构，对各种单位实行“立法”。这是因为单位的确认和统一，不仅是人类生存的需要，而且是生产和科学的发展以及技术交流的需要。

测量单位的复制体称为度量器。例如，标准电池、标准电阻和标准电感等，分别是电动势、电阻和电感的复制实体。度量器根据它的精度和用途的不同，分为基准度量器、标准度量器和工作度量器。

在测量过程中，由于采用的测量仪器仪表不同（也就是说度量器是否直接参与以及测量结果如何取得等），形成了不同的测量方法。常用的测量方法主要有以下几种。

1. 直接测量法

直接测量是指测量结果可以从一次测量的实验数据中得到。它可以使用度量器直接参与比较被测量数值的大小，也可以使用具有相应单位刻度的仪表直接测得被测量的数值。例如，用电流表直接测量电流，用电压表直接测量电压，用万用表直接测量电阻器的电阻数值等，都属于直接测量方法。直接测量法具有简便、读数迅速等优点，但是它的准确度除受到仪表的基本误差的限制外，还由于仪表接入测量电路后，仪表的内阻被引入测量电路中，使电路的工作状态发生了改变。因此，直接测量法的准确度比较低。

2. 比较测量法

比较测量法是将被测量与度量器在比较仪器中进行比较,从而测得被测量数值的一种方法。比较测量法可分为三种。

(1)零值法(又称指零法):它是利用被测量对仪器的作用,与已知量对仪器的作用二者相抵消的办法,由指零仪表做出判断。即当指零仪表指零时,表明被测量与已知量相等。这好比用天平称物体的质量,当指针指零时表明被称重物的质量与砝码的质量相等,根据砝码的标示质量便可得知被测重物的质量数值。可见用零值法测量的准确度取决于度量器的准确度和指零仪表的灵敏度。

(2)较差法:它是利用被测量与已知量的差值,作用于测量仪器而实现测量目的的一种测量方法。

(3)代替法:利用已知量代替被测量,若不改变测量仪器原来的读数状态,这时被测量与已知量相等,从而获取测量结果。

比较法的优点是准确度和灵敏度比较高,测量准确度(测量误差)最小可达±0.001%。比较法的缺点是操作麻烦,设备复杂,适用于精密测量。

3. 间接测量法

间接测量法是指测量时只能测出与被测量有关的电量,然后经过计算求得被测量结果。例如,用伏安法测量电阻,先测得电阻两端的电压及电阻中的电流,然后根据欧姆定律算出被测的电阻值。间接测量法的误差比直接法大,但在工程的某些场合中,若对准确度要求不高,进行估算是一种可取的测量方法。

思考与练习 5.1

1. 电工测量仪表是如何分类的?
2. 电工测量仪表的准确度分为几级?其含义是什么?
3. 常用的电工测量方法有几种?

5.2 电流与电压的测量

测量电流和电压是电工测量中最基本的测量,其测量方法在工程技术中广泛应用。在测量中主要使用电流表和电压表。

5.2.1 电流与电压的测量方法

通常测量电流与电压的方法有直接法和间接法。

1. 直接测量法

测量电流或电压时,使用直读式指示仪表,即用电流表或电压表进行测量,根据仪表的读数获取被测电流和电压的方法,称为直接测量法。电流表的测量范围一般为 $10^{-7}\sim10^{2}$ A,电

压表的测量范围一般为 $10^{-3} \sim 10^{5}$V。交流指示式仪表的灵敏度比直流仪表的灵敏度低，在一般电力工程中，直读式电工仪表能够满足测量电流和电压的要求。

当用电流表测量电流时，将电流表与被测电路串联，而电压表则应与被测电路并联，如图 5.1 所示。

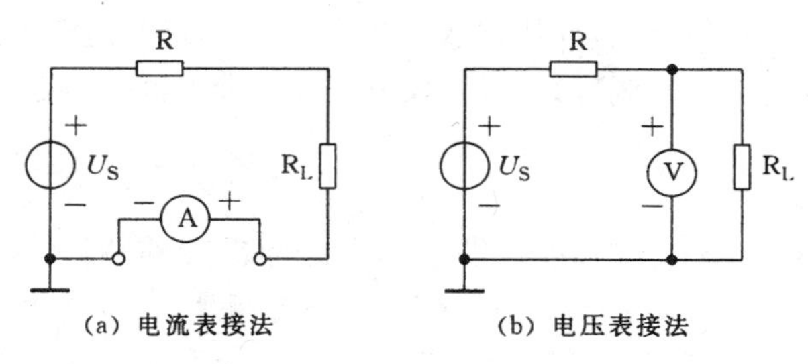

图 5.1 电流表与电压表的接法

为了使仪表的通电线圈与外壳之间不形成高电位，电流表接在被测电路中的低电位端，电压表的负端接在低电位端。如果电压表的端子有接地标志，在接线时应将接地标志的端子与被测电路的接地线相连接。

电流表或电压表接入被测电路后，电路中引入了仪表的内阻（仪表两个端子间的等效电阻）。电流表串入被测电路时，将使原来电路的等效电阻有所增加，而电压表并接在被测电路时，将会使原来电路的等效电阻有所减小。因此，电流表和电压表接入测量电路后，会使原来电路的工作状态发生改变而产生测量误差。为了减小测量误差，要求电流表内阻应比负载电阻小得多（小到可以忽略不计）；而电压表的内阻应比负载电阻大得多（无穷大）。

事实上，电流表的内阻不可能等于零，而电压表的内阻也不可能是无穷大。因此，仪表接入被测电路后，仪表必然要消耗一定的功率。这种由于仪表的内耗功率不为零，致使原来电路的工作状态发生变化而引起的误差称为方法误差。下面举例说明方法误差的概念。

【例 5.1】 如图 5.1(b)所示，电路中直流电压源电压 $U_S=60$V，$R=40$kΩ，$R_L=30$kΩ。试求：(1)未接入电压表测量时，电阻 R_L 两端电压 U_1（理论值）；(2)用内阻为 $R_g=60$kΩ 的电压表测量电路中 R_L 两端电压时，所获得的电压读数 $U_1{}'$。

解：(1)测量前，电阻 R_L 上分得的电压应为

$$U_1=\frac{R_L}{R+R_L}U_S=\frac{30}{40+30}\times 60=25.7\text{V}$$

(2)用一个内阻为 60 kΩ 的电压表，测量 R_L 两端的电压，这时电压表的读数应该是

$$U_1{}'=\frac{(R_L /\!/ R_g)}{(R_L /\!/ R_g)+R_2}U_S=\frac{20}{40+20}\times 60=20\text{V}$$

因此，该测量产生的方法误差（相对值）为

$$\gamma=\frac{U_1{}'-U_1}{U_1}\times 100\%=-22.2\%$$

电工测量中，无论所选用的仪表如何准确，测量结果总是存在一定误差。方法误差总是负值，即仪表的读数总是比被测量的实际值小。

使用电流表和电压表时必须防止仪表的过载。在被测电流或电压的值域未知的情况下，如果所选用的仪表量程太小，当仪表接入被测电路后，仪表测量机构的可动部分会冲击到偏转

的尽头，造成仪表的机械损坏或电器烧毁事故。所以，应该预选大量程的仪表，如果选用的仪表具有多量程，应将转换开关置于高挡的量程上，然后逐渐减小量程，直到选到合适的量程时为止。

此外，仪表接入测量电路后，在未接通电源之前，除了要认真检查接线保证无误外，还必须进行仪表的机械调零。指示式仪表都装有零位调节器。若仪表的指针偏离了刻度尺上的零位刻度线，要用螺丝刀轻轻地旋转调零螺钉，使仪表的指针准确地指在零位的刻度线上。

2. 间接测量法

用电流表测量电路中的电流时，往往需要将被测电路(支路)断开，然后将电流表串接在电路中进行测量。为了实现在不断开电路的情况下能够测量出电流，可以采用间接测量方法。

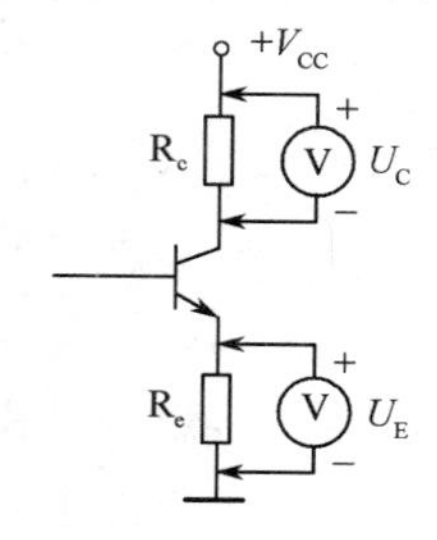

图 5.2　例 5.2 图

间接测量法是通过测量与电流或电压有关的量，然后通过计算求得被测电流或电压数值的一种测量方法。虽然采用直接测量法测量电流与电压已经很方便，但在有些场合还需要采用间接法进行测量。下面通过实例加以说明。

【例 5.2】 说明用直流电压表测量晶体三极管的静态工作点集电极电流 I_{CQ}、发射极电流 I_{EQ} 的方法。

解：电路如图 5.2 所示。用电压表分别测出电阻 R_e 和 R_c 两端的电压 U_E 和 U_C，根据欧姆定律得 $I_{CQ}=U_C/R_c$，$I_{EQ}=U_E/R_e$

【例 5.3】 在电子线路中，经常遇到测量内阻较大的电源电压问题。设被测电源电压为 U_x(电源的空载电压)，其内阻为 R_i。如果用直接测量法，由于直读式仪表内耗功率的存在以及电源的内阻压降将会给测量结果带来误差。为了比较准确地测出被测电压及其内阻，试设计一个采用间接测量方法的测量电路。

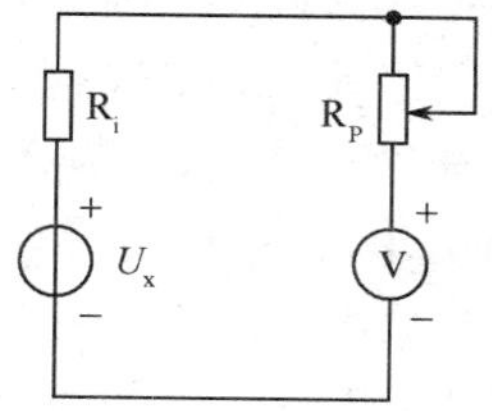

图 5.3　例 5.3 图

解：采用如图 5.3 所示电路实现间接测量 U_x 与 R_i。具体测量步骤如下：

(1) 已知电压表内阻为 R_V，将电位器 R_P 的阻值调至 0，此时电压表的读数为 U

$$U=\frac{R_V}{R_i+R_V}U_x \tag{5-1}$$

(2) 将电位器 R_P 的阻值由小到大调节，使电压表读数降低一半，即稳定在($U/2$)。设此时电位器 R_P 的阻值为 R，则

$$\frac{1}{2}U=\frac{R_V}{R_i+R+R_V}U_x \tag{5-2}$$

(3) 由式(5-1)与式(5-2)可得

$$U_x=\frac{R}{R_V}U \tag{5-3}$$

$$R_i=R-R_V \tag{5-4}$$

由此可知，电源空载电压 U_x 等于电位器的电阻(可以用万用表测得)乘以电压表第一次的读数与电压表的内阻之比值。

5.2.2 电流表与电压表的选择

要完成一项测量任务，首先必须明确测量要求，根据这些要求，选择合理的测量方法、测量线路和测量仪表。掌握了选择电流表与电压表的基本知识，今后学习其他的电工仪表与测量知识时，比较容易领会。

电流表与电压表是进行电流和电压测量的常用电工仪表。合理地选择仪表的目的在于保证测量精确度和准确度，尽可能减小测量误差。在这个前提下，确定仪表的形式(系类)、仪表的准确度、仪表的量程，包括选择正确的测量电路以及测量方法等。

1. 仪表类型的选择

根据被测量的电流性质，仪表的类型可分为测量直流电量的仪表和测量交流电量的仪表。交流电有正弦和非正弦之分。在电力工程中接触到的交流电，绝大多数都是工频(50Hz)的正弦交流电。对于直流电量的测量，广泛选用磁电系仪表。如果被测量是正弦交流量，则只要求测量仪表能测出其有效值，电磁系仪表能满足要求。如果需要获取正弦波的平均值、峰值(最大值)、峰—峰值等，可用在第2章中学过的有关概念知识进行换算。

2. 准确度的选择

从提高准确度的角度出发，测量仪表的准确度越高越好。但准确度高的仪表对于工作环境条件的要求也严格，因此，在不易满足工作条件要求时，其测量结果反而不准确。同时，准确度高的仪表成本也高。所以对仪表准确度的选择，要从测量要求的实际出发，既要满足测量要求，又要本着节约的原则。

通常0.1和0.2级仪表作为标准仪表，在精密测量时选用，0.5级和1.0级作为实验室测量选用；1.5，2.5，5.0级仪表可在一般的工程测量中选用。例如，在开关板、配电盘上的各种安装式仪表普遍使用1.5～5.0级的仪表。

另外，与仪表配套使用的扩大量程的装置，例如，分流器、附加电阻、电流互感器和电压互感器等，它们准确度的选择，要求比测量仪表本身的准确度高1～3级。这是因为被测量的测量误差是仪表基本误差和扩程装置误差两部分之和。

3. 仪表量程的选择

仪表准确度只有在合理的量限下才能发挥作用，这在指示仪表中具有普遍意义。如果仪表的量程选择得不合理，标尺得不到合理利用，即使仪表本身的准确度很高，其测量误差也会超出仪表的容许引用误差。

【例5.4】 用一个量限为150V，0.5级的电压表，分别测量大约为100V和20V的电压。试计算两次测量中的相对误差。

解：测量结果中可能出现的最大绝对误差均为

$$\Delta V=\pm 0.5\%\times 150=\pm 0.75\text{V}$$

(1) 测量100V电压时的相对误差为

$$\gamma_1=\frac{\Delta V}{V}=\frac{\pm 0.75}{100}=\pm 0.75\%$$

(2)测量 20V 电压时的相对误差为

$$\gamma_2 = \frac{\Delta V}{V} = \frac{\pm 0.75}{20} = \pm 3.75\%$$

本例计算结果表明:γ_2 是 γ_1 的 5 倍,故测量误差不仅与仪表的准确度有关,而且与量程的利用有密切的关系,不能把仪表准确度与测量结果误差混为一谈。为了充分利用仪表的准确度,应当按尽量使用标度尺的后 1/4 段的原则选择仪表的量程。一般认为标尺的后 1/4 段的测量误差即等于仪表的准确度等级,而在标尺中间位置的测量误差为准确度的 2 倍。应尽可能避免在测量时使用标尺的前 1/4 段。总之,仪表量程的选择,额定量限(如额定电流、电压等)要大于被测量,同时应该尽可能使被测量指标范围处于标尺全长的后 1/4 段。

4. 仪表内阻的选择

选择仪表必须根据被测量阻抗的大小选择仪表的内阻,否则会给测量结果带来不可容许的误差。内阻的大小反映了仪表本身功率的消耗。为了使仪表接入测量电路以后,不致于改变原来电路的工作状态并能减小表耗功率,要求电压表或功率表的并联线圈的内阻尽量大些,并且量程越大,电压表的内阻也应该越大;对于电流表或功率表的串联线圈的电阻,则应尽量小,并且量程越大,内阻应越小。

通常规定电压表的内阻 R_V 与被测电路中的负载电阻 R 之间的关系为 $R_V \geqslant 100R$。电流表的内阻 R_i 与被测电路中的负载电阻 R 之间的关系为 $R_i \leqslant \frac{R}{100}$。

选择仪表时,对仪表的类型、准确度、内阻、量程等,既要根据测量的具体要求进行选择,也要综合地统筹考虑,特别要着重考虑引起测量误差较大的因素。除此之外,还应考虑仪表的使用环境和工作条件。在国家标准中,对于仪表的使用环境和工作条件做了具体的规定。仪表必须在规定的工作条件限度内使用。

5.2.3 万用表

万用表又叫复用电表。它是一种可以测量多种电量的多量程便携式仪表。由于万用表具有测量的种类多、量程范围宽、价格低以及使用和携带方便等优点,因此广泛应用于电器的维修和测试中。

一般万用表都可以测量直流电流、直流电压、交流电压、直流电阻等,有的万用表还可以测量音频电平、交流电流、电容、电感以及晶体管的 β 值等。

万用表的基本原理是建立在欧姆定律和电阻串并联分压、分流规律的基础之上的。

1. 直流电流挡

万用表的直流电流挡实质上是一个多量程的直流电流表。由于表头的满偏电流很小,所以采用内附分流器来扩大电流量程。量程越大,配置的分流器阻值越小。多量程分流器有开路式和闭路式两种。

开路式多量程分流器如图 5.4 所示。这种线路的特点是各种分流电阻可以单独与表头并联,即一种电流量程对应一个分流器。这种分流器在切换时表头与分流器呈开路状态,故称开路式分流器。当某一分流器损坏时,其他量程仍可以正常工作,但因分流器的切换需经转换开

关 S，故开关触点接触不良会增加分流器的阻值。尤其是对于大电流量程，分流器阻值极小，开关接触电阻相对占的比值很大，会给电流表造成很大误差。严重的接触不良（如断路），过大的电流直接流过表头线圈，将烧毁表头。由于这些原因，开路式分流器很少采用。

闭路式多量程分流器如图 5.5 所示。该电路的特点是各分流电阻彼此串联，然后与表头并联，形成一个闭合环路，经转换开关切换而获得不同的分流电阻，以实现不同量程电流的测量。需要指出的是，在这种分流器中，即使转换开关接触不好，也不会给电流表造成误差，更不会烧坏表头。在万用表的实际电路中，通常采用这种闭路式分流器，其分流电阻的计算方法并不复杂。

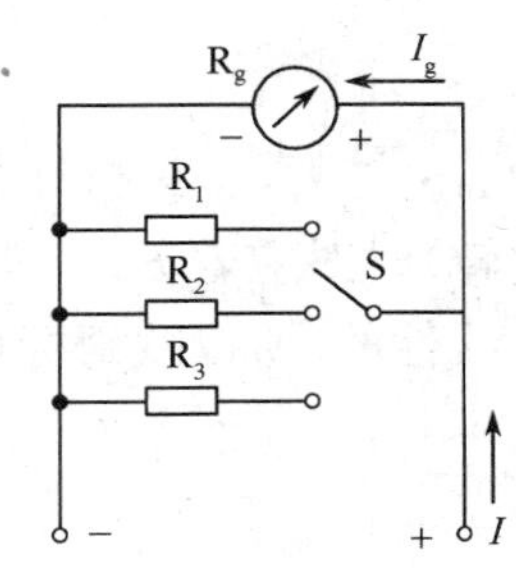

图 5.4 开路式分流器

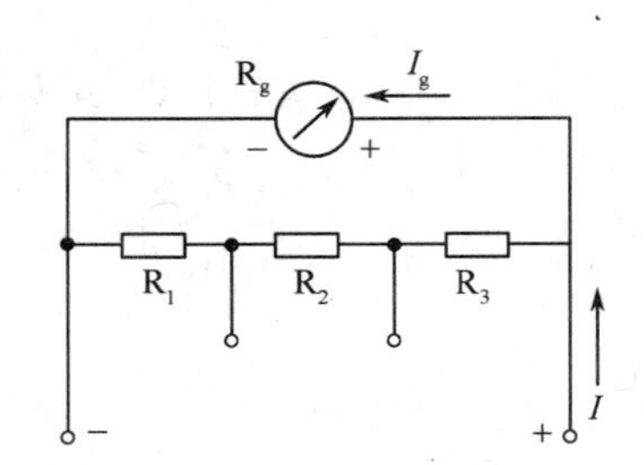

图 5.5 闭路式分流器

2. 直流电压挡

万用表的直流电压挡实质上是一个多量程的直流电压表。它采用多量程的附加电阻与表头相串联，根据附加电阻的接法不同，分为单独配用式和共用式。

单独配用式附加电阻电路如图 5.6 所示。其特点是，不同的电压量程用不同的附加电阻，当某挡附加电阻烧毁时，不会影响其他挡的使用。

实际上经常采用的电路是如图 5.7 所示的共用式附加电阻，其特点是高量程所用的附加电阻共用了低量程的附加电阻，这样可以节省绕制电阻的材料。

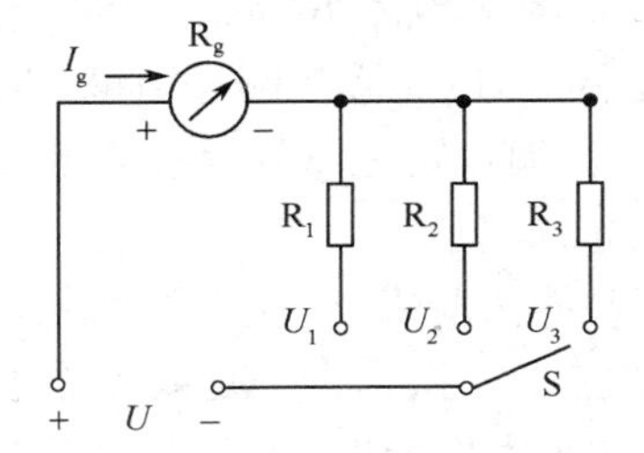

图 5.6 单独配用式附加电阻

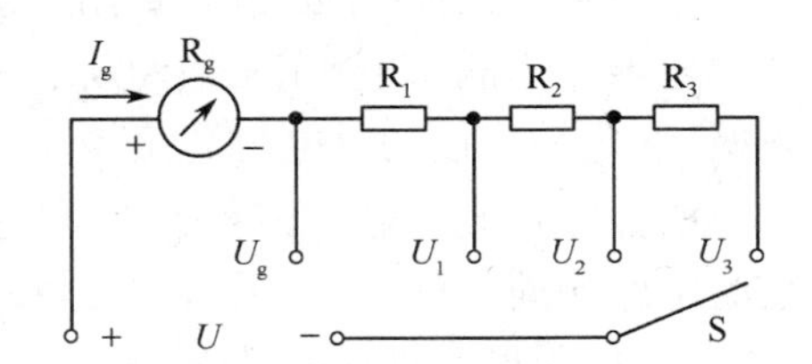

图 5.7 共用式附加电阻

3. 交流电压挡

万用表的表头为磁电系测量机构，因此测量交流电压时，首先要把交流信号经过整流器变换成直流，即万用表的交流测量部分实际是整流系仪表，并且直接从标尺刻度盘上读出正弦交流电压的有效值（关于整流器将交流变换成直流的原理，读者可以在电子技术基础课程中学习）。

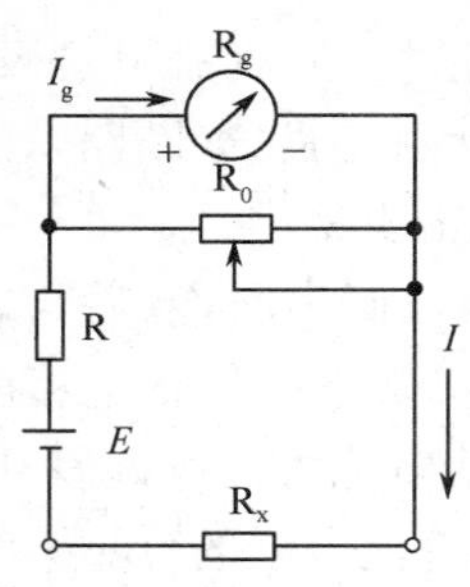

图 5.8 欧姆表的测量原理

4. 直流电阻挡

万用表的直流电阻挡实际上是一个多量程的欧姆表,可以测量出电阻值的大小,其测量原理如图 5.8 所示。显然,电路中通过电流表的电流 I 与被测电阻 R_x 的阻值大小一一对应。

$$I=\frac{E}{R_x+R_i} \tag{5-5}$$

其中,$R_i=R+\frac{R_0R_g}{R_0+R_g}$保持不变。

R_x 越大,I 越小,表头指针的偏转角也越小;反之,R_x 越小,I 越大,表头指针的偏转角也越大。所以欧姆挡的标尺刻度是反向的,$I=0$(指针不发生偏转)时对应着 $R_x=\infty$,$I=I_m$(满量程)时对应着 $R_x=0$。由于 I 与 R_x 之间的关系式(5-5)是非线性的,所以欧姆标尺刻度是不均匀的。

5. 万用表的使用方法

(1) 正确使用转换开关和表笔插孔:万用表有红色与黑色两只表笔(测棒),表笔可插入万用表的"+,−"两个插孔,注意一定要严格将红表笔插入"+"极性孔内,黑表笔插入"−"极性孔内。测量直流电流、电压等物理量时,必须注意正负极性。根据测量对象,将转换开关旋至所需位置。在被测量大小未知时,应先选用量程较大的高挡位试测,若不合适再逐步改用较低的挡位,以表头指针移动到满刻度的三分之二以上位置附近为宜。

(2) 正确读数:万用表有数条供测量不同物理量的标尺,读数前一定要根据被测量的种类、性质和所用量程认清所对应的读数标尺。

(3) 正确测量电阻值:在使用万用表的欧姆挡测量电阻之前,应首先把红、黑表笔短接,调节指针到欧姆标尺的零位上,并要正确选择电阻倍率挡。测量某电阻 R_x 时,一定要使被测电阻不与其他电路有任何接触,也不要用手接触表笔的导电部分,以免影响测量结果。当利用欧姆表内部电池作为测试电源时(如判断二极管或三极管的管脚),要注意到黑色表笔接的是电压源正极,红色表笔接的是电压源负极。

(4) 测量高电压时的注意事项:在测量高电压时务必注意人身安全,应先将黑色表笔固定接在被测电路的地电位上,然后再用红色表笔去接触被测点处。操作者一定要站在绝缘良好的地方,并且应用单手操作,以防触电。在测量较高电压或较大电流时,不能在测量时带电转动转换开关旋钮改变量程或挡位。

(5) 万用表的维护:万用表应水平放置使用,要防止受震动、受潮、受热。使用前首先看指针是否指在机械零位上,如果不在,应调至零位。每次测量完毕,要将转换开关置于空挡或最高电压挡上。在测量电阻时,如果将两只表笔短接后指针仍调整不到欧姆标尺的零位,说明应更换万用表内部的电池;长期不使用万用表时,应将电池取出,以防止电池腐蚀而影响表内其他元件。

6. 数字万用表简介

数字万用表是目前最常用的一种数字仪表。其主要特点是准确度高、分辨率强、测试功能

完善、测量速度快、显示直观、过滤能力强、耗电省，便于携带。进入20世纪90年代以来，数字万用表在我国获得迅速普及与广泛使用，已成为现代电子测量与维修工作的必备仪表。

数字万用表亦称为数字多用表(DMM)，其种类繁多，型号各异。每个电子工作者都希望有一块较理想的数字万用表。选择数字万用表的原则很多，有时甚至会因人而异。但对于手持式(袖珍式)数字万用表而言，大致应具备以下特点：显示清晰，准确度高，分辨力强，测试范围宽，测试功能齐全，抗干扰能力强，保护电路比较完善，外形美观、大方、操作简便、灵活、可靠性好，功耗较低，便于携带、价格适中，等等。

数字万用表的显示位数通常为$3\frac{1}{2}$位～$8\frac{1}{2}$位。判定数字仪表的显示位数有两条原则：其一是，能显示0～9数字的位数是整位数；其二是，分数位的数值是以最大显示值中最高位数字为分子，分母为分子数加1。例如，$3\frac{2}{3}$位(读做“三又三分之二位”)数字万用表有3位整数(能显示0～9的数字)，其最高位只能显示0～2的数字，故最大显示值为±2999。在同样情况下，它要比$3\frac{1}{2}$位的数字万用表的量限高50%，尤其在测量380V的交流电压时很有价值。

例如，在用数字万用表测量电网电压时，普通$3\frac{1}{2}$位(三位半)数字万用表的最高位只能是0或1，若要测量220V或380V电网电压，只能用三位显示，该挡的分辨率仅为1V。相比之下，用$3\frac{3}{4}$位的数字万用表来测量电网电压，最高位可以显示0～3，这样可以四位显示，分辨率为0.1V，这与$4\frac{1}{2}$位的数字万用表分辨力相同。

普及型数字万用表一般属于$3\frac{1}{2}$位显示的手持式万用表，$4\frac{1}{2}$，$5\frac{1}{2}$位(6位以下)数字万用表分为手持式、台式两种。$6\frac{1}{2}$位以上大多属于台式数字万用表。

数字万用表采用先进的数显技术，显示清晰直观、读数准确。它既能保证了读数的客观性，又符合人们的读数习惯，能够缩短读数或记录时间。这些优点是传统的模拟式(即指针式)万用表所不具备的。

数字万用表的准确度是测量结果中系统误差与随机误差的综合。它表示测量值与真值的一致程度，也反映测量误差的大小。一般讲准确度愈高，测量误差就愈小，反之亦然。

思考与练习5.2

1. 简述测量电路中电流与电压的直接测量法。
2. 如何用间接测量法测量电路中某一支路的电流？
3. 如何正确选择电压表和电流表进行电工测量？
4. 如何正确使用万用表？
5. 简述万用表测量电阻的原理。

5.3 电阻的测量

5.3.1 电阻的测量方法分类

电阻的测量在电气测量中占有十分重要的地位。工程中所测量的电阻值一般是在10^{-6}～10^{12}Ω的范围内。为了减小测量误差,选用适当的测量电阻方法,通常是将电阻按其阻值的大小分成三类,即小电阻(1Ω 以下)、中等电阻(1Ω～0.1MΩ)和大电阻(0.1MΩ 以上)。测量电阻的方法很多,常用的方法分类如下。

1. 按获取测量结果方式分类

(1) 直接测阻法:采用直读式仪表测量电阻,仪表的标尺是以电阻的单位(Ω 或 MΩ)刻度来表示的,根据仪表指针在标尺上的指示可以直接读取测量结果。例如,用万用表的 Ω 挡或 MΩ 表等测量电阻,就是直接测阻法。

(2) 比较测阻法:采用比较仪器将被测电阻与标准电阻器进行比较,在比较仪器中接有指零仪(检流计),当检流计指零时,可以根据已知的标准电阻值获取被测电阻的阻值。例如,使用直流单臂电桥、直流双臂电桥等都是比较测阻法。

(3) 间接测阻法:通过测量与电阻有关的电量,然后根据相关公式计算,求出被测电阻的阻值。例如,得到广泛应用的、最简单的间接测阻法是电流、电压表法测量电阻。它用电流表测出通过被测电阻中的电流,用电压表测出被测电阻两端的电压,然后根据欧姆定律即可计算出被测电阻的阻值。

2. 按被测电阻的阻值的大小分类

(1) 小阻值电阻的测量:小阻值电阻的测量是指测量 1Ω 以下的电阻。测量小电阻时,一般选用毫伏表。它可以测得在工作状态下的电阻,使用的设备也比较简单,但测量误差较大。如果要求测量精度比较高时,则可选用双臂电桥测量小电阻。用双臂电桥测量电阻所需要的设备成本较高,操作也比较麻烦。

(2) 中等阻值电阻的测量:中等阻值电阻的测量是指测量阻值在 1Ω～0.1MΩ 之间的电阻。对中等阻值的电阻测量的最为方便的方法是用欧姆表进行测量,它可以直接读数,但这种方法的测量误差较大。中等阻值的电阻的测量也可以选用伏安表测阻法,它能测出工作状态下的电阻值,其测量误差比较大。若需精密测量可选用单臂电桥法,但设备费用较高,操作也比较麻烦。

(3) 大阻值电阻的测量:大阻值电阻的测量是指测量阻值在 0.1MΩ 以上的电阻。在测量大阻值电阻时可选用兆欧表法,可以直接读数,但测量误差较大。若进行精密测量则可选用检流计法,它可以分别测出绝缘体的体积电阻和表面电阻,测量结果比较准确,但这种方法操作麻烦,而且不适用于室外测量。

5.3.2 用电压表、电流表测量直流电阻

1. 用电压表测量电阻

用电压表法测量电阻属于间接测阻法，它能测出工作状态下的电阻的阻值。其测量原理如图5.9所示。

用此方法测量电阻时，电压表的内阻须已知（设为R_V）。测量时先将开关S合于位置1上，这时的电压表读数为U_1；然后，再把开关S合于位置2上，这时电压表的读数为U_2。于是

$$U_2=\frac{R_V}{R_x+R_V}U_1$$

$$R_x=(\frac{U_1}{U_2}-1)R_V \tag{5-6}$$

由图5.9可以看出，当开关S分别合于位置1和位置2时，电压表在两次读数时，均假定电源电压U不变，这要求电源的内阻必须很小。

2. 用电流表测量电阻

用电流表测量未知电阻R_x的电路原理图如图5.10所示，先将开关S合于位置1，这时电流表的读数为

$$I_1=\frac{U}{R_x+R_A} \tag{5-7}$$

式中，R_A为电流表的内阻（已知）。

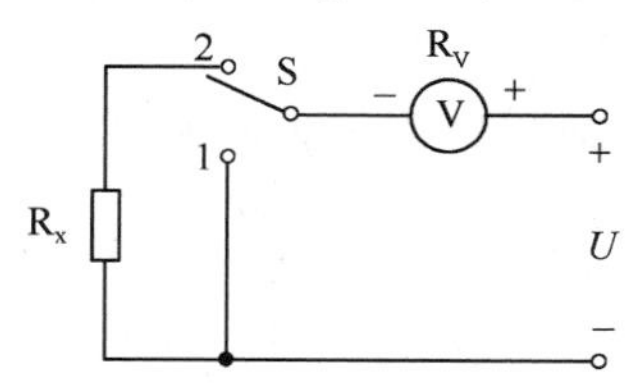

图5.9 用电压表测量电阻

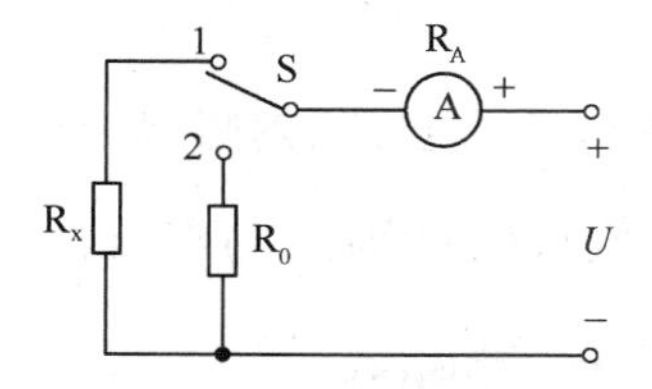

图5.10 用电流表测量电阻

当将开关S合于位置2时，电流表的读数为

$$I_2=\frac{U}{R_0+R_A} \tag{5-8}$$

式中，R_0为选用的已知电阻。

于是根据式(5-7)与式(5-8)可得被测电阻

$$R_x=(R_0+R_A)\frac{I_2}{I_1}-R_A \tag{5-9}$$

如果图5.10中的R_0是一个可变电阻箱，则可调试R_0的大小阻值，使电流表第二次读数等于第一次读数，即$I_2=I_1$，那么$R_x=R_0$，这时不必知道电流表的内阻R_A。

3. 用电压表、电流表测量直流电阻

同时使用电压表与电流表测量电阻的方法叫做伏安法测量电阻，有两种测量方法，如图5.11所示。

图 5.11(a)所示为电流表内接的伏安法测电阻。这种测量方法的特点是电压表读数 U 包含被测电阻 R_x 端电压 U_x 与电流表端电压 U_A，所以电压表读数 U 与电流表读数 I 的比值应是被测电阻 R_x 与电流表内阻 R_A 之和，即 $R_x+R_A=U/I$，所以被测电阻值为

$$R_x=\frac{U}{I}-R_A \tag{5-10}$$

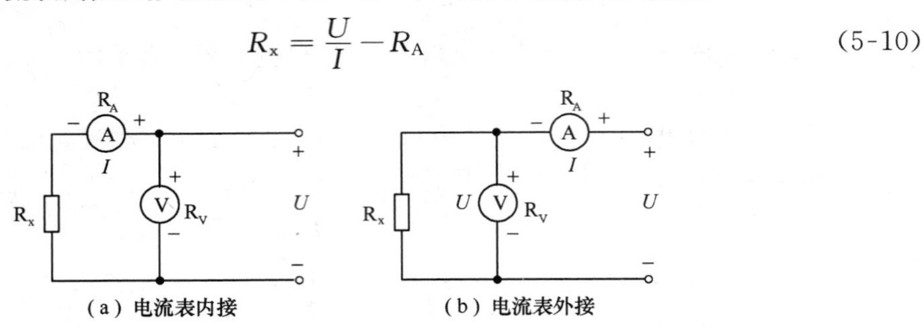

图 5.11　伏安法测电阻

如果不知道电流表内阻的准确值，令 $R_x\approx\frac{U}{I}$，则该种测量方法适用于 $R_A\ll R_x$，即适用于测量阻值较大的电阻(与电流表内阻相比)。

图 5.11(b)所示为电流表外接的伏安法测电阻，这种测量方法的特点是电流表读数 I 包含被测电阻 R_x 中的电流 I_x 与电压表中的电流 I_V，所以电压表读数 U 与电流表读数 I 的比值应是被测电阻 R_x 与电压表内阻 R_V 并联后的等效电阻，即$(R_x/\!/R_V)=U/I$，所以被测电阻值为

$$R_x=\frac{U}{I-\frac{U}{R_V}} \tag{5-11}$$

如果不知道电压表内阻 R_V 的准确值，令 $R_x\approx\frac{U}{I}$，则该种测量方法适用于 $R_V\gg R_x$，即适用于测量阻值较小的电阻(与电压表内阻相比)。

5.3.3　兆欧表

兆欧表又称摇表，它是专用来检测电气设备、供电线路绝缘电阻的一种可携式仪表。电气设备绝缘性能的好坏关系到电气设备能否正常运行和操作人员的人身安全。为了防止绝缘材料由于发热、受潮、污染、老化等原因所造成的损坏，便于检查修复后的设备绝缘性能是否达到规定的要求，需要经常测量其绝缘电阻。为什么绝缘电阻不能用欧姆表或万用表的欧姆挡测量呢？这是因为绝缘电阻的阻值比较大，如几十兆欧或几百兆欧，在这个范围内万用表的刻度很不准确，更主要的是因为万用表在测量电阻时所用的电源电压很低(9V 以下)，在低电压下呈现的电阻值不能反映出在高电压作用下的绝缘电阻的真正数值。因此，绝缘电阻须用具备有高压电源的兆欧表进行测量。兆欧表标尺的刻度以“MΩ”为单位，可以较准确地测出绝缘电阻的数值。

一般的兆欧表主要由手摇直流发电机、比率型磁电系测量机构以及测量电路等组成。其中手摇直流发电机额定输出电压有 500V，1kV，2kV，2.5kV 等几种不同的规格。

1. 兆欧表的选择

选择兆欧表时，其额定电压一定要与被测电气设备或线路的工作电压相适应，并且兆欧表的测量范围也应与被测绝缘电阻的范围相吻合。例如，测量高压设备的绝缘电阻，须选用电压

高的兆欧表。例如，瓷瓶的绝缘电阻一般在 10^4 MΩ 以上，至少须用 2.5kV 以上的兆欧表才能测量，否则测量结果不能反映工作电压下的绝缘电阻。同样，不能用电压过高的兆欧表测量低电压电气设备的绝缘电阻的工作电压，只有这样测量所取得的绝缘电阻数值才有实际意义。为此，检测哪种电力设备应当选用哪种等级的兆欧表。如表 5-3 所示，列举了一些在不同情况下选用兆欧表的要求。

表 5-3　不同额定电压的兆欧表使用范围

测量对象	被测绝缘的额定电压(V)	所选兆欧表的额定电压(V)
线圈绝缘电阻	≤500 ≥500	500 1 000
电力变压器/电动机线圈绝缘电阻	≥500	1 000～2 500
发电机线圈绝缘电阻	≤380	1 000
电气设备绝缘	≤500 ≥500	500～1 000 2 500
瓷瓶		2 500～5 000

兆欧表测量范围的选择，应注意不要使测量范围超出被测绝缘电阻的数值过多，以免读数时产生较大的误差。

2. 兆欧表的使用

(1) 使用兆欧表测量设备的绝缘电阻时，须在设备不带电的情况下进行，测量之前应先将电源切断，并对设备进行充分的放电，以排除被测设备感应带电的可能性。

(2) 使用前要检查兆欧表，将兆欧表平稳放置，先使“L(线)”、“E(地)”两个端钮开路，摇动手摇发电机的手柄，使发电机的转速达到额定转速，这时表头的指针应该指在标尺的“∞”刻度处；然后再将 L 和 E 两端短接，须缓慢摇动手柄，指针应指在“0”位置上。如果指针不能指在“∞”或“0”刻度处，说明该兆欧表不能供测量使用，需要进行检修。

(3) 兆欧表的接线柱有三个，分别标有 L(线)、E(地)、G(屏)。在进行一般测量时，将被测绝缘电阻接在 L 和 E 两个端钮之间。如果测量线路绝缘电阻时，如图 5.12 所示，应将被测端接在 L 端钮，而将 E 端钮接地。注意接线时应使用单股导线，不要使用双股导线或绞线，因为导线之间的绝缘电阻会影响测量结果。

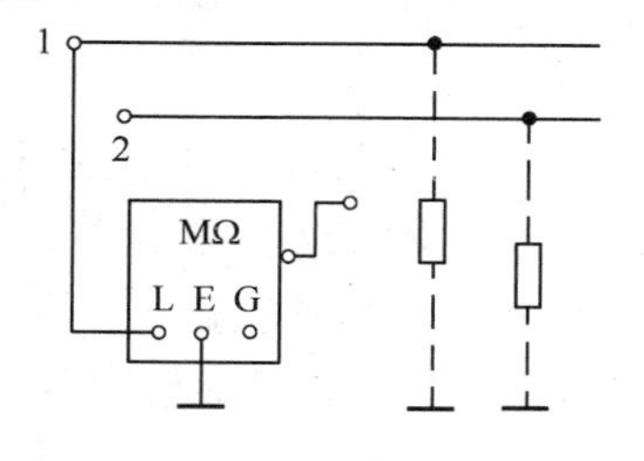

图 5.12　测量线路绝缘电阻

(4) 使用兆欧表测量电解电容的介质绝缘电阻时，应按电容器耐压的高低选用合适的兆欧表，并将电解电容的正极接 L 端钮，负极接 E 端钮。

(5) 测量绝缘电阻时，必须注意摇动发电机手柄要由慢速逐渐加快，若发现指针停在零刻度附近不动，则表明被测绝缘物体有短路现象，应停止摇动，以防止表内的动圈因发热而损坏。

(6) 当兆欧表没有停止转动和被测物没有放电之前，不可以用手触及测量部位或兆欧表接线端钮，也不可以拆除连接导线。应在兆欧表完全停止转动并将被测物放电完毕后再拆除连接导线，结束测量。

5.3.4 接地电阻的常识

电气设备的任何部分与接地体之间的连接称为“接地”。与土壤直接接触并用于与地之间连接的一个或几个金属导体叫做接地体或接地电极。电气设备的金属外壳与接地电极之间用接地导线连接。

电气设备运行时,为了防止设备的绝缘由于某种原因发生击穿和漏电使电气设备的外壳带电危及人身安全,一般要求将设备的外壳进行接地。另外,为了防止大气雷电袭击,在高大建筑物或高压输电线上都装有避雷装置,而避雷线也要可靠地接地。接地是为了安全,如果接地电阻不符合要求,不但安全得不到保证,而且会造成一种安全的假象,形成事故隐患。因此,接地不但要求安装可靠,而且安装以后要对其接地电阻进行测量,检查接地电阻的阻值是否符合规定的要求。

接地电阻的阻值对于不同的电气设备要求也不同。例如,变电所和送、配电线路的接地,用途、设备容量和电压值不同时,对其接地电阻值的要求也不同。

(1) 有避雷线的高压架空配电线路,其接地装置在各种环境下的工频接地电阻值不应超过如表5-4所示的数值。如果接地电阻很难降到30Ω,可采用6~8根总长度不超过500m的放射形接地体或连续伸长接地体。

表5-4 工频接地电阻值

土壤电阻率ρ(Ω·m)	工频下的接地电阻(Ω)
$\rho<100$	10
$100\leqslant\rho<500$	15
$500\leqslant\rho<1\,000$	20
$1\,000\leqslant\rho<2\,000$	25
$\rho\geqslant2\,000$	30

(2)总容量为100kV·A以上的变压器,其工作接地装置的接地电阻不应大于4Ω,每个重复接地装置的接地电阻不应大于10Ω。总容量为100kV·A及以下的变压器,其工作接地装置的接地电阻不应大于10Ω,每个重复接地装置的接地电阻不应大于30Ω,且重复接地不应少于3处。

(3)电压在1kV及以上的电气设备对于大的接地短路电流(I)系统,其接地装置的接地电阻值应满足$R_{\max}\leqslant\frac{2\,000(\text{V})}{I(\text{A})}$。在土壤电阻率较高的地区,接地电阻允许提高,但不应超过5Ω。对于小的接地短路电流系统,其接地装置的接地电阻值,一般不应大于10Ω。在土壤电阻率较高的地区,接地电阻允许提高,但对发电、变电电气设备,不应超过15Ω,其他电气设备不应超过30Ω。

(4)电压在1kV以下的电气设备,其接地装置的接地电阻值不应超过如表5-5所示的数值。接地电阻包括:接地导线上的电阻、接地体本身的电阻、接地体与大地间的接触电阻和大地电阻。前两项电阻较小,测量接地电阻主要是后两项。接地电阻与接地金属体和大地的接触面积的大小以及接触程度的好坏有关,还与大地的湿度有关。

表5-5 1kV以下电气设备接地电阻值(欧)

电力线路名称	接地装置的特点	接地电阻值(Ω)
中性点直接接地电力线路	100kV·A及其以下的变压器或发电机	$R\leqslant10$
	电流、电压互感器次级线圈	$R\leqslant10$
中性点不接地的电力线路	100kV·A以上的变压器或发电机	$R\leqslant4$
	100kV·A及其以下的变压器或发电机	$R\leqslant10$

思考与练习 5.3

1. 简述直接测阻法、间接测阻法和比较测阻法。
2. 如何测量大、中、小阻值的电阻？
3. 什么是兆欧表？如何正确使用？
4. 解释什么是“接地”和“接地电阻”？

5.4　电功率与电能的测量

5.4.1　电功率的测量

功率的测量也是最基本的电工测量之一。直流电路的功率 $P=UI$，交流电路的功率 $P=UI\cos\varphi$（φ 为电压与电流的相位差，$\cos\varphi$ 为功率因数）。因此测量功率的仪表在直流电路中应能反映负载电压和电流的乘积；在交流电路中，除了能反映负载电压和电流乘积外，还需反映出它们间的相位关系。电动系功率表具有两组线圈：一组与负载串联，反映出流过负载的电流；另一组与负载并联，反映出负载两端的电压。所以，电动系功率表是一种测量功率的理想仪表。

1. 功率表的接线方法

单量程功率表有四个接线端钮，其中两个是电流线圈端钮，另两个是电压线圈端钮。通常在电流支路的一端（简称电流端）和电压支路的一端（简称电压端）标有“ * ”号。

测量直流或单相交流电路功率的接线方法如图 5.13 所示。电流必须同时从电流、电压端流进，即功率表标有“ * ”号的电流端钮必须接至电源的一端，而另一个电流端钮则接至负载端，电流线圈串联接入电路中。另一个电压端钮则跨接到负载的另一端，电压线圈支路并联接入电路。功率表的读数是被测负载的功率。

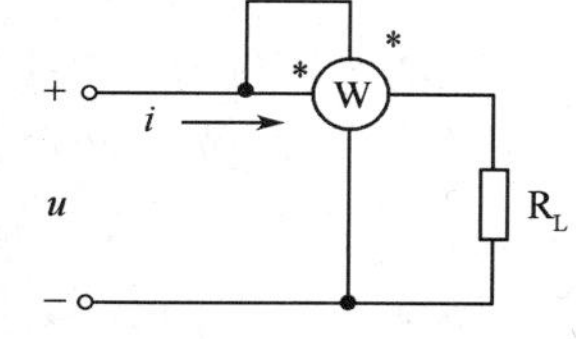

图 5.13　功率表的正确接线

经常出现的错误接线方法有三种：一是电流端钮反接，二是电压端钮反接，这两种情况均使功率表的活动部分朝相反方向偏转。因此不仅无法读数，而且仪表指针容易打弯，这是不允许的。三是两对端钮同时反接，虽然指针不会反转，但由于电压线圈的分压电阻很大，电压 U 几乎全部降在分压电阻上，使电压线圈和电流线圈之间的电压可能很高。由于电场力的作用，将引起仪表的附加误差，并有可能发生绝缘被击穿的危险，所以也是不允许的。

如果功率表的接线正确，但发现指针反转，说明负载端实际上含有电源，它向电路反馈电能。若要读数，应将电流线圈反接（即对换电流端钮上的接线）。

2. 功率表量限的选择

功率表通常做成多量限的，一般有两个电流量限、两个或三个电压量限。通过选用不同的电流和电压量限获得不同的功率量限。

例如，D19—W 型功率表的额定值为 5/10A 和 150/300V，其功率量限可以计算如下：

在5A、150V量限,功率量限为5×150=750W;

在5A、300V或10A、150V量限,功率量限为5×300或10×150=1 500W;

在10A、300V量限,功率量限为10×300=3 000W。

可见,选择功率表测量的量限事实上是要正确选择功率表中的电流量限和电压量限,必须使电流量限能允许通过负载电流,电压量限能承受负载电压,这样测量功率的量限自然足够了。反之,如果选择时只注意测量功率的量限是否足够,而忽视了电压、电流量限是否和负载电压、电流相适应,将会造成错误。

【例5.5】 有一感性负载,其功率约为800W,电压为220V,功率因数为0.8。需要用功率表去测量它的功率数值,应怎样选择功率表的量限?

解:因负载电压为220V,故所选功率表的电压额定值为250V或300V的量限。

估算负载电流 $I=P/(U\cos\varphi)=4.55A$,故功率表的电流量限可选5A。

如果选择额定电压为300V,额定电流为5A的功率表时,它的功率量限为1 500W,能够满足测量要求。

如果选用额定电压为150V、额定电流为10A的功率表,功率量限虽然仍为1 500W,负载功率的大小并未超过它的值,但是由于负载电压220V已超过功率表所能承受的电压150V,故不能应用。

3. 功率表的正确读数

功率的单位为瓦特(W),因此功率表通常又称瓦特表或瓦特计。用瓦特表测量功率时,并不能直接从标尺上读取瓦特数,这是由于功率表通常有几种电流和电压量程,但标尺只有一条,所以功率表的标尺不标瓦特数,而只标分格数。在选用不同的电流量限和电压量限时,每一分格代表不同的瓦特数。每一格所代表的瓦特数称为功率表的分格常数。一般功率表附有表格,标明了功率表在不同电流、电压量限下的分格常数。测量时读取了功率表的偏转格数后,只需乘上相应的分格常数,就等于被测功率的数值。

【例5.6】 选用额定电压为300V、额定电流5A、具有 $\alpha_m=150$ 分格的功率表测量某电路的功率,获得功率表的偏转格数 $\alpha=75$ 格。试确定该电路的功率大小。

解:该功率表的额定功率(量限)为 $P_e=300\times5=1500W$,则分格常数为 $C=\frac{P_e}{\alpha_m}=1500/150=10W/格$,故被测电路的功率为 $P_x=C\alpha=750W$。

4. 三相电功率的测量

在掌握直流和单相交流电路功率的测量方法之后,易于理解三相交流电路的功率测量方法。

对于三相三线制电路或者对称三相电路(无论对称星形负载还是对称三角形负载),均可采用两个单相功率表来测量电路消耗的功率,叫做两表法。其接线方法如图5.14所示。容易证明:三相电路消耗的总功率 P 等于两只功率表读数 P_1 和 P_2 之和,即 $P=P_1+P_2$(本书不加证明)。相当于两个单相功率表的三相功率表叫做二元三相功率表,它的读数是三相电路的总功率 P。

对于一般三相四线制电路应使用三个单相功率表分别测量各相功率,如图5.15所示。三相电路消耗的总功率 P 等于每只功率表的读数 P_1,P_2,P_3 之和,即 $P=P_1+P_2+P_3$。相当于三只单相功率表的三相功率表叫做三元三相功率表,它的读数是三相电路的总功率 P。

关于二元或三元三相功率表的接线方法，一般仪表带有安装说明和接线图，读者也可以查阅专门的电工仪表书籍，本书不加赘述。

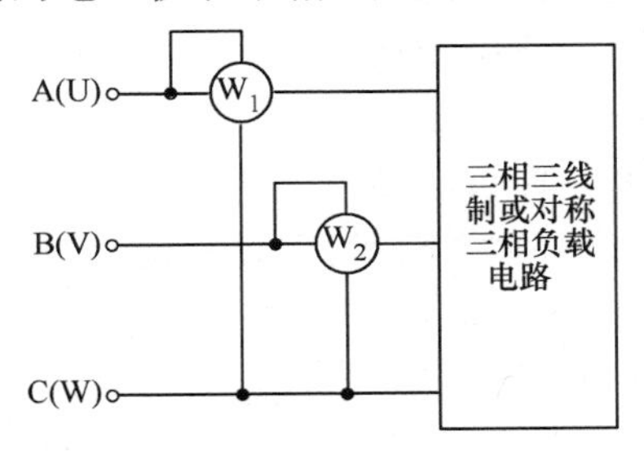

图 5.14　三相三线制或对称三相负载电路的功率测量

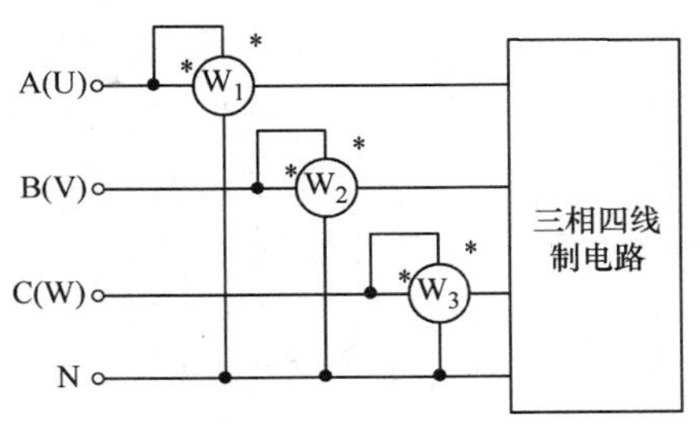

图 5.15　三相四线制电路的功率测量

5.4.2　电能的测量

电度表是用来测量某一段时间内发电机发出电能及负载消耗电能的仪表。

电度表与功率表不同的地方是，它能反映出电能随时间增长而积累的总和。这决定了电度表需要有不同于其他仪表的特殊结构，即它的指示器不能像其他指示仪表一样停在某一位置，而应当随着电能的不断增长而不断转动，随时反映出电能积累的总数值。所以电度表都装有“计算机构”，它将活动部分的转动通过齿轮传动机件折换成被测电能的数值，并由一系列齿轮带动计数器，将电能的数值直接显示出来。因此这种类型的仪表，又叫做“积算仪表”。显然，仪表应当有较大的转矩才能克服一系列传动机构的摩擦力矩，否则将无法运转。

1. 电度表的使用

了解电度表的结构和基本工作原理对于正确使用电度表测量电能非常必要。下面简要介绍一下电度表在使用方面的问题。

(1) 电度表的安装要求：通常要求电度表与配电装置在一处，装电度表的木板正面及四周边缘应涂防潮漆。木板应为实板，坚实干燥，不应有裂缝，拼接处要紧密平整，即电度表要装在干燥、无震荡和无腐蚀气体的场所。表板的下沿离地一般不低于 1.3m。为了使线路的走向简洁而不混乱，电度表应装在配电装置左方或下方。为了查表方便，电度表的中心应装在离地面 1.5～1.8m 处。并列安装多只电度表时，则两表间的中心距离不应小于 20cm。不同电价的用电线路应分别装表，同一电价的用电线路应合并装表。安装电度表时，表身必须与地面垂直，否则会影响电度表的准确度。

(2) 电度表的选择：根据用途选择电度表的类型。单相用电时，选用单相电度表；三相用电时，选用三相四线电度表或三只单相电度表；除成套配电设备外，一般不采用三相三线制电度表。根据负载的最大电流及额定电压以及要求测量值的准确度选择电度表的型号，应使电度表的额定电压与负载的额定电压相符，而电度表的额定电流应大于或等于负载的最大电流；当没有负载时，电度表的铝转盘应该静止不转。当电度表的电流线路中无电流而电压线路上有额定电压时，其铝盘转动不应超过潜动允许值。

(3) 电度表的接线：电度表的接线比较复杂，易于接错。在接线前要查看附在电表上的说明书，根据说明书上的要求和接线图把进线和出线依次对号接在电度表的线头上。接线时应遵守"发电机端"守则,即将电流和电压线圈带"＊"的一端一起接到电源的同一极性端上。要注意电源的相序,特别是无功电度表更要注意相序。接线后经反复查对无误后才能合闸使用。当发现有功电度表转盘反转时,必须进行具体分析,有可能是由于错误接线引起的,但并非所有的反转都是接线错误。例如,在下列情况下反转是正常现象:①装在联络盘上的电度表,当由一段母线向另一段母线输出电能改为另一段母线向这一段母线输出电能时,电度表转盘会反转,因为在这种情况下,电流的相位发生了180°的变化。②当用两只单相电度表测定三相三线有功负载时,在电流与电压的相角大于60°,即$\cos\varphi<0.5$时,其中一个电度表会反转。

(4) 电度表的读数:使用电度表的目的是要知道被测负载所消耗电能的读数,所以,不仅要了解电度表的工作原理和接线方法,还要了解怎样从电度表的读数求得实际电度数。如果电度表不经互感器直接接入线路,可以从电度表直接读得实际电度数;如果电度表利用电压互感器和电流互感器扩大量程时,应考虑电压互感器和电流互感器的电压变比和电流变比,实际消耗的电能应为电度表的读数乘以电流互感器和电压互感器的变比值。例如,当电度表上标有"10×kWh"、"100×kWh"等字样,表示应将电度表读数乘上10或100才是实际电度数。

2. 电度表的主要技术要求

电度表的主要技术特性,有下述几个方面。

(1) 准确度等级与负载范围:国家标准规定有功电度表准确度等级为1.0级和2.0级。在额定电压、额定电流、额定频率及$\cos\varphi=1$的条件下,1.0级三相电度表工作5 000h后,其他电度表工作3 000h后,其基本误差仍应符合原来准确度等级的要求。在确定电度表的准确度等级,即确定它的基本误差(用相对误差表示)时,除了要满足一定的工作条件外,通过电度表的负载电流也应在规定的范围之内。电度表性能好坏的一个重要标志是它所能应用的负载电流范围有一种"宽负载电度表",可以扩大其使用电流范围,在超过标定电流若干倍的范围内,仍能保证基本误差不超过原来规定的数值。而一般电度表在使用过程中,电路上不允许短路或负载超过额定值的125%。

(2) 灵敏度:电度表在额定电压、额定频率及$\cos\varphi=1$的条件下,负载电流从零开始均匀增加,直至铝盘开始转动,此时的最小电流与标定电流的百分比叫做电度表的灵敏度。国家标准中规定,该电流不应大于标定电流的0.5%。如5A 2.0级的电度表,该电流不大于5×0.5%=0.025A。

(3) 潜动:所谓潜动是指电度表无载自转。按规定,当电度表的电流线路中无电流,而加于电压线路上的电压为额定值的80%~110%时,在限定时间内潜动不应超过1整转。

(4) 功率消耗:当电度表电流线圈中无电流时,在额定电压及额定频率下,单相电度表电压线路中和三相电度表单个电压线路中所消耗的功率不应超过如表5-6所示的值。

表5-6 单相电度表电压线路消耗的功率

单相电度表	等级	电压线路功率消耗(W)
有功电度表	2.0	≤1.5
有功电度表	1.0	≤3.0
无功电度表	3.0	≤1.5
无功电度表	2.0	≤3.0

（5）其他：电度表还有其他一些特性，如电压的影响、温度的影响、频率的影响、倾斜的影响、外磁场的影响等。在各种标准中，这些特性有详细的规定，这里不再详述。

思考与练习 5.4

1. 如何测量三相三线制或对称三相电路的功率？（画出接线原理图并简要说明）
2. 如何测量三相四线制电路的功率？（画出接线原理图并简要说明）

本章小结

将被测的电量、磁量与同类标准量进行比较的过程叫做电工测量。电工测量的对象主要是指电流、电压、电阻、电功率、电能等。测量各种电量（包括磁量）的仪器仪表统称为电工测量仪表。

1. 电工测量仪表的分类

电工测量仪表按被测量的种类可分为：电流表、电压表、功率表、电度表、欧姆表、兆欧表等。按工作原理分类可分为：磁电式、电磁式、电动式、感应式、整流式仪表等。按准确度等级可分为：0.1，0.2，0.5，1.0，1.5，2.5，5.0 等共七级。等级的百分数乘以所使用的量程为测量时可能产生的最大绝对误差，仪表等级的百分数又叫做相对引用误差。电工测量仪表按外壳的防护性能可分为：普通、防尘、防溅、防水、水密、隔爆等六种类型。

2. 常用的电工测量方法

直接测量法是指测量结果可以从一次测量的实验数据中得到，具有操作简便、读数快捷的优点和准确度比较低的缺点。

比较测量法是将被测量与度量器在比较仪器中进行比较，从而测得被测量数值的一种方法。比较测量法又可分为零值法（又称指零法）、较差法、代替法等三种。

间接测量法是指测量时，只能测出与被测量有关的电量，然后经过计算求得被测量。在工程中的某些场合，若对准确度的要求不高，进行估算求得测量值是一种可取的测量方法。

3. 电压与电流的测量

直接测量法是指测量电流或电压时，使用直读式指示仪表，即用电流表或电压表进行测量，根据仪表的读数获取被测电流和电压的方法。电流表要与被测电路进行串联，而电压表则应与被测电路并联。

间接测量法是通过测量与电流或电压有关的量，然后通过计算求得被测电流或电压数值。

根据被测量的电流性质，仪表的类型可分为测量直流电量的仪表和交流电量的仪表。

4. 万用表

万用表又叫复用电表。它是一种可以测量多种电量的多量程便携式仪表。由于万用表具有测量的种类多，量程范围宽，价格低以及使用和携带方便等优点，因此广泛应用于电气维修和测试中。

5. 电阻的测量

小电阻的测量是指测量1Ω以下的电阻。测量小电阻时，一般选用毫伏表，也可以测得在工作状态下的电阻，使用的设备也比较简单，但测量误差较大。如果要求测量精度比较高时，则可选用双臂电桥测量小电阻。

中等电阻的测量是指测量阻值在1Ω~0.1MΩ之间的电阻。对中等电阻测量的较为方便的方法是用欧姆表进行测量，它可以直接读数，但这种方法的测量误差较大。中等电阻的测量也可以选用伏安表测阻法，它能测出工作状态下的电阻值。

大电阻的测量是指测量阻值在0.1MΩ以上的电阻。在测量大电阻时可选用兆欧表法，可以直接读数，但测量误差较大。

6. 兆欧表

兆欧表又称摇表，它是专用来检测电气设备、供电线路绝缘电阻的一种可携式仪表。兆欧表标尺的刻度是以“MΩ”为单位，可以较准确地测出绝缘电阻的数值。

7. 接地的概念

电气设备运行时，为了防止设备的绝缘由于某种原因发生击穿和漏电，使电气设备的外壳带电危及人身安全，一般要求将设备的外壳进行接地。电气设备的任何部分与接地体之间的连接称为“接地”。

8. 电功率的测量

单量程功率表有四个接线端钮，其中两个是电流线圈端钮，另两个是电压线圈端钮。通常在电流支路的一端(简称电流端)和电压支路的一端(简称电压端)标有“*”号，用于测量直流或单相交流电路功率。

对于三相三线制电路或者对称三相电路(无论是对称星形负载还是对称三角形负载)，均可采用两个单相功率表来测量电路消耗的功率，此方法称为两表法。

对于一般三相四线制电路，应使用三个单相功率表分别测量各相功率，三相电路消耗的总功率P等于每只功率表的读数P_1、P_2、P_3之和。相当于三只单相功率表的三相功率表叫做三元三相功率表，它的读数是三相电路的总功率P。

9. 电能的测量

单相用电时选用单相电度表；三相用电时选用三相四线电度表或三只单相电度表；应使电度表的额定电压与负载的额定电压相符，而电度表的额定电流应大于或等于负载的最大电流。

习题5

5.1　参见图5.1(a)，已知恒压源$U_S=3V$，电流表A的量程为100mA、内阻$R_A=10\Omega$，电流表读数为43mA。去掉电流表后重新接好电路，负载R_L中的电流为多少？

5.2　参见图5.1(b)，如果电路中直流电压源电压$U_S=10V$，$R=7k\Omega$，$R_L=5k\Omega$。试求：(1)未接入电压表时，电阻R_L两端电压U_1(理论值)；(2)用内阻为$R_g=10k\Omega$的电压表测量电路中R_L两端电压时，所获得的电压读数U_1为多少？

5.3 参见图 5.3,电压表内阻 $R_V=1M\Omega$;当 $R_P=0$ 时,电压表读数为 $U=100V$;当 $R_P=1.50\ M\Omega$ 时,电压表读数为 $U=50V$。试求电压源的电压 U_x 与内阻 R_i。

5.4 用一个量程为 150V,0.5 级的电压表,分别测量大约为 100V 和 50V 的电压。试计算两次测量中的相对误差。

5.5 要测量 250V 电压,要求测量的相对误差不超过±1.5%,如果选用量程为 250V 的电压表,其准确度应选为哪一等级?若选用量程为 300V 和 500V 的电压表,其准确度各为哪一等级?

5.6 有一个磁电系表头,内阻为 150Ω,额定压降为 45mV。现将它改为 150mA 电流表,求分流器的电阻值?若改成量程为 15V 的电压表,其附加电阻为多少?

5.7 参见图 5.7,已知表头的满偏电流为 100μA,内阻为 2kΩ,欲改装成 10V、50V、100V 三个挡位的直流电压表,求各附加电阻 R_1、R_2、R_3。

5.8 参见图 5.5,已知一磁电系表头满偏电流为 40μA,额定压降 92mV,欲改装成量程为 0.5mA、5mA、50mA 三个挡位的闭路式多量程电流表。求应配置的分流电阻 R_1,R_2,R_3。

5.9 有一磁电系表头,其满偏电流为 200μA。内阻为 294Ω,欲改装成 10mA、100mA 和 50V 的直流电流、直流电压两用表。试画出线路原理图,并求出各挡的分流电阻及附加电阻。

5.10 参见图 5.9,用电压表(内阻 $R_V=1M\Omega$)测量未知电阻 R_x,当开关 S 打到位置 1 时,电压表读数为 8V,当开关 S 打到位置 2 时,电压表读数为 5V,那么 R_x 为多少?

5.11 参见图 5.10,用电流表(内阻 $R_A=10\Omega$)测量未知电阻 R_x,先将开关 S 合于位置 1,这时电流表的读数为 I_1;将开关 S 合于位置 2,将 R_0 调至 390Ω 时,电流表的读数刚好降低到第一次读数的一半。问被测电阻 R_x 等于多少?

5.12 如果在图 5.10 中的 R_0 是一个可变电阻箱,调试 R_0 的大小阻值为 190Ω 时,电流表第二次读数等于第一次读数,那么 R_x 等于多少?

5.13 参见图 5.11,设电源电压 U 恒定不变,图 5.11(a)中的电流表读数为 72.7mA,电压表读数为 80V;图 5.11(b)中的电流表读数为 79.3mA,电压表读数为 72.1V,试求电压表内阻 R_V、电流表内阻 R_A 和被测电阻 R_x。

5.14 有一感性负载,其功率约为 1kW,电压为 220V,功率因数为 0.8,需要用功率表去测量它的功率数值,应怎样选择功率表的量限(设功率表额定电流为 5/10A、额定电压 150/300V、额定功率 750/3 000W)?

5.15 选用额定电压为 300V、额定电流 5A、具有 $\alpha_m=150$ 分格的功率表进行测量某电路的功率,获得功率表的偏转格数 $\alpha=90$ 分格。试确定该电路的功率大小。

第6章

电 动 机

学习目标

1. 掌握三相异步电动机的工作原理和用途。
2. 掌握三相异步电动机机械特性。
3. 掌握三相异步电动机的功率关系与转矩关系。
4. 了解三相异步电动机电磁关系。
5. 了解异步电动机的使用与维护方法。
6. 了解单相异步电动机的工作原理及启动方法。
7. 掌握直流电动机的结构原理。
8. 了解特种电动机的用途。

电动机是将电能转换为机械能的装置。电动机效率高,运转经济。电动机的种类很多,性能良好,能满足不同生产机械的需求。电动机拖动生产机械运转称为电力拖动。电力拖动易于操作并可实现自动控制。常用的电动机可分为交流电动机和直流电动机两大类。交流电动机又分异步电动机和同步电动机。异步电动机由于结构简单,使用和维护方便,在工农业生产中得到广泛的应用。虽然直流电动机结构比交流电动机结构复杂,但具有良好的启动性能和调速性能,因而被广泛应用于电力牵引、轧钢机、起重机械以及对调速性能要求较高的金属切削机床中。此外,在自动控制系统中还广泛应用特种电动机。

6.1 三相异步电动机的结构与工作原理

6.1.1 三相异步电动机的结构

如图6.1所示为一台笼型三相异步电动机的结构图,它是由定子、转子两大部分和其他附件所组成的。

1. 定子

定子部分由机座、定子铁芯、定子绕组及端盖、轴承等部件组成。

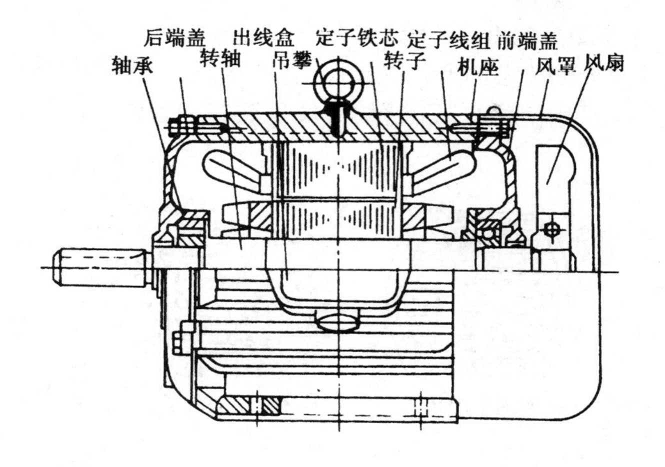

图 6.1 三相笼型异步电动机的结构图

(1) 定子铁芯:定子铁芯是电动机磁路的一部分,为了减小涡流和磁滞损耗,定子铁芯一般由表面涂有绝缘漆 0.5mm 的厚硅钢片叠压而成,如图 6.2 所示。硅钢片内圆周表面冲有槽孔,用以嵌放定子绕组。当冲片外径较大时,可采用扇形冲片。

(2) 定子绕组:定子绕组有成型硬绕组与散嵌软绕组两种。散嵌软绕组多用于小容量电动机,三相线圈按一定规律依次嵌入定子槽中形成三相定子绕组。三相绕组的三个首端和三个末端从机座上的接线盒引出,以便根据需要将绕组接成星形或三角形。

(3) 机座:机座的主要作用是作为整个电动机的支架,用它固定定子铁芯、定子绕组和端盖。因此机座要有足够的机械强度,一般用铸铁或铸铜制成。

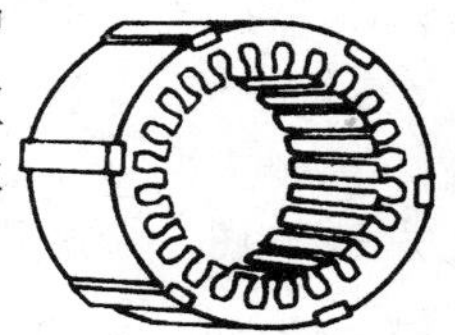

(a) 定子铁芯

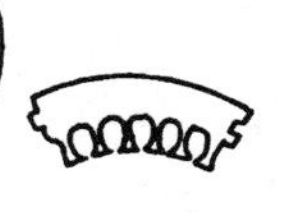

(b) 圆形冲片 (c) 扇形冲片

图 6.2 定子铁芯及冲片

2. 转子

转子是电动机中的旋转部分,它由转轴、转子铁芯、转子绕组、风扇等组成。

(1) 转子铁芯:转子铁芯是电动机磁路的一部分,由 0.5mm 厚的硅钢片叠压成圆柱体并紧固在转子轴上。转子铁芯外圆周表面冲有槽孔,以便于嵌放转子绕组。如图 6.3 所示为转子槽形图,(a)是绕线型异步电动机转子槽形,(b)是笼型转子槽形,(c)是双笼型转子槽形。

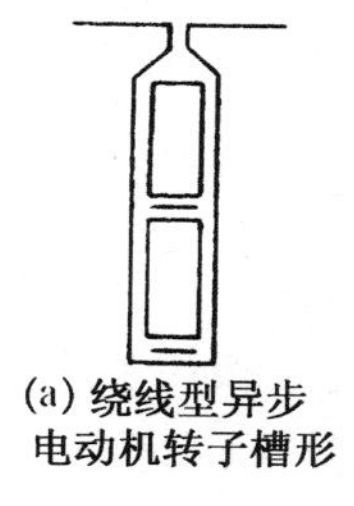

(a) 绕线型异步电动机转子槽形

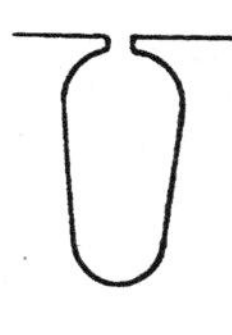

(b) 笼型转子槽形

(c) 双笼型转子槽形

图 6.3 转子槽形图

(2) 转子绕组:转子绕组有笼型和绕线型两种。

①笼型转子绕组是在转子铁芯的槽里嵌放裸铜条或铝条,其两端用端环连接。小型笼型电动机一般用的铸铝转子是用熔化的铝液浇铸在转子铁芯上制成的,而且导条和端环是一次浇铸出来的,如图 6.4 所示。

(a) 铸条笼型转子

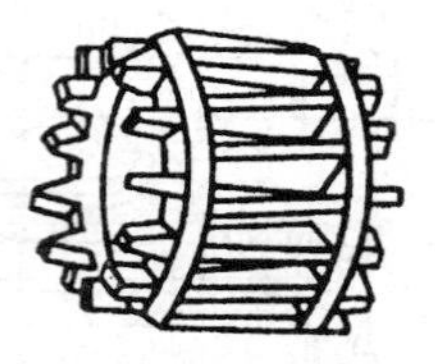
(b) 铸铝笼型转子

图 6.4 笼型转子

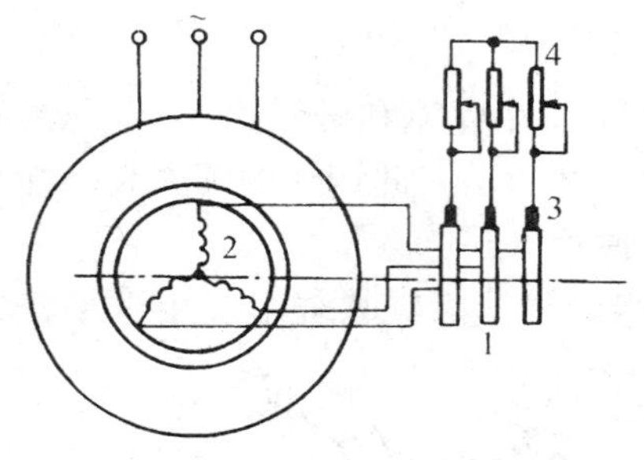

1—集电环;2—转子绕组;3—电刷;4—变阻器;

图 6.5 绕线型异步电动机转子示意图

②绕线型转子绕组与定子绕组相似,也是用绝缘的导线绕成的,而且其极数应与定子绕组的极数相同。三相转子绕组通常接成星形,每相绕组的首端引出线接到固定在转轴上三个铜制集电环上,环与环、环与转轴间相互绝缘,绕组通过集电环、电刷与变阻器连接,构成转子的闭合回路,如图 6.5 所示。

比较两种转子,笼型转子结构简单,造价低廉,并且运行可靠,因而应用最为广泛;绕线型转子结构复杂,造价也高,但是它的启动性能较好,并能利用变阻器阻值的变化使电动机在一定范围内调速。在启动频繁,需要较大启动转矩的生产机械(如起重机)中,绕线型转子的电动机常被采用。

(3) 转轴:转轴是支承转子铁芯和输出转矩的零件,它必须具有足够的刚度和强度,以保证负载时气隙均匀及转轴本身不致断裂。转轴一般用中碳钢棒料车削而成,轴的伸出端铣有键槽,用来固定皮带轮或联轴器。

3. 气隙

异步电动机定子、转子之间的间隙称为气隙。气隙大小对电动机性能影响很大。气隙大将使磁势的损耗增大,导致电动机功率因数降低,气隙太小,不便于安装,并可能发生定子与转子相摩擦的现象。对于中小型异步电动机,气隙一般在 0.2~2.0mm 之间。

6.1.2 三相异步电动机的旋转原理

为说明三相异步电动机的旋转原理,首先来做一个演示。

如图 6.6 所示是一个装有手柄的马蹄形磁铁,磁极间放有一个可以自由转动的由铜条组成的转子。铜条两端分别用钢环联接起来,称笼型转子。磁极和转子之间没有机械联系,但当用手摇动马蹄磁铁时,笼型转子随磁极的旋转而转动,这是什么道理呢?

由电磁感应定律可知,当导体和磁极之间有相对运动时,导体内有感应电动势产生。如图

6.7 所示，当磁极逆时针方向旋转时，转子导体与磁场有相对运动，于是在导体内产生感应电动势和电流。感应电动势和电流的方向按右手定则确定。假设磁场逆时针旋转(相当于转子导体顺时针方向切割磁力线)，当转子导体在 N 极范围内时，感应电动势和电流的方向由外向里进入纸面；反过来在 S 极范围内时，感应电动势和电流的方向则由纸面流出。根据电磁力定律，载流导体与磁场的相互作用产生电磁力，转子导体受力的方向可由左手定则判断，如图 6.7 中箭头的方向所示，由电磁力所形成的电磁转矩使笼型转子逆时针方向转动起来。如果磁极顺时针方向转动，按上述方法可以确定，转子的转动方向会改变为顺时针方向。可见转子的转动方向与磁极旋转的方向相同。

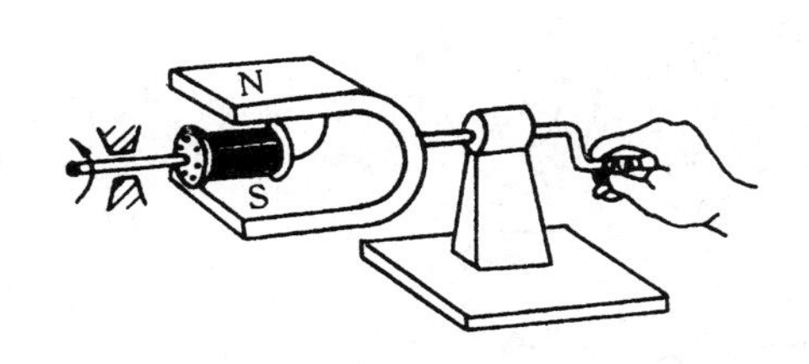

图 6.6 异步电动机转子转动的演示

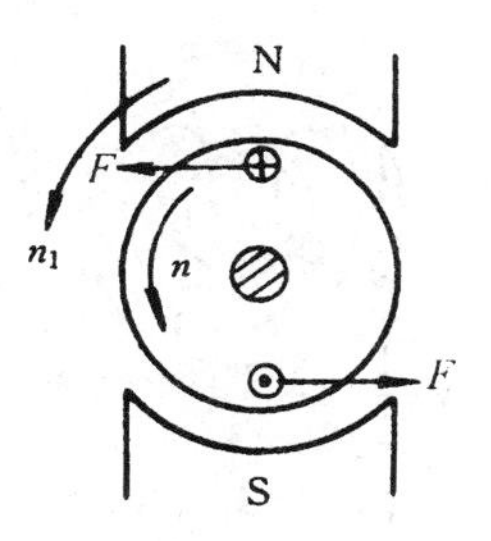

图 6.7 转子转动的原理图

由于有旋转磁场，在转子导体中产生感应电流，而载流导体在磁场中又受到电磁力的作用，转子在电磁力所形成的电磁转矩作用下转动。

然而，靠磁铁的转动来获得转子转动没有实际意义，它是用机械能换取机械能的。实际的异步电动机中的旋转磁场是利用三相交流电通过固定在定子铁芯上的三相对称绕组来获得的。

1. 旋转磁场的产生

如图 6.8 所示，三相异步电动机的定子铁芯中放有三相对称绕组 U_1-U_2，V_1-V_2 和 W_1-W_2，在空间互差 120°。三相绕组联接成星形，即将末端 U_2，V_2，W_2 连在一起，首端 U_1，V_1，W_1 接在三相电源上，绕组中通入三相对称电流

$$i_U = I_m \sin\omega t$$
$$i_V = I_m \sin(\omega t - 120°)$$
$$i_W = I_m \sin(\omega t + 120°)$$

其波形如图 6.9 所示。取电流为正值时从绕组的首端流入，末端流出；电流为负值时则从绕组的末端流入，首端流出。

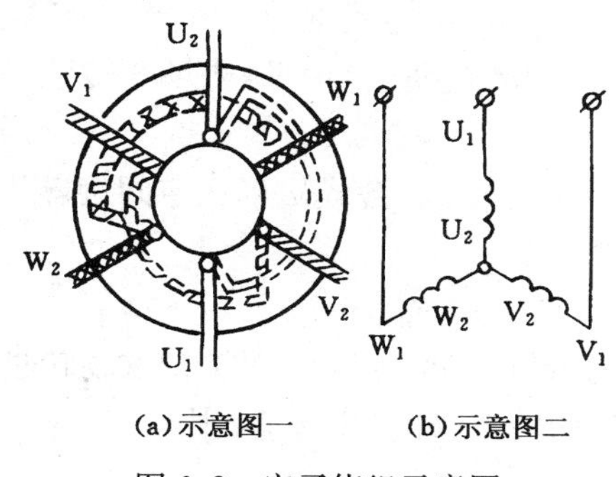

图 6.8 定子绕组示意图

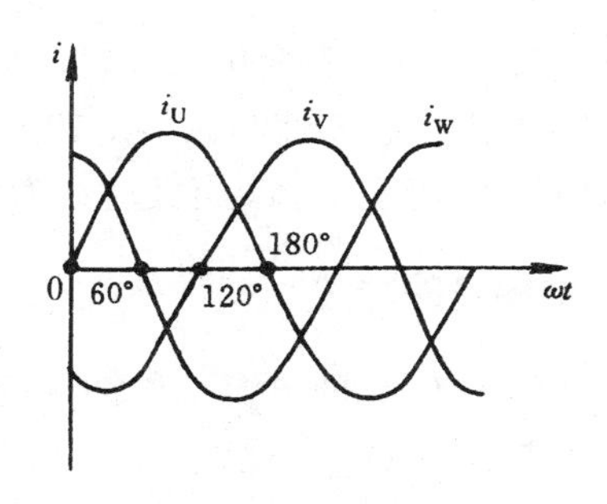

图 6.9 三相对称电流

三相绕组通入三相电流后分别产生各自的交变磁场,而在空间产生的合成磁场是一个旋转磁场。

下面分析如图 6.10 所示的四个瞬时的合成磁场。

当 $\omega t=0°$时,i_U 为零,U 相绕组中没有电流流过;i_V 为负,电流从末端 V_2 流入,首端 V_1 流出;i_W 为正,电流从首端 W_1 流入,末端 W_2 流出,如图 6.10(a)所示。根据右手螺旋定则,画出合成磁场 N 和 S 极,绕组按图示分布,产生磁极对数 $p=1$ 的两极磁场。

当 $\omega t=60°$时,i_U 为正,i_V 为负,i_W 为零,合成磁场如图 6.10(b)所示。由图 6.10(a)到图 6.10(b)合成磁场在空间顺时针旋转了 60°。

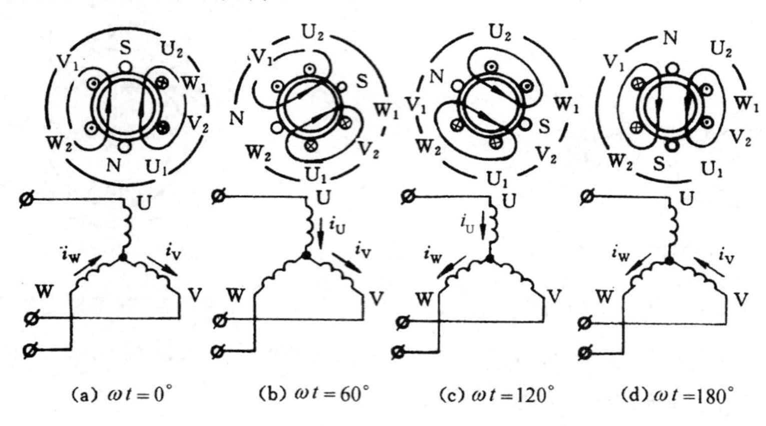

图 6.10 三相电流产生的旋转磁场($p=1$)

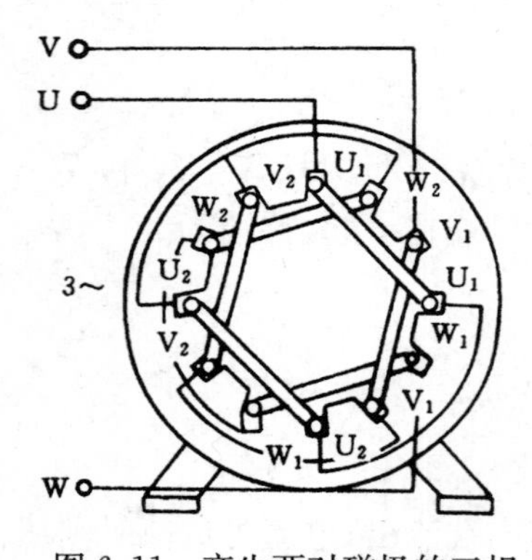

图 6.11 产生两对磁极的三相绕组的分布

同理,可画出 $\omega t=120°$和 $\omega t=180°$时的合成磁场。

由上述分析可以看出,对于图 6.10 所示的定子绕组通入三相交流电后,将产生磁极对数 $p=1$ 的旋转磁场,电流变化 1/2 周,合成磁场在空间旋转 180°。

旋转磁场的极对数 p 与定子绕组的分布有关。如果每相绕组是由两个串联的线圈组成,每相绕组有四个有效边,定子铁芯至少有 12 个槽,每相绕组(首端与首端间或末端与末端间)在空间相差 60°,如图 6.11 所示。当定子绕组通入三相电流之后会产生($p=2$)两对磁极的旋转磁场,产生四个瞬时的合成磁场,如图 6.12 所示。

分析方法与两极相同,当电流变化 1/6 周,旋转磁场在空间顺时针转过 30°。当电流变化 1/2 周,旋转磁场在空间转过 90°。可见,磁场的转数等于电流变化周数的 1/2,磁场的转速与磁极对数成反比。

用同样的方法可以证明当极对数为 p 时,电流变化一周,合成磁场在空间旋转 $1/p$ 周。

2. 旋转磁场的转速

设电流频率为 f,即电流每秒钟交变 f 次或每分钟交变 $60f$ 次,而旋转磁场转过的转数是电流变化周期数的 $1/p$。设 n_1 为旋转磁场每分钟的转数,称同步转速,则

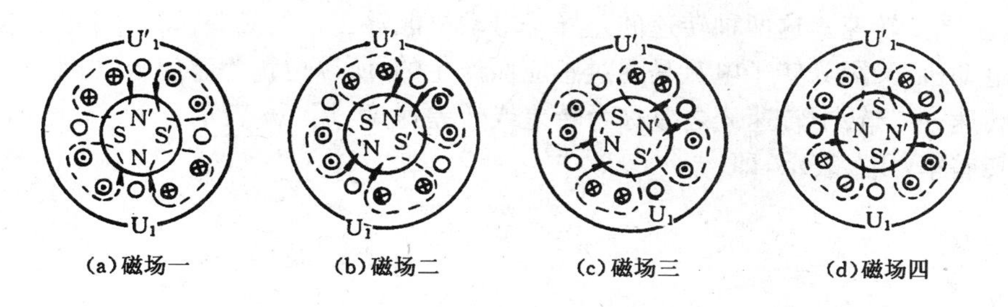

图 6.12 三相对称电流产生的四极旋转磁场

$$n_1 = \frac{60f}{p}\ (\text{r/min}) \tag{6-1}$$

因此，同步转速 n_1 决定于电流频率 f 和磁极对数 p，而磁极对数 p 又决定于三相绕组的分布情况。对某一异步电动机而言，f 和 p 通常是一定的，所以同步转速 n_1 是一个常数。

在我国，工频 $f=50\text{Hz}$，于是由式(6-1)可得出不同极对数 p 的旋转磁场转速 n_1，如表 6-1 所示。

表 6-1 磁极对数与转速对应表

p	1	2	3	4	5	6
n_1(r/min)	3 000	1 500	1 000	750	600	500

3. 旋转磁场的方向

电动机的定子三相绕组是对称的，任意一相可以与电源的 U 相(或 V 相或 W 相)连接，而电源的相序固定，旋转磁场旋转方向顺 U，V，W 相序旋转，如图 6.10 和图 6.11 所示。如要改变旋转磁场的方向，只需要改变通入三相绕组中电流的相序，即把三相定子绕组首端中任意二根与电源相连的线对调就可改变定子绕组中电流的相序，旋转磁场的转向也随之改变，如图 6.13 所示。

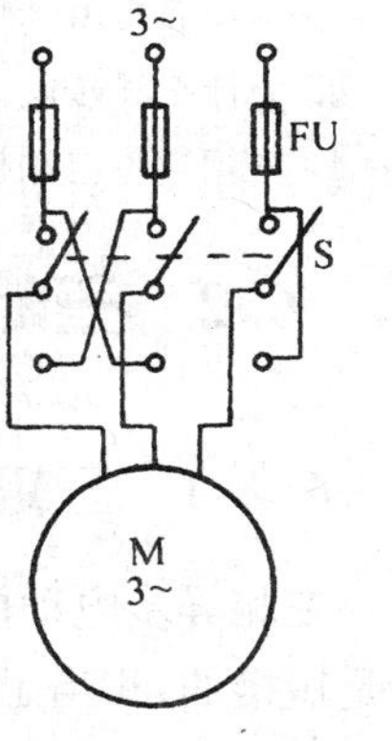

4. 异步电动机的工作原理

当三相异步电动机的三相定子绕组通入三相对称电流产生一个旋转磁场，这个旋转磁场与磁极在空间旋转所起的作用是一样的。该旋转磁场切割转子绕组，在转子绕组中感应出电动势和电流。转子电流同旋转磁场相互作用而产生电磁转矩使电动机转动起来，异步电动机转子转动的方向与旋转磁场的旋转方向一致，这是异步电动机旋转的基本原理。

图 6.13 改变旋转磁场方向的接线

5. 转速与转差率

异步电动机的旋转方向虽然与旋转磁场一致，但它的转速 n 始终小于同步转速 n_1，如果出现 $n_1=n$，即转子与旋转磁场同步，它们之间无相对运动，转子绕组没有感应电流，也就不会产生电磁力使转子转动，所以异步电动机的转速不可能达到同步转

速，而总低于同步转速。这两种转速的差异是电动机能够工作的必要条件，因此把这种电动机称为异步电动机，又因为转子电流是通过感应而产生的，所以也称为感应电动机。

同步转速 n_1 与转子转速 n 之差称为转差或转差速度，用 Δn 表示，$\Delta n=n_1-n$，转差与 n_1 之比称为转差率，用 s 表示，即

$$s=\frac{n_1-n}{n_1}$$

或

$$s=\frac{n_1-n}{n_1}\times 100\% \tag{6-2}$$

转差率是异步电动机的一个重要的性能参数。转子转速越接近旋转磁场转速，则转差率越小，由于三相异步电动机的额定转速与同步转速接近，所以它的转差率很小，通常异步电动机在额定负载时转差率约为1%～5%。

启动瞬间，$n=0$ 时，转差率最大，即 $s=1$。

【例6.1】 一台三相异步电动机，额定转速 $n_N=730\text{r/min}$，电源频率 $f=50\text{Hz}$。试求电动机的极数和额定负载时的转差率。

解： 由于电动机额定转速接近而略低于同步转速，而同步转速对应于不同的极数有一系列固定的数值(见表6-1)。显然，与730r/min最接近的同步转速 $n_1=750\text{r/min}$，与此相对应的磁极对数 $p=4$。因此额定负载时的转差率为

$$s=\frac{n_1-n_N}{n_1}\times 100\%=\frac{750-730}{750}\times 100\%=2.67\%$$

思考与练习6.1

1. 简述三相异步电动机的优缺点。
2. 三相异步电动机有哪些主要部件？各起什么作用？
3. 为什么异步电动机又称感应电动机？
4. 三相异步电动机定子旋转磁场是如何产生的？旋转磁场的方向如何确定？

6.2 三相异步电动机的特性

6.2.1 三相异步电动机的定子电路与转子电路

三相异步电动机的电磁关系同变压器类似，定子绕组相当于变压器一次绕组，转子绕组(一般是短接的)相当于二次绕组。当定子绕组接三相电源电压时，则有三相电流流过定子三相绕组产生旋转磁场，该磁场不仅在转子每相绕组中要感应出电动势 e_2，而且在定子每相绕组中也要感应出电动势 e_1。实际上三相异步电动机中的旋转磁场是由定子电流和转子电流共同产生的。

1. 旋转磁场对定子绕组的作用

异步电动机的定子绕组是静止不动的，所以旋转磁场与定子绕组之间的相对转速为 n_1，因此定子绕组感应电动势的频率为

$$f_1 = \frac{pn_1}{60} \tag{6-3}$$

即等于定子电流的频率 f，见式(6-1)。

由于定子每相绕组的磁通按正弦规律交变，因此根据电磁感应定律，这个交变的磁通在定子每相绕组中产生的感应电动势为

$$e_1 = N_1 \frac{\Delta\Phi}{\Delta t}$$

e_1 也是正弦量，但在相位上比 Φ 滞后 90°，其有效值为

$$E_1 = 4.44K_1 f_1 N_1 \Phi_m \tag{6-4}$$

式中，f_1 为定子绕组感应电动势的频率；N_1 为定子每相绕组的匝数；Φ_m 为旋转磁场的每极磁通，(即穿过定于绕组交变磁通的最大值)；K_1 为定子绕组系数，其值取决于绕组的结构($K_1<1$)。

如果忽略定子每相绕组电阻和漏磁感抗，加在定子每相绕组的电压为

$$u_1 \approx e_1$$

或

$$U_1 \approx E_1 = 4.44K_1 f_1 N_1 \Phi_m \tag{6-5}$$

由于 K_1，f_1，N_1 一般不变，所以旋转磁场每极磁通 Φ_m 由定子绕组的相电压 U_1 决定。在外加电压 U_1 恒定时，可认为 E_1 和 Φ_m 基本不变。

2. 旋转磁场对转子绕组的作用

当转子以转速 n 旋转时，旋转磁场以相对转速 n_1-n 切割转子导体，因此转子绕组感应电动势的频率为

$$f_2 = \frac{p(n_1-n)}{60}$$

因

$$s = \frac{n_1-n}{n_1}$$

$$n_1 - n = sn_1$$

所以

$$f_2 = \frac{psn_1}{60} = sf_1 \tag{6-6}$$

式中，f_2 为转子绕组感应电动势频率；s 为转差率。

可见，转子电动势频率 f_2 与转差率 s 有关，也就是与转速 n 有关。

当 $n=0$，即 $s=1$ 时(电动机启动瞬间)，转子与旋转磁场之间的相对转速最大，转子导体被旋转磁力线切割得最快，所以这时 $f_2=f_1$，转子电动势频率最高。异步电动机在额定负载时，$s=1\%\sim5\%$，则 $f_2=0.5\sim2.5\text{Hz}$。

当旋转磁场对转子以(n_1-n)的转速旋转时，转子每相绕组有频率为 f_2 的正弦交变磁通穿过。根据电磁感应定律，在转子每相绕组内产生的感应电动势有效值为

$$E_2 = 4.44K_2 f_2 N_2 \Phi_m \tag{6-7}$$

式中：K_2 为转子绕组系数，其值由转子结构决定($K_2<1$)；N_2 为转子绕组匝数；Φ_m 为旋转磁场每极磁通；f_2 为转子绕组感应电动势的频率。

将式(6-6)代入式(6-7)得

$$E_2 = 4.44K_2 s f_1 N_2 \Phi_m \tag{6-8}$$

启动瞬间,$n=0$,即 $s=1$ 时,转子绕组感应电动势为

$$E_{20} = 4.44K_2 f_1 N_2 \Phi_m \tag{6-9}$$

由式(6-8)和式(6-9)得

$$E_2 = sE_{20} \tag{6-10}$$

可见,转子电动势 E_2 与转差率 s 有关。

转子未动时 $s=1$,转子绕组感应电动势最大 $E_2=E_{20}$。随着转速升高,转子绕组感应电动势减小。转子中的感应电动势在额定时,也只有转子未动时的1%~5%。

转子绕组中不仅有电阻 R_2,而且有感抗 X_2。R_2 是不变的,X_2 要随 f_2 的变化而变化。即

$$X_2 = 2\pi f_2 L_2 \tag{6-11}$$

式中,L_2 为转子一相绕组的漏电感。

将式(6-6)代入式(6-11)得

$$X_2 = 2\pi s f_1 L_2 \tag{6-12}$$

当 $n=0$ 即 $s=1$ 时,转子感抗为

$$X_{20} = 2\pi f_1 L_2 \tag{6-13}$$

这时 $f_2=f_1$,转子感抗最大。

由式(6-12)与式(6-13)可得

$$X_2 = sX_{20} \tag{6-14}$$

可见转子感抗 X_2 与转差率 s 有关。转速越高,转子感抗越小。

转子每相绕组的阻抗为

$$Z_2 = \sqrt{R_2{}^2 + X_2{}^2} = \sqrt{R_2{}^2 + (sX_{20})^2} \tag{6-15}$$

转子每相电路的电流为

$$I_2 = \frac{E_2}{Z_2} = \frac{sE_{20}}{\sqrt{R_2{}^2 + (sX_{20})^2}} \tag{6-16}$$

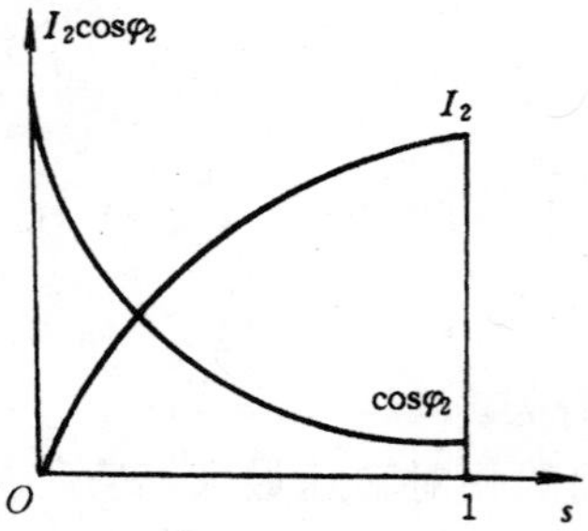

可见转子电流 I_2 也与转差率 s 有关。当转速 n 降低时,转子与旋转磁场间相对转速 (n_1-n) 增加,转子导体被磁力线切割的速度提高,于是 E_2 增加,I_2 也增加。I_2 随 s 变化的关系如图6.14所示的曲线表示。当 $s=0$,即 $n=n_1$ 时,$I_2=0$;当 s 很小时,$R_2 \gg sX_{20}$,$I_2 \approx \frac{sE_{20}}{R}$,即与 s 近似成正比;当 s 接近1时,$sX_{20} \gg R_2$,$I_2 \approx \frac{E_{20}}{X_{20}}$ 为一常数。

图6.14 I_2 和 $\cos\varphi_2$ 与转差率 s 的关系

转子每相绕组有电阻 R_2 和感抗 X_2,是感性电路。因此,I_2 比 E_2 滞后 φ_2 角,因而转子的功率因数为

$$\cos\varphi_2 = \frac{R_2}{Z_2} = \frac{R_2}{\sqrt{R_2^2 + (sX_{20})^2}} \tag{6-17}$$

功率因数也与转差率 s 有关。当 s 增大时,X_2 也增大,即 $\cos\varphi_2$ 减小。$\cos\varphi_2$ 随 s 的变化关系如图6.14所示。

由上述分析可知，转子电路中的各个量如电动势、电流、频率、感抗和功率因数等，都与转差率有关，也就是与电动机的转速有关。所以当转子转速变化时，上述物理量会随之变化。

6.2.2 三相异步电动机的功率和转矩

1. 功率平衡关系

异步电动机运行时，输入的是电功率，输出的是拖动负载的机械功率。由于在运行中会有能量的损耗，因此输出的机械功率 P_2 总是小于输入的电功率 P_1

$$P_2 = P_1 - \sum P \tag{6-18}$$

式中，$\sum P$ 为电动机的总损耗。

异步电动机的损耗主要有定子铜损耗和铁损耗、转子中的铜损耗及机械损耗。输出功率与输入功率之比称为电动机的效率，即

$$\eta = P_2/P_1 \tag{6-19}$$

或
$$\eta = \frac{P_2}{P_1} \times 100\%$$

轴上输出额定功率时

$$\eta_N = \frac{P_N}{P_1} \times 100\% \tag{6-20}$$

若输入到电动机的功率为
$$P_1 = \sqrt{3} U_N I_N \cos\varphi \tag{6-21}$$

则输出功率为
$$P_2 = \eta \sqrt{3} U_N I_N \cos\varphi \tag{6-22}$$

从运动学的概念可知，旋转机械的机械功率等于机械转矩与机械角速度的乘积，即

$$P_N = T_N \Omega \tag{6-23}$$

则
$$T_N = \frac{P_N}{\Omega} = \frac{P_N}{\frac{2\pi n}{60}} \tag{6-24}$$

式中，T_N 为电动机轴上输出的额定转矩；P_N 为电动机轴上输出的机械功率（额定功率）；Ω 为旋转机械角速度。

【例 6.2】 一台三相异步电动机，输入功率 $P_1=11.5\text{kW}$，额定电压 $U_N=380\text{V}$，额定功率 $P_N=10\text{kW}$，功率因数 $\cos\varphi=0.88$。求额定负载时，电动机的效率 η_N 及额定电流 I_N。

解： 额定负载时，轴上输出额定功率

则
$$\eta_N = \frac{P_2}{P_1} \times 100\% = \frac{P_N}{P_1} \times 100\%$$
$$= \frac{10}{11.5} \times 100\% = 87\%$$

根据
$$P_1 = \sqrt{3} U_N I_N \cos\varphi$$
$$I_N = \frac{P_1}{\sqrt{3} U_N \cos\varphi} = \frac{11.5 \times 10^3}{\sqrt{3} \times 380 \times 0.88} = 19.9\text{A}$$

2. 电磁转矩的表达式

异步电动机的电磁转矩由旋转磁场的每极磁通 Φ_m 与转子电流 I_2 相互作用而产生。因转子有感抗,所以电磁转矩还与转子功率因数 $\cos\varphi_2$ 有关。用实验和数学分析方法可以证明,电动机的电磁转矩与转子电流 I_2、转子功率因数 $\cos\varphi_2$ 及旋转磁场的每极磁通 Φ_m 成正比关系,其表达式为

$$T = K_m \Phi_m I_2 \cos\varphi_2 \tag{6-25}$$

式中:K_m 为与电动机结构有关的常数,称为转矩常数。

式(6-25)称为异步电动机电磁转矩的物理表达式。

由于 $E_1 = 4.44K_1 f_1 N_1 \Phi_m$,且 $E_1 \approx U_1$ 得

$$\Phi_m = \frac{E_1}{4.44K_1 f_1 N_1} \approx \frac{U_1}{4.44K_1 f_1 N_1}$$

从式(6-16)与式(6-9)得

$$I_2 = \frac{sE_{20}}{\sqrt{R_2{}^2 + (sX_{20})^2}} = \frac{s(4.44K_2 f_1 N_2 \Phi_m)}{\sqrt{R_2{}^2 + (sX_{20})^2}}$$

从式(6-17)得

$$\cos\varphi_2 = \frac{R_2}{\sqrt{R_2^2 + (sX_{20})^2}}$$

将上列三式代入式(6-25)得到转矩的另一种表达式

$$T = K_m' \frac{sR_2 U_1^2}{R_2^2 + (sX_{20})^2} \tag{6-26}$$

式中,K_m' 为与电动机结构有关的常数。

式(6-26)称为异步电动机电磁转矩的简化参数表达式。

由上述可见,转矩 T 与定子每相电压 U_1 平方成正比。所以当电源电压有所变动时,对转矩的影响很大。此外,转矩 T 还受转子电阻 R_2 的影响。

6.2.3 三相异步电动机的机械特性

三相异步电动机的机械特性是指在一定条件下,电动机转速 n 与电磁转矩 T 之间的关系,即 $n=f(T)$。因为异步电动机的转速与转差率存在一定的关系,所以异步电动机的机械特性往往用 $T=f(s)$ 的形式表示,通常称为 T-s 曲线。

1. 三相异步电动机固有机械特性方程式

三相异步电动机的固有机械特性是异步电动机工作在额定电压和额定频率下,按规定的接线方式接线,定、转子外接电阻为零时 n 与 T 的关系。

对于一定的电动机,式(6-26)中除了 s(相当于 n)和 T 外其余均为定值时,式(6-26)是一个二次方程式,故在某一转差率 s 时,转矩有一个最大值 T_{max},此时的转差率 s 称为临界转差率,用 s_m 表示。将式(6-26)对 s 求导,并令 $\frac{dT}{ds}=0$,即可求得 s_m 值

$$s_m = \frac{R_2}{X_{20}} \tag{6-27}$$

将式(6-27)代入式(6-26)可求得最大转矩 T_{max}

$$T_{max} = K_m' \frac{U_1^2}{2X_{20}} \tag{6-28}$$

由式(6-27)及式(6-28)可知：

(1) 当电源频率不变时，T_{max}与电动机外加电压的平方 U_1^2 成正比，而 s_m 与 U_1 无关。

(2) 最大转矩 T_{max}的大小与转子电阻 R_2 无关，而 s_m 则与 R_2 成正比。

由式(6-26)与式(6-28)可得

$$\frac{T}{T_{max}} = \frac{2}{\dfrac{R_2}{sX_{20}} + \dfrac{sX_{20}}{R_2}} \tag{6-29}$$

式(6-27)代入式(6-29)可得

$$T = \frac{2T_{max}}{\dfrac{s_m}{s} + \dfrac{s}{s_m}} \tag{6-30}$$

式(6-30)称为机械特性的简化方程式，又称电磁转矩的实用表达式。

2. 特性的分析

对于式(6-30)，当转差率 s 很小时，即 $s<s_m$，则$\frac{s}{s_m} \ll \frac{s_m}{s}$；忽略$\frac{s}{s_m}$时，则有

$$T \approx \frac{2T_{max}}{s_m} s$$

此时，转矩 T 与转差率 s 成正比的直线关系；当 $s>s_m$，则$\frac{s_m}{s} \ll \frac{s}{s_m}$；若忽略$\frac{s_m}{s}$时，有

$$T \approx 2T_{max} \frac{s_m}{s}$$

T 与 s 成反比关系，是一条双曲线。

由以上定性分析，可大致绘出电动机的转矩特性曲线，如图 6.15 所示。

考虑到 $n=n_1(1-s)$，则用 $n=f(T)$表示的机械特性如图 6.16 所示，它是由图 6.15 的转矩特性曲线旋转 $\pi/2$ 后，将变量 s 变为 n 所得到的机械特性曲线。图中表示了电动机的三种工作状态：$0<s<1$为电动机工作状态；$s>1$ 为反接制动工作状态；$s<0$ 为回馈制动工作状态。

为描述机械特性的特点，下面着重分析几个反映电动机工作的特殊运行点。

(1) 启动点 A：它对应于 $n=0(s=1)$；$T=T_{st}$

$$T_{st} = K_m' \frac{R_2 U_1^2}{R_2^2 + X_{20}^2} \tag{6-31}$$

T_{st}为启动转矩。此时启动电流 $I_{st}=(4\sim7)I_{1N}$，I_{1N}为额定电流。

(2) 额定工作点 B：对应于 $n=n_N(s=s_N)$；$T=T_N$；$I_1=I_{1N}$。

(3) 同步转速点 H：对应于 $n=n_1(s=0)$；$T=0$；H 点是电动状态与回馈制动状态的转折点。

(4) 最大转矩点 P：电动状态的最大转折点所对应的转矩 $T=T_{max}$，$s=s_m$。

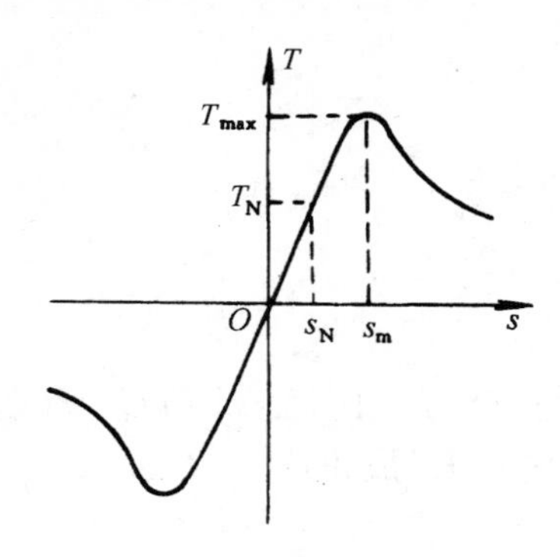

图 6.15 异步电动机的转矩特性

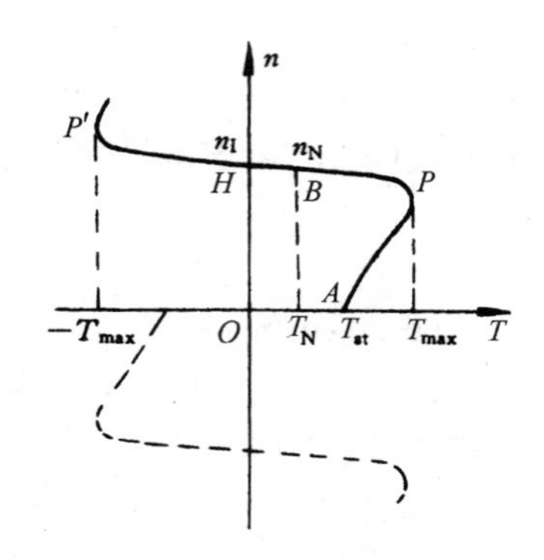

图 6.16 异步电动机的机械特性

3. 固有机械特性的绘制

在机械特性曲线图 6.16 中,B 点对应的转矩 T_N 为额定转矩,它是指电动机在额定状态工作时,轴上输出的额定转矩。根据式(6-24)

$$T_N=\frac{P_N}{\Omega}=\frac{P_N}{\frac{2\pi n}{60}}=9.55\frac{P_N}{n_N}$$

通常将最大转矩与额定转矩的比值称为过载系数,它是反映电动机过载能力的一个参数,其表达式为

$$\lambda_m=\frac{T_{max}}{T_N} \quad T_{max}=\lambda_m T_N \tag{6-32}$$

将 $s=s_N, T=T_N, \lambda_m=\frac{T_{max}}{T_N}$ 代入式(6-30)中,可解出临界转差率为

$$s_m=s_N(\lambda_m+\sqrt{\lambda_m^2-1}) \tag{6-33}$$

在式(6-30)中,只要求出 T_{max} 及 s_m,就可以根据给定的一系列 s 值求出相应的 T 值,即可绘出 $T=f(s)$ 曲线。

【例 6.3】 一台绕线型异步电动机的主要数据为:$P_N=75\text{kW}, n_N=720\text{r/min}, \lambda_m=2.4$。试求:

(1)额定转矩 T_N;

(2)最大转矩 T_{max};

(3)额定转差率 s_N;

(4)临界转差率 s_m;

(5)启动瞬间的电磁转矩 T_{st}。

解:(1)

$$T_N=\frac{P_N}{\Omega}=\frac{P_N}{\frac{2\pi n_N}{60}}=9.55\frac{75\times10^3}{720}=996.5\text{N}\cdot\text{m}$$

(2)

$$T_{max}=\lambda_m T_N=2.4\times996.5=2387.5\text{N}\cdot\text{m}$$

(3)

$$s_N=\frac{n_1-n_N}{n_1}=\frac{750-720}{750}=0.04$$

(4)

$$s_m=s_N(\lambda_m+\sqrt{\lambda_m^2-1})=0.04(2.4+\sqrt{2.4^2-1})=0.183$$

(5)因为启动瞬间 $n=0, s=1$

所以
$$T_{st}=\frac{2T_{max}}{\frac{s_m}{1}+\frac{1}{s_m}}=\frac{2\times 2\ 387.5}{\frac{0.183}{1}+\frac{1}{0.183}}=845.5\text{N}\cdot\text{m}$$

4. 异步电动机人为机械特性

人为机械特性是人为地改变电动机参数或电源参数而得到的机械特性。三相异步电动机的人为机械特性种类很多,本节着重讨论两种人为特性。

(1) 转子电路串接对称电阻时的人为特性。在绕线式异步电动机转子电路内,三相分别串接大小相等的电阻 R_p,由式(6-1)、式(6-28)和式(6-27)可见,此时 n_1 不变,T_{max}不变,而 s_m 则随 R_p 的增大而增大,启动转矩 T_{st}的大小也将随 R_p 的增大而改变。开始时,T_{st}随 R_p 增大而增加,如图 6.17 所示;如果串接某一数值的电阻后,使 $T_{st}=T_{max}$,这时再增大转子电阻,启动转矩 T_{st}反而减小。

(2) 降低定子电压时的人为特性。当定子电压 U_1 降低时,由式(6-27)、式(6-28)及式(6-1)可知,最大转矩 T_{max}及启动转矩 T_{st}与 $U_1{}^2$ 成正比降低,临界转差率 s_m 与 U_1 无关。由于 $n_1=\frac{60f_1}{p}$也与电压无关,因此同步转速不变。如图 6.18 所示,绘出了 $U_1=U_N$ 的固有机械特性曲线和 $U_1=0.8U_N$ 及 $U_1=0.5U_N$ 时的人为机械特性。

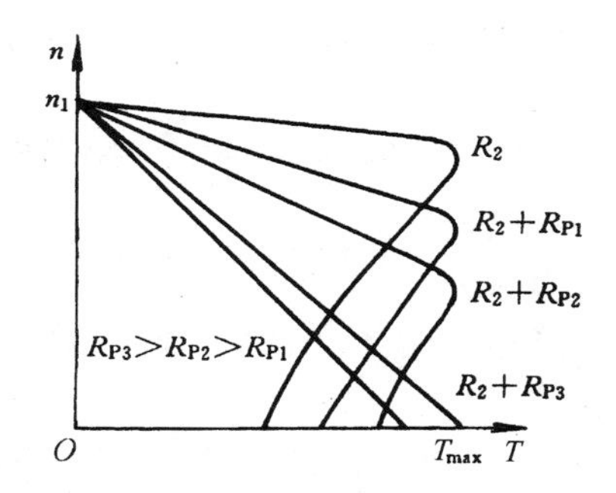

图 6.17 转子串接对称电阻时的人为特性

图 6.18 降低定子电压 U_1 的人为特性

若定子电压降低到额定电压的 80%时,转矩只有原来的 64%,可见电压对转矩影响极大。过低的电压往往使异步电动机启动不了,在运转中如果电压下降太多,很可能使负载转矩超过最大转矩而停转。这些现象的发生会引起电动机电流增加而超过其额定电流,如不及时断开电源,有可能将电动机烧毁。这在使用中必须引起注意。

思考与练习 6.2

1. 三相异步电动机电磁转矩有几种表达式?说明各表达式的含义。
2. 三相异步电动机运行中有哪些损耗?效率如何计算?
3. 根据三相异步电动机的机械特性说明什么是启动转矩和最大转矩?
4. 启动转矩和最大转矩与定子电压有何关系?

6.3 三相异步电动机的使用与维护

异步电动机是否能安全可靠地运行并能保证正常的使用寿命,关键在于能否正确合理地使用和维护。下面介绍其使用与维护的一般知识。

1. 计算选择电动机的导线截面积

通常已知电动机的容量、电源电压和效率,可由下式求出电动机的电流:

$$I=\frac{P\times 1\,000}{\eta\sqrt{3}U\cos\varphi}$$

式中,I 为电动机电流(A); P 为电动机功率(kW);U 为电动机三相电源线电压(V);$\cos\varphi$ 为电动机功率因数;η 为电动机效率。

由求出的电动机电流查阅电工手册导线的安全载流量,从而获得电动机的导线截面积。

2. 电动机应有短路、过载以及失压保护措施

(1) 短路保护:三相异步电动机定子绕组在发生相间短路故障时,将会产生很大的短路电流,它将使线路过热、压降增大,影响其他设备及线路的正常运行,甚至烧毁电动机,造成事故。因此必须安装合理的短路保护装置。熔断器是常用的短路保护装置之一。当电动机发生短路故障时,电路中流过很大的短路电流,熔断器中的熔体会自动熔断,切断电源,保护电动机电气线路和电气设备。

常用的熔断器有 RCIA,RL,RTO 型熔断器等。一台电动机熔断器熔体的选择方法如下:

$$I_{RN}=(1.5\sim 2.5)I_N$$

式中,I_{RN}为熔断器熔体的额定电流(A);I_N 为电动机的额定电流(A)。

根据计算出的熔体额定电流从电工手册中选取相应规格的熔体,然后再按照熔断器额定电流大于或等于熔体额定电流的原则选取恰当的熔断器。

(2) 过载保护:运行中的电动机有时会出现过载现象。过载的原因有以下几种情况:① 电网电压太低;② 机械负荷过重;③ 启动时间过长或电动机自启动;④ 电动机缺相运行;⑤ 机械方面故障等。

短时间的过载不会造成电动机的损坏,然而较长时间的持续过载会损坏电动机的绝缘以至将电动机烧毁,因此,必须采取过载保护措施。对过载保护通常采用热继电器来实现。热继电器可以反映电动机的过热状态并发出信号。当电动机通过额定电流时,应长期不动作;当电动机通过整定电流的 1.05 倍时,从冷态开始运行,热继电器在 2h 内不应动作;当电流升至整定电流的 1.2 倍时,则应在 2h 内动作。

用来对电动机进行过负荷保护的热继电器,其动作电流整定值一般为电动机额定电流的 1.1~1.25 倍。

(3) 失压保护:运行中的电动机电压过低时,由于电动机的电磁转矩与电压的平方成正比,所以电动机的转速将下降,而电流必然大大增高。长此运行,电动机将因过热而烧毁。因此,在电网电压过低时,应及时切断电动机电源。同时,当电网电压恢复时,也不允许电动机自行启动,以防发生设备事故和人身事故。为此,电动机通常应有失压保护装置。

3. 电动机启动前应进行认真检查

电动机启动前检查的内容如下：

(1) 新安装的电动机应认真核对铭牌上的电压和接法，检查接线是否正确。

(2) 检查启动设备接线是否正确、牢靠，动作是否灵活，触头接触是否良好。

(3) 油浸启动设备有无缺油，油质是否劣化。

(4) 绕线型电动机的电刷与滑环是否良好，电刷提升机构是否良好，电刷压力是否正常。

(5) 传动装置是否正常，皮带松紧是否合适，皮带连接是否牢固，联轴器是否紧固。

(6) 传动装置及电动机、生产机械周围有无杂物。

(7) 用手转动电动机轴，其转动是否灵活，有无卡阻现象。

(8) 电动机及启动装置的接地或接零是否可靠。

(9) 新安装的电动机或停用三个月以上的电动机应摇测绝缘电阻。

4. 异步电动机运行中的监视和维护

(1) 监视电动机各部分的发热情况：电动机在运行中的温度不应超过其允许值，否则将损坏其绝缘，缩短电动机使用寿命，甚至烧毁电动机，产生重大事故。因此对电动机运行中的发热情况应及时监视。一般绕组的温度可由温度计或电阻法测得，而铁芯、轴承等的温度也可用温度计测量。测得的温度减去当时的环境温度就是温升。根据电动机的类型与绕组所用绝缘的等级，制造厂对绕组和铁芯等规定了最大允许温度和最大允许温升。目前常用的B级绝缘的电动机在环境温度为40℃时，定子绕组的允许温升为65℃，允许温度为105℃；铁芯的允许温升为75℃，允许温度为115℃(用酒精温度计测量)。

(2) 监视电动机的电流额定值和三相不平衡度：电动机铭牌额定电流是指室温为35℃(某些国产电动机为40℃)时的数值。运行中的电动机电流不允许超过额定值。三相电压不平衡度一般不应大于相间电压差的5%；三相电流不平衡度不应大于10%。一般情况下，三相电流不平衡而三相电压平衡时，可以表明电动机故障或定子绕组存在层间短路现象。

(3) 监视电源电压波动：电源电压的波动常引起电动机发热。电源电压增高，将使磁通增大、励磁电流增加、定子电流增大，从而造成铁损和铜损的增大；电源电压降低，将使磁通减小，当负载转矩一定时，转子电流增大。可见，电源电压的增高或降低，均会使电动机的损耗加大，造成电动机温升过高。

(4) 监视电动机的音响和气味：如果运行中电动机发出较强的绝缘漆气味或焦糊味，一般由电动机绕组的温升过高所致，应立即查找原因。

5. 电动机的定期维修

运行中的电动机除应加强监视外，还应进行定期的维护和检查，以保证电动机的安全运行并延长电动机的使用寿命。

电动机的检修周期应根据周围环境条件、电动机的类型以及运行情况来确定。一般情况下，每半年至1年小修一次；每1年至2年大修一次。如周围环境良好，检修周期可适当延长。

(1) 电动机小修内容。

① 清除电动机油垢及外部灰尘。

② 检查轴承润滑情况,补换润滑油。

③ 绕线型电动机,应检查滑环整流子,调换电刷。

④ 检查出线盒引线的连接是否可靠,绝缘处理是否得当。

⑤ 检查并紧固各部螺栓。

⑥ 检查电动机外壳接地或接零是否良好。

⑦ 摇测电动机绝缘电阻,即使用摇表(兆欧表)测量电动机的绝缘电阻。

⑧ 清扫启动设备与控制电路。

⑨ 检查冷却装置是否完好等。

(2) 电动机大修内容。

① 电动机解体,清除内部污垢。

② 检查定子绕组的绝缘情况,槽楔有无松动,匝间有无短路、烧伤痕迹。

③ 检查通风冷却装置是否完好。

④ 检查有无扫膛现象,即定子与转子相摩擦的现象。

⑤ 检查转子鼠笼有无断裂。

⑥ 对电动机外壳进行补漆。

⑦ 测量电动机绕组和启动装置的直流电阻,并与上次测量数据加以比较,其差值不大于2%(比较时须换算到同一温度下)。

思考与练习 6.3

1. 电动机在使用中应有哪些保护措施?
2. 如何定期对电动机进行维护?

6.4 单相异步电动机

单相笼型异步电动机由单相电源供电,广泛应用于家用电器、医疗、自动控制系统、小型电气设备中,如排风扇、空调器、吸尘器、电冰箱、洗衣机等。与同功率的三相异步电动机相比,单相异步电动机的体积较大,运行性能较差。单相异步电动机的功率有几瓦、几十瓦或几百瓦。

单相异步电动机的定子上一般有两套绕组,一套是主绕组或称工作绕组,另一套是辅绕组或称启动绕组,主、辅绕组在空间总是相差 90°电角度,转子绕组一般做成笼型。单相异步电动机的基本结构如图 6.19 所示。

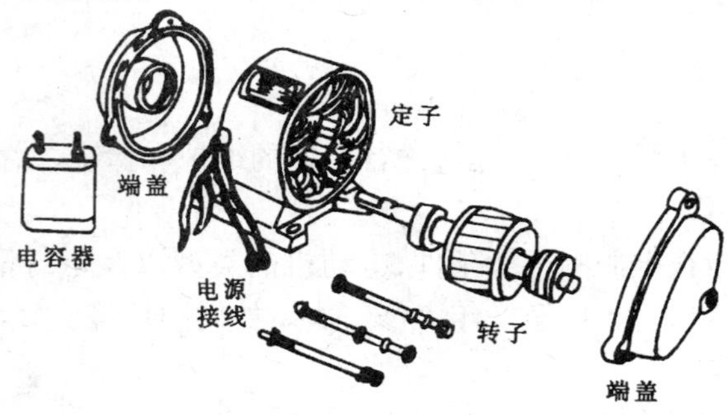

图 6.19 单相异步电动机的结构图

6.4.1 单相异步电动机的基本原理

单相笼型异步电动机定子上的主绕组是一个单相绕组。主绕组接通单相电源后产生脉振磁场。根据右手螺旋定则可以画出定子的磁场分布，如图 6.20(a)所示。磁场的特点是轴线在空间保持固定的位置，在气隙中各点上的磁感应强度 $\boldsymbol{B}$ 按正弦规律分布，各点上磁感应强度随时间做正弦变化的脉振磁场，如图 6.20(b)所示。

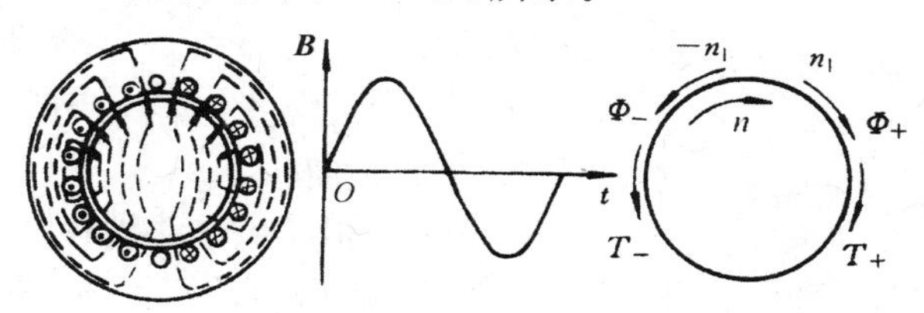

(a)磁场分布　(b)磁感应强度分布曲线　(c)脉振磁场的分解

图 6.20　脉振磁场

脉振磁场可以分成正转和反转的两个旋转磁场之和，两个旋转磁场以 $n_1=60f_1/p$ 的速度向相反方向旋转，每个磁场的磁通恒定，等于脉振磁通最大值的一半，即 $\Phi_+=\Phi_-=\pm\frac{1}{2}\Phi_m$。与电动机要求旋转方向相同的磁场称为正向旋转磁场，其磁通以 Φ_+ 表示；与电动机要求旋转方向相反的磁场称为反向旋转磁场，其磁通以 Φ_- 表示，如图 6.20(c)所示。

如果电动机转子静止，则正、反两个旋转磁场同时以相同速度切割转子导体，产生大小相同的感应电动势和电流。它们产生的转矩大小相等，方向相反，并且互相抵消，此时转子不动。这就是说，当主绕组通以单相交流电时，转子启动转矩为零。这是单相异步电动机与三相异步电动机的主要不同点。

如果用某种方法使电动机转子旋转一下，转子在两个方向相反的旋转磁场中旋转，转子与旋转方向相同的旋转磁场相互作用，产生和转子转向相同的电磁转矩 T_+。它的变化情况与三相异步电动机的情况相同。

其转差率为

$$s_+=\frac{n_1-n}{n_1}$$

转子电流频率为

$$f_2=s_+f_1$$

相对于反向旋转磁场，电动机的转差率为

$$s_-=\frac{-n_1-n}{-n_1}=\frac{n_1+n}{n_1}=1+(1-s_+)=2-s_+$$

转子电流频率 $f_{2-}=(2-s_+)f_1$，由于 $s_+\ll 2$，所以 $f_{2-}\approx 2f_1$。

f_{2-} 约为电源频率的 2 倍。由于转子电流频率高，转子感抗很大，因而决定转矩大小的电流有功分量 $I_2\cos\varphi_2$ 很小。由此可见，转子反向电抗较大，反向旋转磁场产生的电磁转矩 T_- 较小。所以正、反两个旋转磁场对转子电流作用产生的电磁转矩 $T_+>T_-$，且方向相反，故合成转矩为 $T=T_+-T_-$。

正向转矩 $T_+=f(s_+)$ 的曲线形状与一般三相异步电动机相似，如图 6.21 所示，参见单相异步电动机的机械特性曲线上部。

反向转矩 $T_-=f(s_-)$ 的曲线与正向转矩的主要差别是磁场逆方向旋转，所以只要将正方向的转矩 $T_+=f(s_+)$ 旋转 180°，得到反向转矩 T_- 曲线，如图 6.21 下部所示。

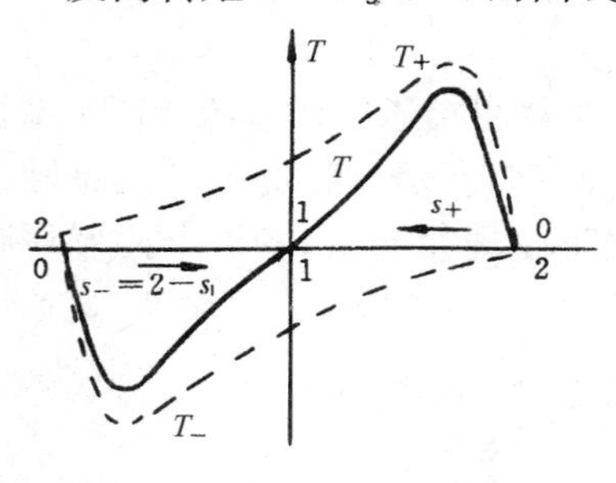

图 6.21 单相异步电动机转矩特性

正向转差率 s_+ 在 0～1 之间，正向转矩为拖动转矩；反向转差率 s_- 在 2～1 之间，反向转矩为制动转矩。如果转子反向旋转，情况正好相反。因此，转子朝哪个方向旋转，正、反向转矩总要抵消一部分，剩下来的才是单相异步电动机的有效电磁转矩 T。图 6.21 中的粗实线，即是单相异步电动机的 $T=f(s)$ 曲线。

综上所述，单相异步电动机有以下特点：

(1) 当 $n=0$ 时，正负转矩大小相等，方向相反，故启动转矩为零，单相异步电动机不能自行启动。

(2) 当 $n>0$，转矩 $T>0$；当转速 $n<0$，转矩 $T<0$，T 为拖动转矩。可见当 n 不为零时，单相异步电动机可以运转。

从上面的分析可以看出，单相异步电动机的关键问题是如何启动，而启动的必要条件是：

① 定子具有空间不同相位的两个绕组。

② 两相绕组中通入不同相位的交流电流。

单相异步电动机的分类，就是根据不同的启动方法而有所区别。

6.4.2 各种类型的单相异步电动机

1. 单相电阻分相启动异步电动机

如图 6.22 所示为电阻分相启动电动机的接线图。为了使启动时主绕组中的电流与辅绕组中电流之间有相位差，从而产生启动转矩，通常设计辅绕组匝数比主绕组的少，辅绕组导线截面积比主绕组小。这样，辅绕组的电抗比主绕组小，而电阻比主绕组的大。当两绕组并联接电源时，辅绕组的启动电流则比主绕组的启动电流相位领先。启动开关的作用是当转子转速升高到 75%～80%的同步转速时，能够断开辅绕组电路。

这种单相异步电动机由于两相绕组中电流的相位相差不大，气隙磁通势椭圆度较大，其启动转矩较小。

电阻分相启动的单相异步电动机改变转向的方法是：把主绕组或者辅绕组中的任何一个绕组接电源的两出线端对调，改变气隙旋转磁通势旋转方向，转子转向随之改变。

2. 单相电容分相启动异步电动机

单相电容分相启动异步电动机的接线如图 6.23 所示。其辅助绕组回路串联一个电容器和一个启动开关，然后再和主绕组并联到同一个电源上。电容器的作用是使辅绕组回路的阻抗呈容性，从而使辅绕组在启动时的电流领先电源电压 U 一个相位角。由于主绕组的阻抗是感性的，它的启动电流落后电源电压 U 一个相位角。因此电动机启动时，辅绕组启动电流领先主绕组启动电流一个相当大的相位角，可得到较大的启动转矩。

电容分相启动单相异步电动机改变转子转向的方法与电阻分相启动单相异步电动机相同。

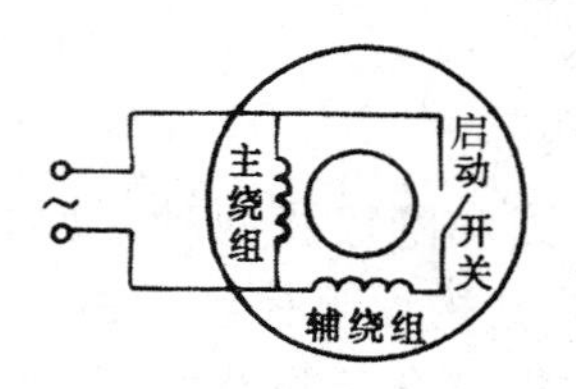

图 6.22 单相电阻分相启动异步电动机

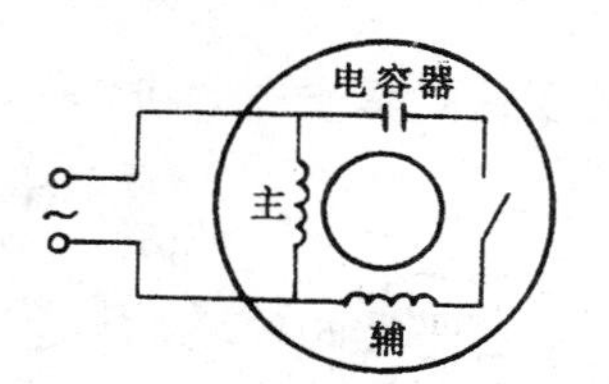

图 6.23 单相电容分相启动异步电动机

3. 单相电容运转异步电动机

在单相电容运转异步电动机中，辅绕组不仅在启动时起作用，而且在电动机运转时也起作用，长期处于工作状态。电动机定子接线如图 6.24 所示。

电容运转异步电动机实际上是个两相电动机。运行时，电动机气隙中产生较强的旋转磁通势，其运行性能较好，功率因数、效率、过载能力比电阻分相启动和电容分相启动的异步电动机好。一般电容运转电动机中电容器电容量的选配主要考虑运行时能产生接近圆形的旋转磁通势，提高电动机运行时的性能，而启动性能不如单相电容分相启动异步电动机。

改变单相电容运转异步电动机转向的方法，同单相电阻分相启动异步电动机改变转向的方法一样。

4. 单相电容启动与运转异步电动机

要使单相异步电动机有较大的启动转矩，需要与启动绕组串联的电容器容量较大，而要使单相异步电动机有较好的运转性能，需要与启动绕组串联的电容器的容量小一些。为了使电动机在启动和运转时都能得到比较好的性能，在辅绕组中采用了两个并联的电容器，如图6.25所示。电容器 C 是运转时长期使用的电容，电容器 C_S 是在电动机启动时使用的，它与一个启动开关串联后再和电容器 C 并联。启动时，串联在辅绕组回路中的总电容为 $C+C_S$，可以使电动机气隙中产生接近圆形的磁通势，得到较大的启动转矩。当电动机转到转速比同步转速稍低时，启动开关动作，将启动电容器 C_S 从辅绕组回路中切除，使电动机运行时气隙中的磁通势接近圆形磁通势，提高电动机的运行性能。

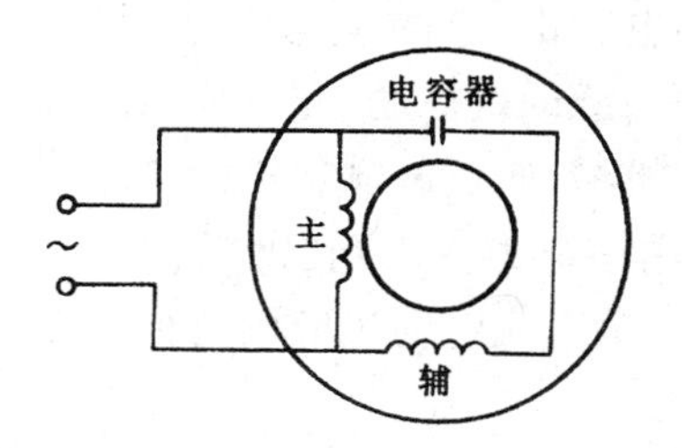

图 6.24 单相电容运转异步电动机定子接线图

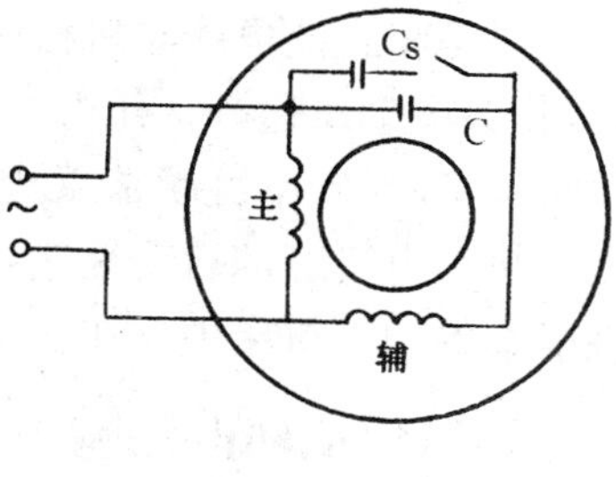

图 6.25 单相电容启动与运转异步电动机

电容启动与运转的单相异步电动机和电容启动单相异步电动机比较，启动转矩和最大转矩有了增加，功率因数和效率有了提高，电动机噪声较小，所以它是单相异步电动机中较理想的一种。

单相电容启动与运转异步电动机改变转向的方法与其他单相异步电动机相同。

5. 单相罩极式异步电动机

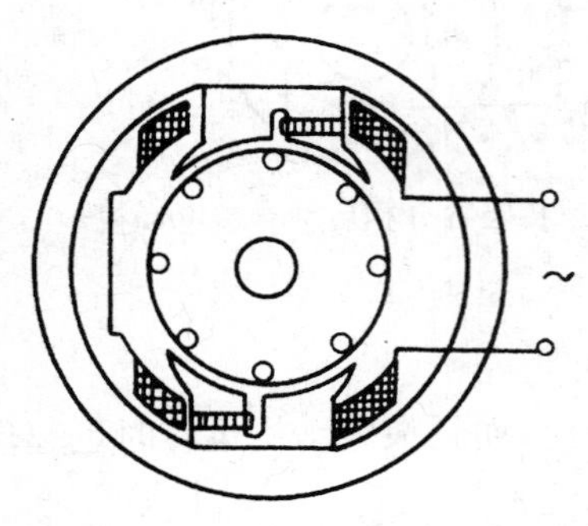

图 6.26 凸极式罩极电动机结构示意图

罩极电动机分为凸极式和隐极式两种。如图 6.26 所示为凸极式罩极电动机的结构示意图。它的定子铁芯由硅钢片叠压而成。每个磁极上套装主绕组,每个极的极靴上开一个小槽,槽中嵌入短路铜环。套有短路环的磁极部分叫做罩极。罩极电动机的转子仍为鼠笼型。

罩极电动机的工作原理是:当绕组接单相交流电后,磁极中便有脉动磁场,其中一部分通过罩极,并在短路环中产生感应电流。由于感应电流总是阻碍磁通的变化,使得不同空间位置上的两个磁通在时间上有了相位差,如同磁场从没有罩极的部分连续向罩极部分移动,这样的磁场叫做移行磁场,和旋转磁场的作用相似。在移行磁场的作用下,转子获得启动转矩而转动。

罩极式电动机的转动方向总是由未罩部分向着罩极的部分旋转,其转向不能改变。

罩极式电动机的启动转矩比电容电动机小,效率及过载能力也较小。但由于它结构简单,维护方便,多用于小型电风扇、电钟、自动装置等。

思考与练习 6.4

1. 无启动绕组时单相异步电动机能否启动?为什么?
2. 单相异步电动机启动后,切除启动绕组能否继续运行?
3. 如何改变分相启动单相异步电动机的旋转方向?
4. 比较各种类型单相异步电动机的优缺点。

*6.5 直流电动机

直流电动机是将直流电能与机械能相互转换的旋转电动机。直流电动机可以作为发电机运行,也可以作为电动机运行。作为发电机运行时,必须由原动机拖动,向负载输出直流电能;而作为电动机运行时,它本身就是原动机,拖动各种生产机械,向负载输出机械能。

直流电动机具有良好的启动性能和调速性能,广泛用于电力牵引、轧钢机、起重设备以及要求调速性能高的切削机床中。在自动控制系统中,小容量直流电动机应用也很广泛。

6.5.1 直流电动机的结构

直流电动机主要由两大部分组成:一是静止部分(称为定子);二是转动部分(称为转子或电枢)。静止部分主要由主磁极、换向磁极、机座和电刷装置等组成;转动部分主要由电枢铁芯、电枢绕组、换向器和转轴等组成。定、转子之间因有相对运动,故留有一定的空气隙,一般中小型电动机的空气隙为 0.7～5mm,大型电动机为 5～10mm 左右。如图 6.27 所示为直流电动机的主要部件图。

下面介绍定、转子中各主要部件的基本结构及其作用。

1. 定子部分

(1) 机座:直流电动机的机座通常由铸钢或厚钢板焊接制成,如图 6.27(c)所示。它有两个用途:一是用来固定主磁极、换向极和端盖;二是组成磁路的一部分,该部分称为磁轭。

(2) 主磁极:主磁极的作用是产生主磁场。它由主磁极铁芯和励磁绕组两部分组成。如图 6.28 所示,主磁极铁芯的形状由薄钢片叠成。铁芯的下部做成弧形,称为极掌。极掌的形状使得磁极下面的磁通分布较为均匀。励磁绕组被牢固地固定在铁芯上。励磁绕组用铜线或铝线绕制而成。整个主磁极用螺钉固定在机座上。在直流电动机中,主磁极可以有一对、两对或者更多。

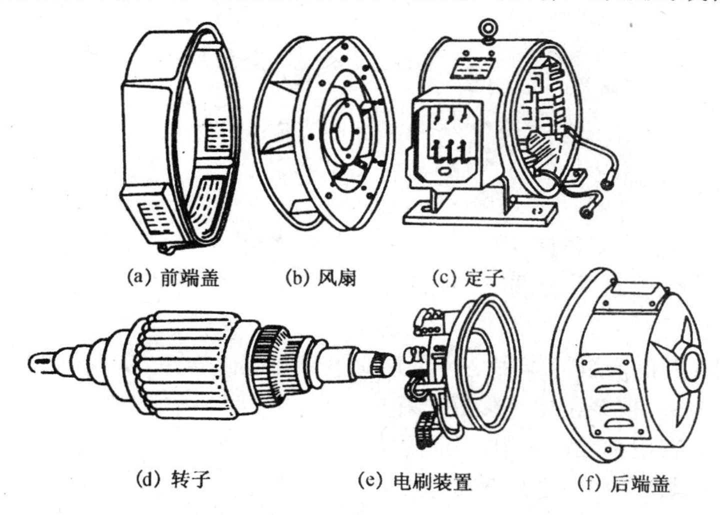

图 6.27 直流电动机的主要部件图

(3) 换向极:换向极位于两个主磁极之间,其作用是改善换向。换向极也是由铁芯和套在铁芯上的绕组组成的,如图 6.29 所示。它的铁芯可用整块钢或厚钢板制成,容量较大的电动机也用薄钢片叠成。换向极绕组与电枢绕组串联。

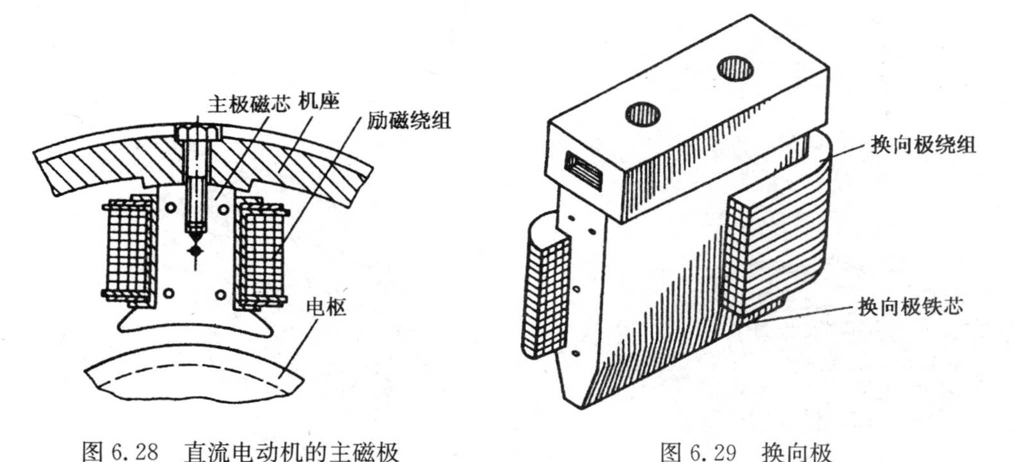

图 6.28 直流电动机的主磁极

图 6.29 换向极

(4) 电刷装置:电刷装置是把直流电压、直流电流引入或引出的装置。如图 6.30 所示为电刷盒的结构示意图。电刷放在电刷盒里,用弹簧压紧在换向器上。在电刷上嵌上铜辫,用以引入、引出电流。电刷盒固定在刷杆上,刷杆装在刷杆座上,彼此之间绝缘。

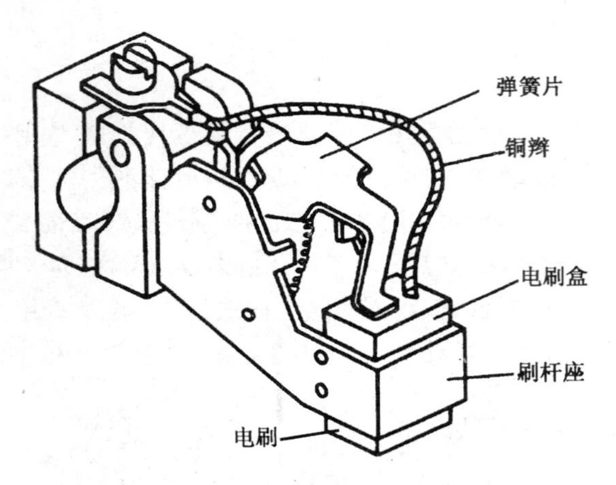

图 6.30　电刷盒的结构示意图

2. 转子部分

(1) 电枢铁芯:电枢铁芯的作用一方面嵌放电枢绕组,另一方面作为磁路的一部分。它由0.5mm 厚的硅钢片叠压而成,如图 6.31 所示。钢片沿轴向叠装,以减少磁滞和涡流损耗,提高电动机效率。

(2) 电枢绕组:电枢绕组的作用是产生感应电势和电磁转矩,实现机电能量的转换。它是电动机的重要部件。电枢绕组由许多完全相同的线圈按照一定的规律连接起来。线圈用带绝缘的铜线绕成,嵌放在电枢槽内,槽中线圈层与层之间、绕组相互之间、绕组与铁芯之间要妥善绝缘,然后用槽楔压紧,再用钢丝或玻璃丝带扎紧,以防离心力将绕组甩出槽外。

(3) 换向器:在发电机中换向器的作用是将电枢绕组元件中的交变电势转换为电刷间的直流电势;在电动机中换向器将外加直流电转换成电枢绕组元件中的交变电流。如图 6.32 所示为换向器图。换向器是由许多燕尾形的铜片(即换向片)组装而成的,片间用 0.6～1mm 厚的云母片绝缘。每一换向片上刻有小槽,以便焊接电枢绕组元件的引出线。

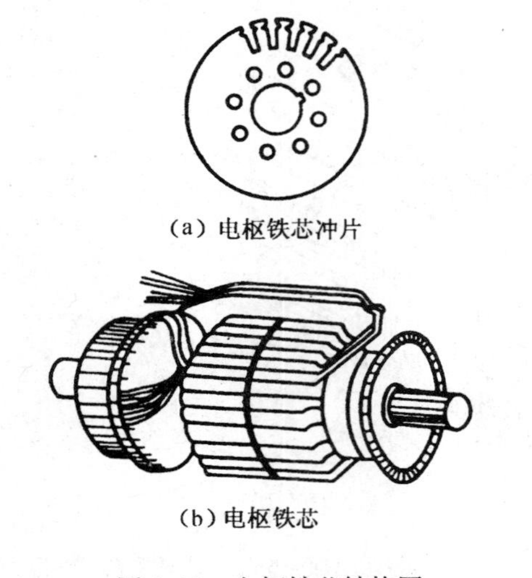

图 6.31　电枢铁芯结构图

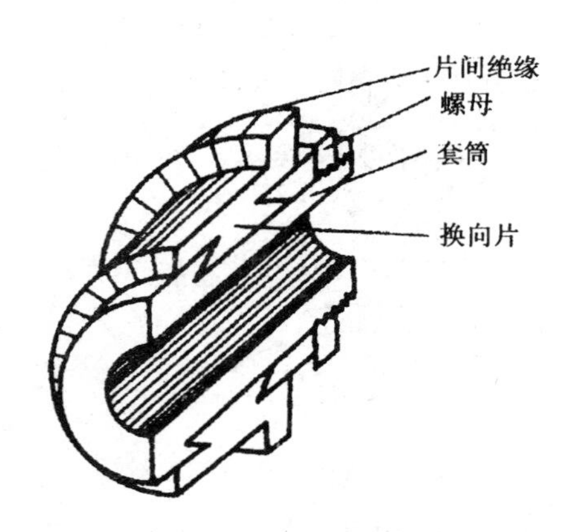

图 6.32　换向器

6.5.2 直流电动机的工作原理

如图 6.33(a)所示，电刷 A 接到电源正极，电刷 B 接到负极，电流从电刷 A 流入线圈，沿 a—b—c—d 方向，从电刷 B 流出。根据电磁力定律，载流导体在磁场中要受到电磁力的作用，其方向可用左手定则确定。因此，线圈 ab 边受力的方向向左，线圈 cd 边受力的方向向右。这两个电磁力形成的电磁转矩，使电枢逆时针方向旋转。

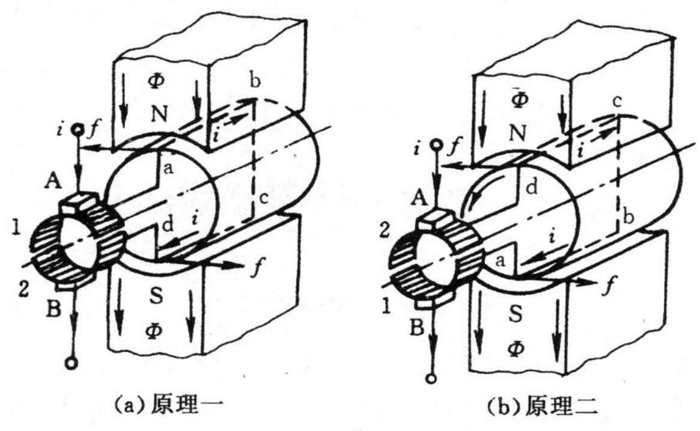

(a) 原理一　　(b) 原理二

图 6.33　直流电动机工作原理

线圈转过 90°时(线圈转到磁极的中性面上时)，电刷不与换向片接触，而与换向片的绝缘部分接触，此时线圈无电流，转矩为零，但由于惯性作用，电枢会继续旋转。

当线圈转过 180°时，线圈 ab 边与 cd 边对换位置，即 ab 边处于 S 极下，与电刷 B 接触，如图 6.33(b)所示，电流从 b 流向 a，所受电磁力方向向右；cd 边处于 N 极下，与电刷 A 接触，电流从 d 流向 c，所受电磁力方向向左，电枢仍受力按逆时针方向旋转，保持原来转动方向不变。使电枢沿着固定的方向不停地旋转。

由此可见，要使线圈按照一定的方向旋转，关键问题是当导体从一个磁极范围转到另一个异性磁极范围时，导体中电流的方向也要同时改变。换向器和电刷是完成此任务的装置。可见，换向器和电刷是直流电动机中不可缺少的关键部件。

实际的直流电动机电枢上不只一个线圈，因为一个线圈产生的转矩是脉动的。根据需要设有若干个线圈放在电枢表面上，可使电枢上得到的转矩几乎是恒定不变的。

6.5.3 直流电动机的电枢电势和电磁转矩

1. 电枢电势

电枢旋转时，电枢导体切割气隙磁场而产生感应电动势。电枢绕组的感应电动势，简称电枢电势，用 E_a 表示。

$$E_a = C_e \Phi n \tag{6-34}$$

式中，C_e 为电动机的电动势常数，其数值与电动机结构有关；Φ 为每极磁通；n 为转子转速。

如果每极磁通 Φ 的单位是 Wb，转速 n 的单位为 r/min，则感应电势 E_a 的单位为 V。

2. 电磁转矩

电动机有负载时，电枢绕组中有电流流过，载流导体在磁场中将受到电磁力的作用，电磁力对电枢轴心所形成的转矩称为电磁转矩，用 T 表示。

$$T = C_T \Phi I_a \tag{6-35}$$

式中，C_T 为转矩常数，与电动机结构有关；I_a 为电枢电流。

如果每极磁通 Φ 的单位为 Wb，电枢电流的单位为 A，则电磁转矩 T 的单位为 N·m。

思考与练习 6.5

1. 直流电动机中电枢电势和电磁转矩是如何产生的?
2. 简述直流电动机的工作原理?
3. 换向器起什么作用?

*6.6 常用特种电动机简介

特种电动机也称为控制电动机,它是指在自动控制系统中作为传递、变换和控制信号用的电动机,它们在自动控制系统中分别作为测量和比较元件、放大元件、执行和解算元件。从原理上讲,控制电动机和前面所述的驱动电动机所遵循的电磁规律是一样的,但两者的使用要求不同。对于驱动电动机的作用是实现能量转换,对它们的要求是具有较高的启动和运行转矩,即具有较高的带负载能力;而控制电动机的主要任务是完成信号的传递与变换,因此要求它具有较高的精确度与可靠性,能对信号作出快速响应。

控制电动机具有输出功率小、重量轻、体积小、动作灵敏、耗电少等特点。

6.6.1 伺服电动机

伺服电动机又称为执行电动机,在控制系统中作为执行元件。它具有一种服从控制信号的要求而动作的功能,有控制信号时运转,无控制信号时停转。伺服电动机将输入的控制电压信号转换成转轴上的角位移或角速度输出。改变控制电压极性和大小,可以改变伺服电动机的转向和转速的大小。因此,伺服电动机必须具备可控性好、稳定性高和快速响应等特点。

伺服电动机按其使用电源性质不同,可分为直流伺服电动机与交流伺服电动机。

6.6.2 测速发电机

测速发电机可以将机械转速转换为相应的电压信号,因而在自动控制系统中用它作为测量转速信号的元件。

在自动控制系统中,对测速发电机的主要要求是:其一,输出电压与转速保持线性关系,即函数 $U=f(n)$ 是一条直线,以达到精确度;其二,$U=f(n)$ 特性曲线的斜率要大,即转速变化所引起的电压变化要大,以满足灵敏度的要求;其三,温度变化引起的误差要小。

测速发电机可分为直流测速发电机和交流测速发电机两大类。

6.6.3 步进电动机

步进电动机是一种将电脉冲信号转换成机械角位移或线位移的控制电动机,由于所用电源是脉冲电源,所以也称为脉冲马达。

对步进电动机施加电脉冲信号时,步进电动机回转一个固定的角度,称为一步。每一步所转过的角度叫做步距角。电动机的总回转角和输入的脉冲数成正比,而电动机的转速则正比于输入脉冲的频率。

随着数字计算技术的发展,步进电动机的应用日益广泛。例如,数控机床、绘图机、自动记录仪表和数一模变换装置，都使用了步进电动机。

步进电动机种类很多，常见的有反应式、永磁式和混合式三种。

6.6.4 微型同步电动机

微型同步电动机转子转速恒为同步转速 n_1，用于转速要求恒定的控制设备和自动装置中。

微型同步电动机的定子结构与异步电动机定子结构相同，有单相的也有三相的，其中单相定子可采用罩极结构形式。定子绕组通电后建立气隙旋转磁势。转子的极数与定子极数相同，转子上无绕组，不需要直流励磁，所以结构简单，运行可靠，维护方便。依据转子类型的不同，微型同步电动机可分为永磁式、反应式等几种。

思考与练习 6.6

1. 同步电动机的转速与定子旋转磁场的转速是什么关系？
2. 同步电动机可分为几类？各有什么用途？
3. 特种电动机有什么特点？应用于什么场合？

本章小结

本章和第 7 章研究的是生产机械的电力拖动与自动控制中最基本的性质和原理。它包括三方面的内容：一是电动机原理；二是电力拖动基础；三是继电接触控制系统，这部分内容是工业控制基本知识。

交流电动机分成异步电动机与同步电动机两大类，它们的作用原理基于电磁感应定律，而旋转磁场是它们运行工作的基础。

三相异步电动机产生旋转磁场的条件是三相对称定子绕组中通入三相对称交流电流。

异步电动机的转动原理是基于定子旋转磁场切割转子绕组，使之感应电流，产生转矩。故转子与旋转磁场转速之间具有的转差是感应电动机运行的必要条件。

同步电动机的转动原理是定子产生的三相旋转磁场和转子绕组通以直流电产生的恒定磁场间的吸引力，使电动机的转子受力而转动。转子与旋转磁场同步旋转是同步电动机运行的必要条件。

单相异步电动机启动时一般是两相绕组通入交流电产生旋转磁势，而运行时有时是一相通电，有时是两相通电。一相绕组通电产生的气隙磁势是脉振磁势。

直流电动机的电磁转矩是定子绕组直流励磁产生的恒定磁场与电枢电流之间的相互作用而产生的。

电动机是进行能量转换的装置。在能量转换过程中必然会有损耗。由电网供给电动机的总功率中除去总损耗，便是轴上所输出的机械功率。

特种电动机除应用上有所不同外，其电磁规律与驱动电动机一样。

习题 6

6.1 异步电动机是怎样旋转起来的？产生旋转磁场的条件是什么？

6.2 三相异步电动机的旋转方向由什么因素决定？如何改变旋转方向？

6.3 什么是异步电动机的固有机械特性？什么是人为特性？

6.4　在自动装置中,伺服电动机起什么作用?对它的性能有什么要求?

6.5　说明直流伺服电动机的工作原理和机械特性。

6.6　交流伺服电动机在结构上与一般交流异步电动机有何异同?

6.7　为什么交流伺服电动机的转子绕组的阻值要选取比较大的数值?说明交流伺服电动机怎样才能避免单相供电“自转”的现象?

6.8　在自动装置中,测速发电机起什么作用?试述直流测速发电机的结构和工作原理。

6.9　说明交流测速发电机的工作原理。为什么交流测速发电机的输出电压与转速成正比?

6.10　什么叫步进电动机?说明反应式步进电动机的结构与工作原理。

6.11　步进电动机的步距角与转速由哪些因素决定?试述步进电动机的优点和用途?

6.12　试述微型同步电动机的基本工作原理?它与异步电动机有何差别?

6.13　交流电动机的频率、极数和同步转速之间有什么关系?

6.14　什么叫转差率?交流电动机是否都有转差率存在,为什么?

6.15　已知异步电动机 $f=50\text{Hz}$,额定转速 n_N 为 970r/min。试问该电动机极数是多少?转差率又是多少?

6.16　所谓三相绕组对称和三相电流对称,这两个对称是否有同一个含义?

6.17　异步电动机运行时,为什么转子绕组应短接?为什么必须有转差率?

6.18　单相交流绕组和三相交流绕组所产生的磁势有何主要区别?

6.19　直流电动机有哪些主要部件?各起什么作用?

6.20　如何判别直流电动机运行于发电机状态还是电动机状态?

6.21　异步电动机的转矩最大时,是否转差率也最大?

6.22　某三相六极异步电动机数据如下:$U_{1N}=300\text{V}$,$n_N=980\text{r/min}$,$P_N=75\text{kW}$,$I_{1N}=184\text{A}$,$\cos\varphi=0.87$。求额定情况下的负载转矩 T_N、转差率 s_N 及效率 η_N。

6.23　一台三相异步电动机数据为 $P_N=50\text{kW}$,$U_{1N}=380\text{V}$,$f=50\text{Hz}$,$2p=8$,额定负载时的转差率 $s_N=0.025$,过载能力 $\lambda_m=2$。试求最大转矩 T_{max}。

6.24　某绕线式异步电动机 $P_N=11\ \text{kW}$,$n_N=715\ \text{r/min}$,$U_{1N}=380\text{V}$,$I_{1N}=30.8\text{A}$,$E_{2N}=155\text{V}$,$I_{2N}=46.7\text{A}$,过载能力 $\lambda_m=2.9$,效率 $\eta_N=81\%$。试为该电动机绘制固有机械特性曲线。

6.25　已知绕线式异步电动机数据为:$n_N=725\ \text{r/min}$,$U_{1N}=380\text{V}$,$I_{1N}=193\text{A}$,$f=50\text{Hz}$,$\cos\varphi_{1N}=0.84$,$\eta_N=0.89$,$\lambda_m=2.2$。求:

(1) 额定功率 P_N;

(2) 启动瞬间的电磁转矩 T_{st}。

6.26　一台绕线型异步电动机:$P_N=17\text{kW}$,$n_N=1440\text{r/min}$,$U_{1N}=380\text{V}$,$I_{1N}=28.4\text{A}$,$\lambda_m=3.1$。试求该电动机机械特性方程式。

6.27　一台三相绕线式异步电动机:额定负载时 $n_N=1440\ \text{r/min}$,$I_{2N}=50\text{A}$,$R_2=0.16\Omega$,现将转速降低到 $n=1300\text{r/min}$。问每相应串多大的电阻?

6.28　一台直流电动机额定数据为:额定功率 $P_N=17\text{kW}$,额定电压 $U_N=220\text{V}$,额定转速 $n_N=1500\text{r/min}$,额定效率 $\eta_N=0.83$。求它在额定电流及额定负载时的输入功率。

第7章

电动机的控制

学习目标

1. 掌握电器元件的动作原理和用途。
2. 熟悉各电器元件的图形符号和文字符号。
3. 掌握三相异步电动机启动、制动和调速方法。
4. 掌握三相异步电动机基本控制环节。
5. 学会阅读和分析三相异步电动机启动、制动控制线路图。

根据生产机械的工作性质以及加工工艺的要求，利用各种控制电器可以实现对电动机的控制。控制线路多种多样。任何控制线路都是由一些比较简单、基本的控制线路所组成的。熟悉和掌握基本控制线路是学习和分析电气线路的基础。

7.1 常用低压电器

低压电器是指能自动或手动通断电路，对电量或非电量起到转换、保护、控制、调节、检测等作用的电器。它工作在交流电压 1 000V 或直流电压 1 200V 以下，是电力拖动自动控制系统的基本组成元件。

下面主要介绍常用低压电器的结构、原理、功能以及它们的符号，为电器的选择和使用打下基础。

1. 刀开关

刀开关是一种结构简单的开启式手控电器。一般不用来切断负载电路，仅起电源隔离开关的作用。刀开关主要由手柄、触刀、静插座、支座和绝缘底板组成，如图 7.1 所示。

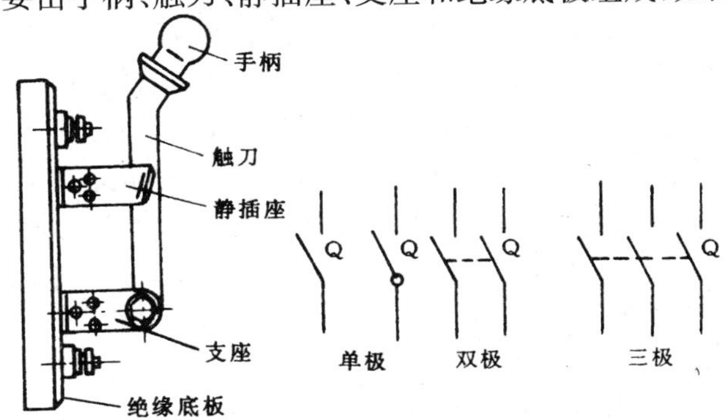

图 7.1 刀开关结构与图形符号和文字符号

刀开关的额定电压有380V和500V两种，额定电流有100A、200A、400A、600A、1 000A和1 500A六种。极数可分为单极、双极和三极三种。刀开关的图形符号参见图7.1。

选用刀开关时，刀开关的额定电流应大于或等于被控制电路中各负载的额定电流总和。如果负载是小容量电动机，刀开关的额定电流应大于电动机的启动电流(一般启动电流为额定电流的4～7倍)。

刀开关用做电源隔离开关，必须在无负载的情况下进行合闸和断开。即在供电时，应先合刀开关，再合负载开关，在断电时则相反。

刀开关应垂直安装，静插座装在上方，防止支座松动时触刀因自重下落误合闸，造成意外事故。

2. 组合开关

组合开关又称转换开关，其实质仍然是刀开关，所不同的是它的转轴把手柄与绝缘垫板上的动触头连在一起。手柄转动时，各动触头分别与静触头接通或断开。组合开关主要由手柄、转轴、凸轮、动触片、静触片等部件组成。组合开关常用做电源的引入开关，也可控制小容量电动机的启动、变速、停止及局部照明电路。

3. 自动开关

自动开关又称自动空气断路器或自动空气开关，是常用的一种低压保护电器，自动开关可实现短路、过载和失压保护。

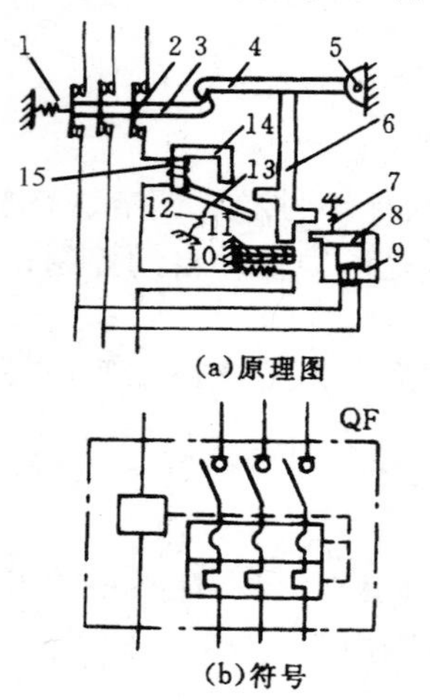

图7.2 自动开关的原理图和符号

1、7、12—弹簧；2—触头；3—锁扣；4—搭钩；5—轴；6—杠杆；8、13—衔铁；9—欠电压脱扣器线圈；10—热脱扣器发热元件；11—热脱扣器双金属片；14—过电流电磁脱扣器；15—过电流电磁脱扣器线圈

自动开关主要由触头、灭弧系统、脱扣器和操作机构组成。它常用来控制不频繁启动的电动机或通断配电线路。自动开关具有结构紧凑、体积小、分断能力高、动作值可调等优点，得到广泛应用。

如图7.2所示为自动开关的原理图和符号。如图7.2(a)所示的三对主触头串接在三相主电路中，图示的状态是主触头被脱扣机构锁定在闭合状态上。热脱扣器的发热元件10与过电流电磁脱扣器线圈15是串联在主电路中的，而欠压脱扣器线圈9与主电路并联。

当电路过载时，使热脱扣器的双金属片11向上弯曲推动脱扣机构动作而自动脱扣，使主触头分断，电路受到过载保护。

当电路短路或严重过载时，过电流脱扣器因电磁吸力增大将衔铁13吸合也使脱扣机构动作，达到短路保护目的。电路正常工作时，衔铁不被吸合，也不会断开电路。当电路电压正常时，欠电压脱扣器衔铁保持吸合状态。而当电路电压下降到某一定值致使电磁吸力小于弹簧拉力时，此时衔铁8释放，推动脱扣机构动作，起到欠电压保护作用。

4. 按钮开关

按钮开关又称控制按钮。在控制线路中，常用它来发出电

动机的启动、停止、反转等各种“指令”。如图 7.3 所示为按钮开关的结构和符号，它由按钮帽、复位弹簧、静触头、动触头、外壳等组成。工作时按下按钮，动触点向下移动，使常闭触头断开，然后接通常开触头；松开按钮后，在复位弹簧的作用下，各触头恢复原始状态。

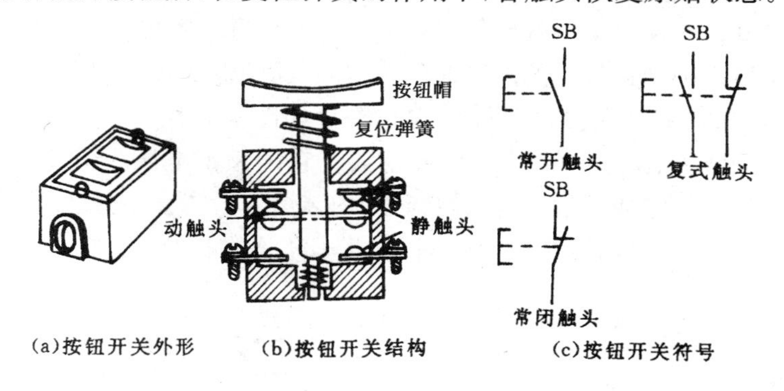

图 7.3 按钮开关

在按钮开关的上面常涂以绿、红等颜色，用以区分启动(常开)按钮还是停止(常闭)按钮。

按钮开关允许通过的额定电流较小，如 LA19 系列为 5A。在选择按钮开关时，通常根据常开触头和常闭触头的数量、控制功率等要求来选用。

5. 行程开关

行程开关又称限位开关或位置开关，它的结构原理与按钮开关相同，所不同的是行程开关的动作是由机床运动部件上的撞块或其他机构的机械作用进行操作的。如图 7.4 所示为直动式行程开关的结构。工作时，运动部件压下行程开关的推杆，带动行程开关的触头动作。当运动部件离开行程开关后，触头在复位弹簧的作用下恢复原来位置。如图 7.5 所示为行程开关的符号。

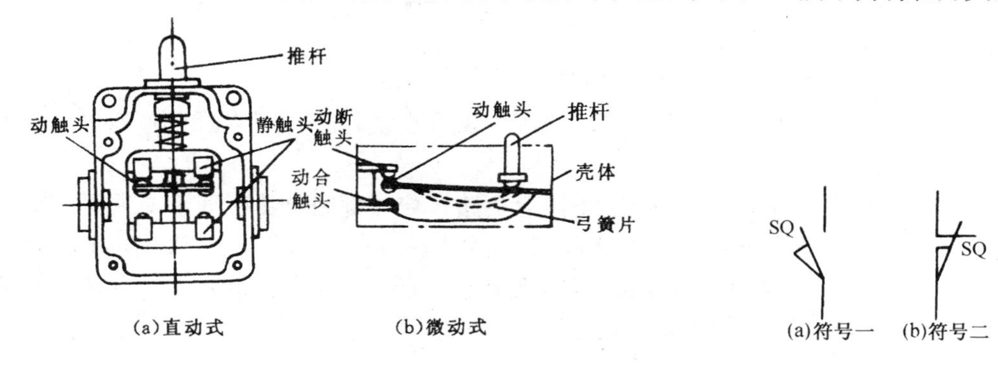

图 7.4 行程开关的结构

图 7.5 行程开关的符号

行程开关常用来对机械部件的行程和位置进行控制，如机床工作台的自动往复循环或用做机械设备的移动限位保护。

常用的行程开关有直动式和双轮旋转式。直动式行程开关受碰撞后，触头动作，当运动部件离开时，在恢复弹簧作用下，能自动恢复原始状态；而双轮旋转式要依靠运动部件反向运动时带动行程开关恢复位置。

行程开关主要根据动作要求及复位方式、触头数等来选择。

6. 熔断器

熔断器是一种简便和有效的短路保护电器。熔断器内的主要部件是熔体,有的熔体做成丝的形状,称为熔丝。熔体由熔点较低的合金制成。它串联在被保护电路中,当电路发生短路或严重过载时,熔体内因通过很大的电流而发热熔断,达到保护线路和电器设备的目的。常用的熔断器有插入式和螺旋式,它的外形、结构和符号如图 7.6 所示。RC1A 系列熔断器由瓷盖、瓷底、动触头、静触头、熔丝(熔体)等部分组成。它的额定电压为 380V,额定电流范围由 5~200A 多种。RL1 系列熔断器由瓷帽、熔断管(内装熔体)、瓷套、上接线端、下接线端和座子组成。它的额定电压为 500V,额定电流范围为 15~200A。

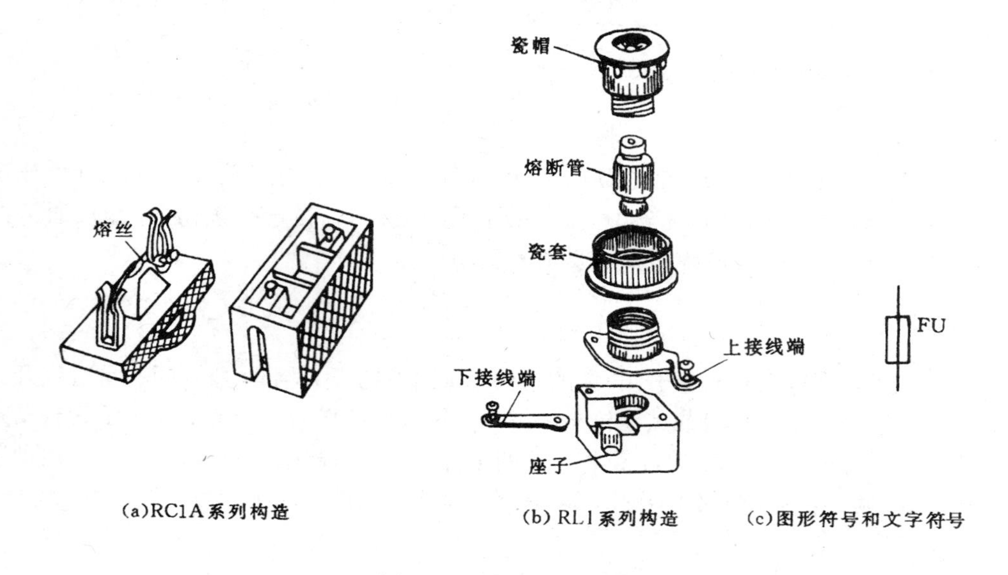

(a)RC1A系列构造　(b) RL1系列构造　(c)图形符号和文字符号

图 7.6　熔断器结构和符号

选择熔断器时,熔断器的额定电压应大于或等于线路的额定电压,熔断器的额定电流应大于或等于熔体的额定电流。

选择熔体时,对于电阻性电路(如照明、电热等电路),熔体额定电流应等于或大于电阻负载的额定电流;对于保护单台电动机的电路,熔体额定电流应等于或大于电动机额定电流的 1.5~2.5 倍;对于保护多台电动机的电路,熔体额定电流应等于或大于最大一台电动机额定电流的 1.5~2.5 倍和其余电动机额定电流之和。

7. 交流接触器

交流接触器依靠电磁力的作用使触头闭合或分离来接通或分断带有负载电路的自动切换电器。它是电力拖动系统中应用最广泛的电器之一,其结构及原理如图 7.7 所示。

交流接触器由电磁机构、触头系统、灭弧装置三个主要部分组成。

电磁机构由静铁芯、动铁芯(衔铁)和线圈三部分组成。为了减少涡流影响,铁芯由硅钢片叠成并装有为消除磁铁振动的分磁环。

触头系统通常由三对动合(常开)主触头、两对动合(常开)和动断(常闭)辅助触头组成。

主触头用于通断大电流的主电路；辅助触头用于控制电路，只能通过较小的电流(5A以下)，作为电气自锁和联锁用。为了减小接触电阻且耐灼烧，触头一般用银或银合金制成。另外，银的黑色氧化物对接触电阻影响也不大，其主触头结构形式常采用双断点桥式。

灭弧装置采用陶土灭弧罩，其作用是将动、静触头在断开大电流电路时产生的电弧迅速熄灭，从而防止电弧的危害。

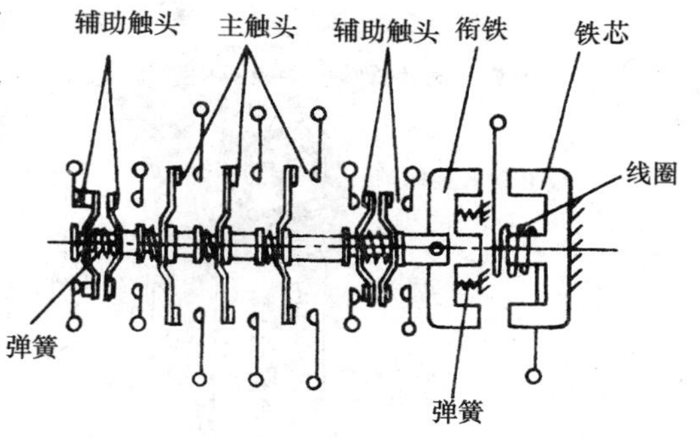

图7.7　交流接触器的原理示意图

接触器的文字符号和图形符号如图7.8所示。

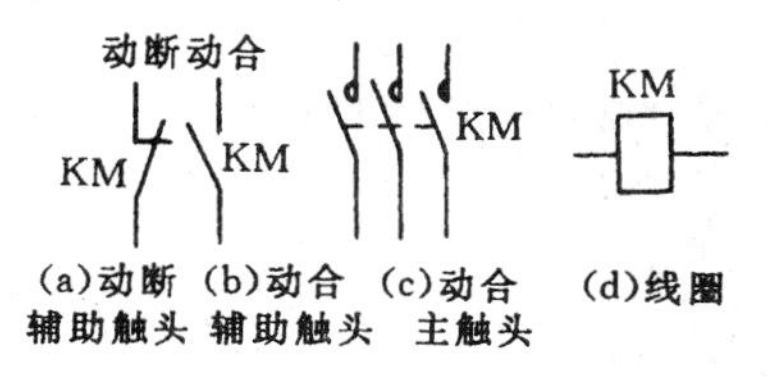

图7.8　交流接触器的文字符号和图形符号

当电磁铁的吸引线圈通过额定电流时要产生磁场，衔铁受到静铁芯产生的电磁吸力而吸合，衔铁的运动又带动了动触头的动作，使动断触头断开，动合触头闭合。当吸引线圈断电时，电磁吸力消失，衔铁在反作用弹簧的作用下释放，带动动触头的复位，使动断和动合触头恢复原状。由此看出，利用接触器线圈的通、断电可以控制其触头的闭合或分断。

常用的交流接触器型号有CJ10，CJ12，CJ20等系列。

接触器的主要技术数据及使用：

(1) 额定电压。接触器铭牌上的额定电压是指主触头的额定电压。使用时必须大于或等于负载电路的额定电压。交流一般为127V，220V，380V，500V，直流一般为110V，220V和440V。

(2) 额定电流。接触器铭牌上的额定电流是指主触头的额定电流，一般为5A，10A，20A，40A，60A，100A，150A，250A，400A和600A，使用时应大于或等于被控回路的额定电流。

(3) 吸引线圈额定电压。交流一般为36V，127V，220V和380V四种，直流一般为24V，48V，110V，220V和440V五种。使用时吸引线圈的额定电压应与所接控制电路电压一致。

(4) 额定操作频率。它是指接触器每小时接通的次数，即次/h。一般交流最高为600次/h。直流吸收线圈的电流为一常值，所以直流接触器的额定操作频率比交流接触器高，最高达1200次/h。

8. 中间继电器

中间继电器主要由线圈、铁芯和触头等部分组成。它的工作原理与交流接触器一样，当线圈通过电流时，电磁铁带动触头动作。所不同的是它的触头容量较小，触头对数很多，通常具有八对触头，可组成四对动合、四对动断。

中间继电器在控制电路中常用来传递信号；把小功率信号转换成大功率信号；把单路控制信号转换成多路控制信号；有时也用中间继电器直接控制小容量电动机的启动和停止。如图7.9所示为JZ7系列中间继电器的外形和符号。

选用中间继电器时，线圈的额定电压要与电路电压相符合，同时动合触头和动断触头的数

量及容量必须满足电路的要求。

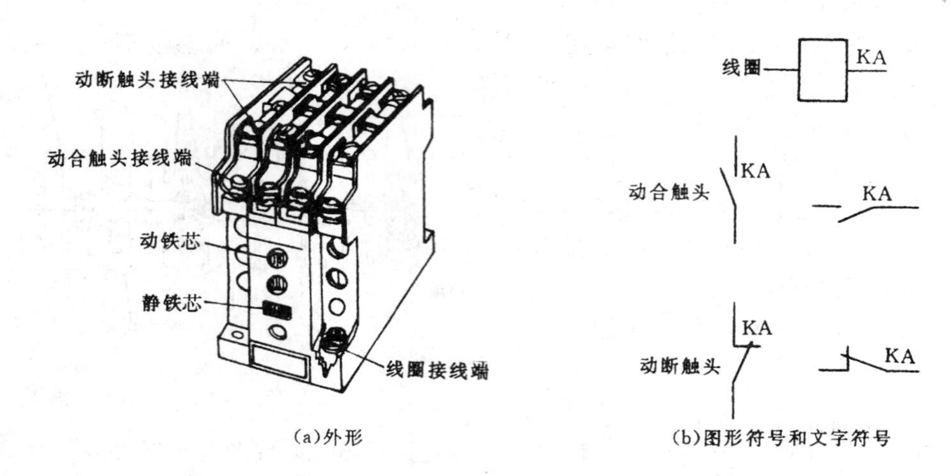

(a)外形　　(b)图形符号和文字符号

图 7.9　JZ7 系列中间继电器的外形和符号

9. 时间继电器

时间继电器在控制线路中用来延迟线路的接通和断开时间。它大体可分为两种:一种是从线圈通电到它的触头闭合(或断开)的延时;另一种是从线圈断电到它的触头闭合(或断开)的延时。在时间继电器中,常带有若干对瞬动触头供使用时选用。目前常用的时间继电器有以下几种。

(1) 电动式时间继电器:利用同步电动机原理制成。它延时的时间较长,可从几秒到几小时甚至十几小时,但是其结构复杂,价格昂贵。

(2) 电磁式时间继电器:利用电磁惯性原理制成。它的结构简单、价格便宜、操作频率高。但是它延时时间短,只有 0.3～0.6s,而且只适用于直流电路中的断电延时。

(3) 晶体管式时间继电器:利用控制电容器充电和放电时间而制成。它具有延时精度高、体积小、耐振动、调节方便等优点,是使用的方向,但承载能力差,易损坏。

(4) 空气阻尼式时间继电器:利用空气通过小孔节流的原理制成。这种时间继电器准确度较低,但是它结构简单,延时时间 0.4～180s。

如图 7.10 所示为通电延时的空气阻尼式时间继电器的原理图和符号。线圈通电以后,动铁芯被吸下,瞬动触头立即动作,此时,活塞杆与动铁芯之间出现一段空隙,活塞杆在弹簧的作用下,有向下移动的趋势,但是与它连在一起的伞形活塞不能立即动作,因为伞形活塞上面的空气比下面的稀薄。当空气从进气孔进入后,伞形活塞才能缓慢下移。与此同时,杠杆的位置渐渐变化,经过一段时间延时后,杠杆碰撞微动开关,使动断触头断开,然后动合触头接通。调节螺钉用来控制进气孔的大小,调节延时时间长短。线圈断电时,动铁芯在复位弹簧作用下复位,伞形活塞上面的空气通过出气孔排出。

如果把铁芯倒装,可以把通电延时改变成断电延时的空气阻尼式时间继电器,如图 7.11 所示。它有两个延时触头:一个是延时闭合的动断触头;另一个是延时断开的动合触头。它的工作原理与通电延时继电器相似。

选用时间继电器时，延时方式、延时触头和瞬动触头的数量、延时时间、线圈电压等方面均应满足电路的要求。

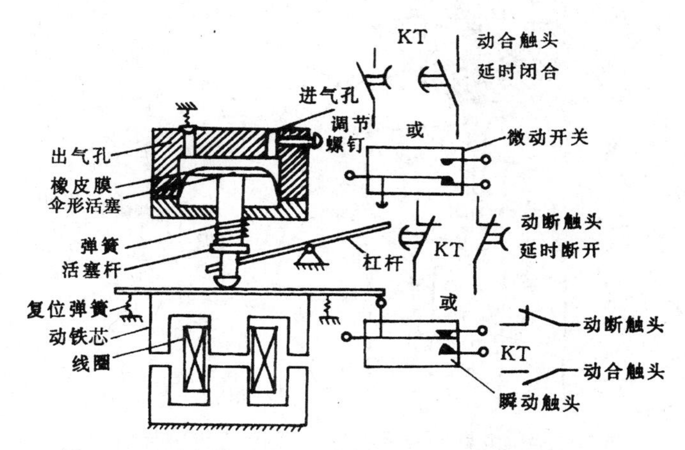

图 7.10　通电延时的空气阻尼式时间继电器原理和符号

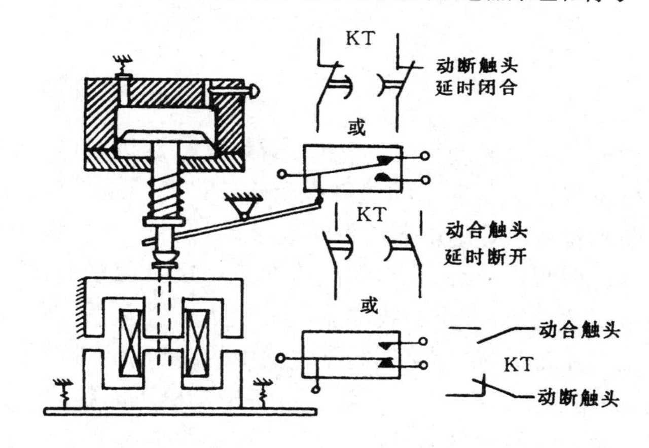

图 7.11　断电延时的空气阻尼式时间继电器工作原理和符号

10. 速度继电器

速度继电器常应用在电动机的制动控制线路中。如图 7.12 所示为速度继电器的工作原理示意图和符号。电动机的转子(图中未画)通过转轴与速度继电器的转子(永久磁铁)连在一起，在永久磁铁外面套有外环，外环的内表面有鼠笼绕组。当电动机转动时，由于永久磁铁磁力线切割鼠笼绕组，使绕组中产生电磁转矩(其原理与鼠笼式电动机相似)，因此外环沿着转子旋转方向偏转，当偏转到一定角度时，外环上的顶块拨动动触片使动断触头断开，动合触头接通。由于电动机可能具有正、反两种转向，因此两边各设置动合和动断触头。在电动机转速高于 100r/min 时，触头动作；在电动机转速低于 100r/min 时，触头恢复原始状态。

常见的速度继电器有 JY1 和 JFZ0 系列。JY1 系列的触头额定电压为 380V，额定电流为 2A，正转或反转时动作触头各一组，额定工作转速为(100～3 600)r/min，操作频率不大于每小时 30 次。通常根据被控制电动机的额定转速来选择速度继电器。

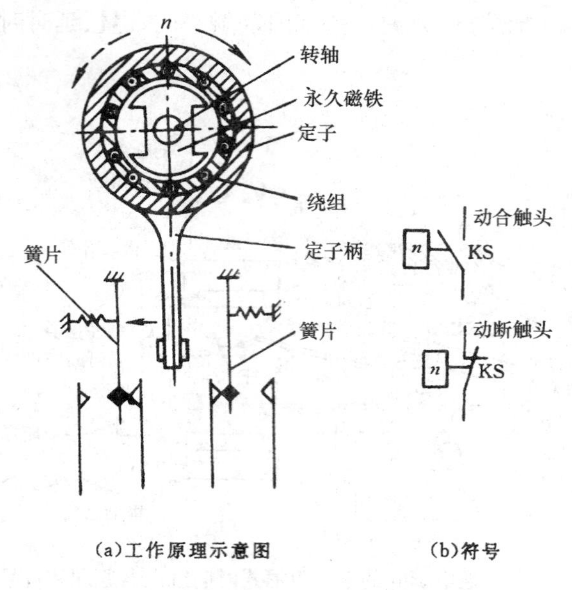

图 7.12　速度继电器的工作原理示意图和符号

11. 热继电器

电动机长时间过载或过载电流较大时,会使电动机绕组发热损坏,甚至烧毁,因此通常用热继电器对电动机进行过载保护。常用的热继电器有 JR0 和 JR16 系列。如图 7.13 所示为热继电器的工作原理图和符号。热继电器的发热元件串接在电动机定子绕组的主电路中,当主电路中的电流超过允许值时,热元件发出的热量使双金属片温度升高。由于双金属片由两种不同线膨胀系数的金属片组成,下层的线膨胀比上层大。受热后,双金属片向上弯曲,扣板在弹簧力的作用下绕轴向左转动,使串接在控制电路中的动断触头断开。故障排除后,需按下复位按钮,使热继电器保持原来正常的工作状态,准备电动机重新启动。热继电器有两相和三相结构。一般情况可选用两相结构的热继电器,只有在三相负荷不平衡和环境恶劣等情况下,才选用三相结构的热继电器。

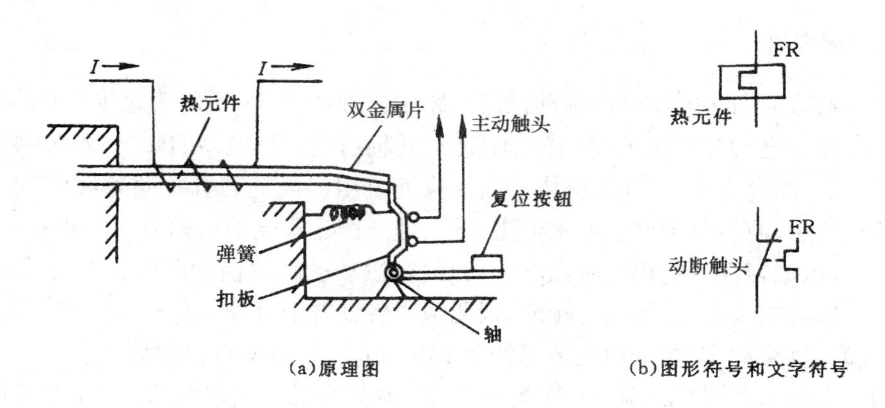

图 7.13　热继电器的工作原理图及符号

热继电器中热元件的整定电流在数值上和电动机的额定电流应相等。当热元件的电流超过整定电流的20%时，热继电器应在20min内动作。如果热元件的额定电流与需要整定的电流不符时，需进行调节，每个等级的热元件电流都有一定的调节范围。

热元件中的过载电流越大，则动作时间越短。当过载电流从整定电流的1.2倍变化到1.5倍时，动作时间将从小于20min降低到小于2min。对于启动时间较长的和带有冲击性负载的电动机，如冲床、剪床等机械设备中的电动机，它的热元件整定电流一般为电动机额定电流的1.11～1.15倍。

思考与练习 7.1

1. 说明按钮开关与行程开关在应用上有何不同？
2. 空气阻尼式时间继电器的延时原理是什么？如何调节延时的长短？
3. 熔断器能否起过载保护作用？为什么？
4. 自动开关在电路中起什么作用？

7.2 三相异步电动机的启动、制动与调速

电动机从接通电源开始，转速由零上升到额定值的过程称为启动过程，简称启动。

电动机在启动瞬间，$n=0$，$s=1$。定子旋转磁场以较大的相对转速切割转子绕组，并在转子绕组中感应较大的电势和电流，由于磁势平衡关系，致使定子电流也很大，故启动电流达额定电流的4～7倍。

7.2.1 笼型电动机的启动

电动机的启动方法取决于供电系统容量、电动机的容量和结构形式、负载情况及启动频繁程度。鼠笼型电动机的启动方法大致可分直接启动与降压启动两种。

1. 直接启动

直接启动又称全压启动。其方法是通过断路器（或接触器、闸刀开关）将电动机的定子绕组直接接相应额定电压的电源。

直接启动主要受供电变压器容量的限制。一般来说，异步电动机的容量不应超过电源变压器容量的30%，频繁启动的电动机容量不应超过变压器容量的20%，小功率电动机（$P_N \leqslant$ 7.5kW）及启动时使电网电压降不超10%～15%的允许直接启动。能满足下式的电动机可以直接启动：

$$\frac{I_{st}}{I_N}=\frac{1}{4}\left[3+\frac{\text{电源总容量(kV·A)}}{\text{电动机容量(kW)}}\right]$$

不能满足上述要求的应采用降压启动。

2. 降压启动

电动机供电电源容量不够大时，可采用降压启动。降低电压供给定子绕组，可以限制启动

电流，但由式(6-26)可知，转矩与定子相电压的平方成正比，降压又使启动转矩降低较多，所以降压启动的方法只适应于启动转矩要求不高的场合，即轻载或空载下启动。

(1) 自耦变压器降压启动(补偿器启动)：启动时电动机定子电压仅为自耦变压器的二次侧的抽头部分电压，电动机降压启动，待转速接近稳定值时，转换开关切除自耦变压器，电动机在全电压下运行。自耦变压器启动原理线路如图 7.14 所示。

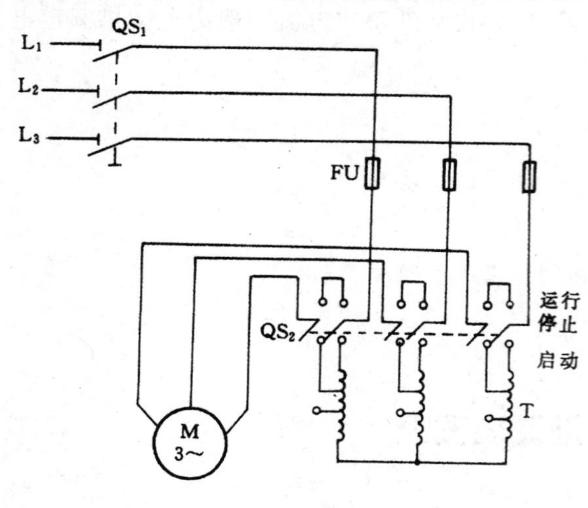

图 7.14　自耦变压器启动原理线路

设自耦变压器变压比为 k。当电动机端电压降低到 U_1/k 时，电动机的启动电流 I_{st2} 成比例地减小，为全压启动(直接启动)时启动电流 I_{st} 的 $1/k$，即

$$I_{st2}=\frac{1}{k}I_{st}$$

由于电动机定子绕组接在自耦变压器的二次侧，自耦变压器一、二次侧电流关系为

$$I_{st1}=\frac{I_{st2}}{k}=\frac{1}{k}\cdot\frac{1}{k}I_{st}=\frac{I_{st}}{k^2}$$

由上式可见，利用自耦变压器启动时，电网供给的启动电流将减小至直接启动时的 $1/k^2$。由于 $T\propto U_1{}^2$，因此启动转矩也减小至直接启动时的 $1/k^2$。

由于自耦变压器有抽头电压可供选用，故应用较普遍，但设备投资大，易损坏。

(2) Y/△形启动：这种方法只适用于正常运行为△形接法的电动机。启动时，先将定子三相绕组连接成星形，这时定子绕组承受的相电压只有△形连接时的 $1/\sqrt{3}$，电动机降压启动。待电动机转速接近额定转速时，换接成△形连接，使电动机定子绕组在全电压下运行。Y/△形启动器降压启动的原理接线图如图 7.15 所示。

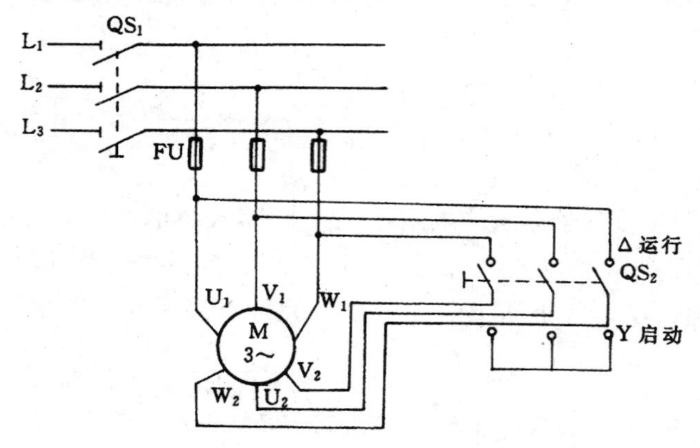

图 7.15　Y/△形启动器降压启动的原理接线图

设电源电压为 U_L(线电压)，当定子绕组为 Y 连接时，绕组相电压为 $U_L/\sqrt{3}$，电动机每相阻抗为 Z，则电网供给每相绕组启动电流 $I_{stY}=U_L/\sqrt{3}Z$。△形连接时，流过每相绕组电流为

U_L/Z，而电网的线电流 $I_{st\triangle}$ 是绕组每相电流的$\sqrt{3}$倍，即

$$I_{st\triangle}=\sqrt{3}\frac{U_L}{Z}$$

因此，利用 Y/△形换接器，则 $I_{stY}/I_{st\triangle}=1/3$，即电网供给的启动电流可以减少到直接启动时的 1/3，相应启动转矩也减小到原来的 1/3。

7.2.2 绕线型电动机的启动

前面分析转子电路中串接电阻的人为特性时，已说明适当增加转子电阻可以提高电动机的启动转矩。绕线型电动机正是利用这一特点，取得良好的启动性能的。

绕线式电动机转子回路串接启动变阻器的设备配有启动变阻器和频敏变阻器。

1. 启动变阻器启动

绕线型异步电动机的启动线路如图 7.16 所示。从图中可见，线绕转子回路通过滑环和电刷可以和 Y 形接的三相启动变阻器相连。

开始启动时，全部电阻接入转子电路中，使电动机在较小启动电流与较大启动转矩下启动。随着转速的升高，转矩将随转速的上升而减小，这使电动机加速困难。为了获得较平滑的启动过程，启动变阻器应分段切换，使启动转矩保持在最大转矩和最小转矩之间，直至最后全部切除，转子绕组便直接短路，电动机进入稳定运行状态，启动过程结束。

绕线型电动机转子回路串接适当的电阻可以使电动机在启动时获得较大转矩，一般应用在起重较困难的机械上，如卷扬机、起重吊车等大多使用绕线式电动机，可获得较好的启动性能。

2. 频敏变阻器启动

串联频敏变阻器启动能克服串接变阻器分级切除电阻、启动不平滑、触点控制可靠性差的缺点，而实现随着转速升高，等效电阻随着频率降低而减小的平滑启动。

频敏变阻器实质上是一台铁损很大的三相电抗器，其结构如图 7.17 所示。铁芯用厚 6～12mm 的铁板或钢板做成三柱式，每个芯柱上绕有一个线圈，三相接成星形，然后接到绕线转子的滑环与电刷上。

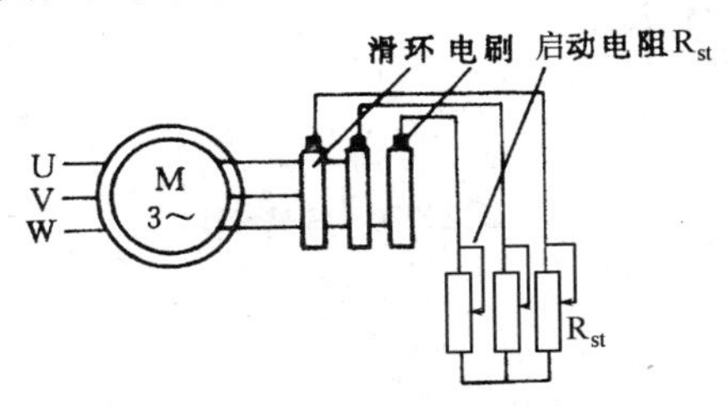

图 7.16 绕线型电动机转子回路串接变阻器启动

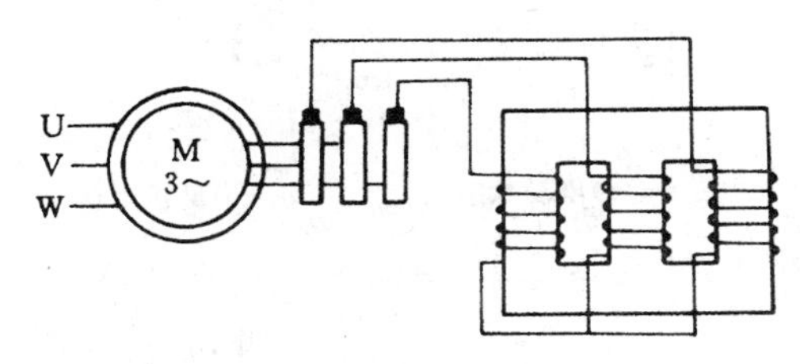

图 7.17 绕线式电动机串联频敏变阻器启动

启动时，转子电流频率较高，$f_2=f_1$。这时，频敏变阻器绕组中电流使交变磁通在铁芯中产生大量的涡流损耗，消耗了转子电路中一部分功率，效果如同一个电阻的作用。频率越高，

发热越多，相当于电阻越大。电路中这一电阻既抑制启动电流大小，又增加了启动转矩。随着转速的升高，转子电流频率逐渐降低，频敏变阻器反映铁损的等效电阻也随之减少，相当于在启动过程中逐级切除串接电阻。待电动机进入稳定运行转速时，频敏变阻器的等效电阻与电抗都很小，于是切除变阻器使转子绕组直接短接。

频敏变阻器具有结构简单、造价便宜、维护方便、无触点、启动平滑等优点，但它具有一定的线圈电抗，功率因数较低，启动转矩只能达到(50～60)％T_N，故一般适用于电动机在轻负载下启动。

7.2.3 三相异步电动机的制动

异步电动机在拖动生产机械的过程中应能够迅速准确地停车、改变方向或降低转速，所以需要对电动机实行某种制动。

所谓制动运行是指电动机的电磁转矩 T 作用的方向与转子的转向相反的运行状态。异步电动机的电磁制动状态可分为能耗制动、反接制动和回馈制动(发电状态)。

1. 反接制动

(1) 倒拉反接制动：异步电动机拖动的起重机下放重物时，需要限制其重物下降时的速度。采用倒拉反接制动则需要在其转子电路中串接较大的电阻值。接入瞬间由于机械惯性，电动机转速来不及变化，但这时转子回路电流及产生的电磁转矩由于串接电阻的影响而减少，因而电磁转矩 T 小于负载转矩 T_L，电动机将不断地减速。当转速降至零时，若电动机的电磁转矩仍小于负载转矩，则起重装置的位能在负载转矩的作用下，负载重力将拖动电动机转动。此时重物下降，电动机反转，进入倒拉反接制动状态。随着反向转速的增加，电磁转矩重新等于负载转矩，达到新的平衡，电动机便以稳定的低速下放重物，如图 7.18 所示。

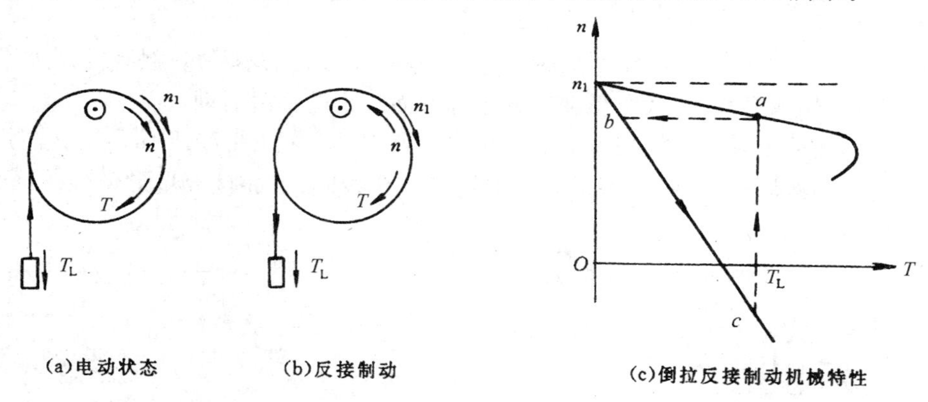

图 7.18　倒拉反接制动原理及特性

(2) 电源反接制动：异步电动机在电动状态下运行时，若将其定子三相绕组中两相对调接入电源，将改变定子电流的相序，产生的旋转磁场反向。但由于转子有机械惯性还来不及改变转向，故转子转向与旋转磁场方向相反。此时转子电势 E_2、转子电流 I_2 和电磁转矩 T 的方向发生改变，电动机进入了反接制动状态。在反向电磁转矩与负载转矩的共同作用下，使电动机转速迅速降低，直至 $n=0$ 时切除电源，使电动机停车，反接制动结束，否则电动机将反向启动，如图 7.19 所示。

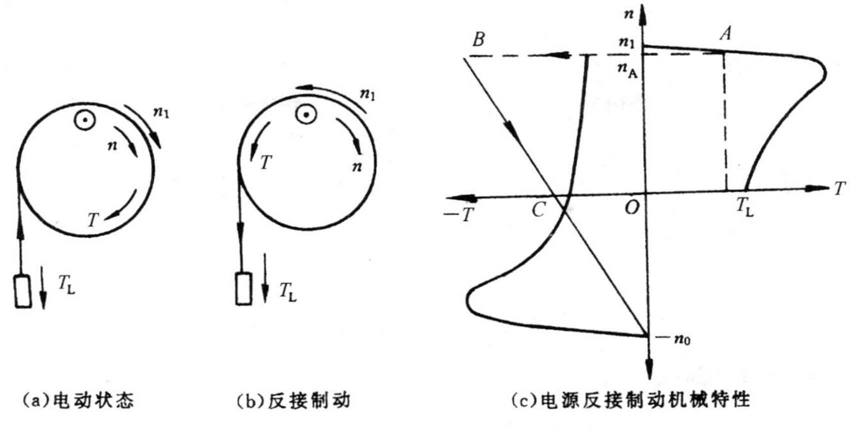

图 7.19　电源反接制动原理及特性

2. 回馈制动

当转子转速超过同步转速即 $n>n_1$，$s<0$，异步电动机转子改变对磁场相对运动方向，电动机的转子电路电势、电流及其电磁转矩与电动状态时相反，电动机进入回馈制动状态，如图 7.20(b)所示。当起重机下放置物时会出现这种情况，这时反向电磁转矩与位能负载转矩相平衡时，转子与重物下降速度逐渐减速到稳定值，重物将以恒低速下降。这时重物下降所失去的位能转换为电能反馈给电网，电动机向电网输出电功率成为发电机状态。

另外，将多速电动机从高速调到低速时，也会出现这种制动，如图 7.20(c)所示。

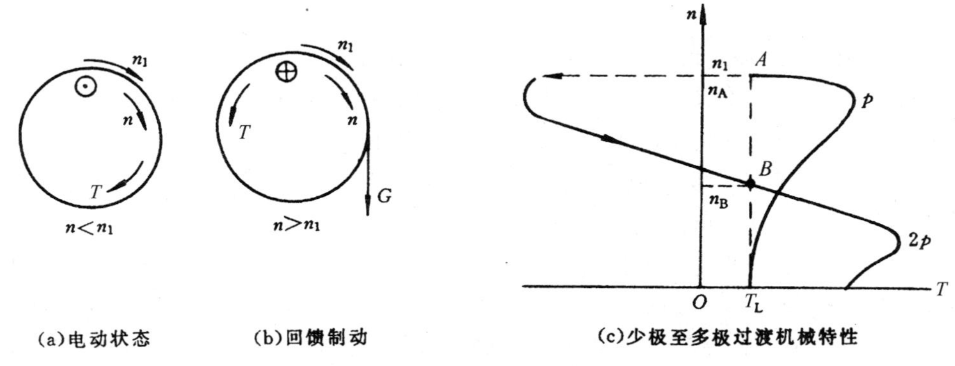

图 7.20　回馈制动

3. 能耗制动

能耗制动的物理过程：将正在运行中的异步电动机的定子绕组从电网断开，然后立即接上直流电源，该直流励磁在气隙中将建立一个恒定磁场，转子由于机械惯性继续按原方向旋转，此时转子导体切割了磁力线，所产生的感应电势和电流方向与电动机运行时相反，电磁转矩反向，如图 7.21 所示，与正在运行的电动机转向相反，故起制动作用，并使电动机减速，最后电动机转速为零。

由于定子绕组采用直流励磁电源，因而绕组的电抗为零。为得到所需要的直流电流，在定子电路中应串接励磁限流电阻。

如图 7.21(c)所示，为了限制转子电流和得到不同的制动特性，从 a 点跳变到曲线 2 上的 b 点，使转速迅速降至零，调节直流励磁电流或改变绕线式转子回路中的附加电阻，以控制制动转矩的大小。

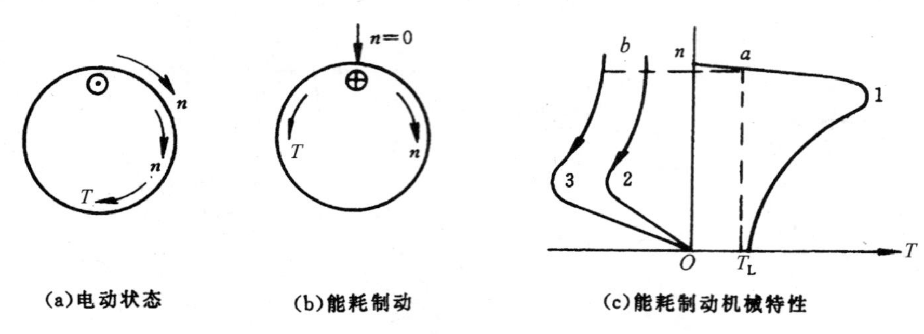

图 7.21　异步电动机能耗制动原理及机械特性

7.2.4　异步电动机的调速

人为改变电动机的转速简称调速。异步电动机的调速性能不如直流电动机,但随着电子技术的发展,交流电动机将有取代直流电动机的趋势。

调速是在负载转矩不变的条件下,改变电动机定、转子电路中有关参数,实现速度的变化。异步电动机调速的方法很多,从转速表达式

$$n = n_1(1-s) = 60f_1/p$$

可以看出:改变定子绕组的磁极对数 p、电源频率 f_1 和转差率 s,均可使电动机的转速改变。下面简要介绍几种调速的方法。

1. 变极调速

改变定子绕组的磁极对数 p 的调速方法简称变极调速。由 $n_1=60f_1/p$ 的关系式可见,在电源频率 f_1 一定情况下,则 $n_1 \propto 1/p$。若改变极数,同步转速变化,必然改变电动机转速。由于极数成对变化,故转速将有等级地调节,属不平滑调速。

(1) 变极的基本原理。由通电导体周围建立磁场的全电流定则可知,只要改变定子绕组接法,使之半相绕组中电流反向流通,极数可以改变,这种方法称反向变极法。

如图 7.22(a)所示,将两线圈顺串接(头与尾)或顺并接(头与头)能形成四极。如图 7.22(b)所示,将两线圈逆串接(尾与尾)或逆并接(头与尾)便形成两极。改变连接使电动机的同步转速由 1 500r/min变到 3 000r/min,是等级变速,此种电动机称多速电动机,适用于鼠笼式转子异步电动机。

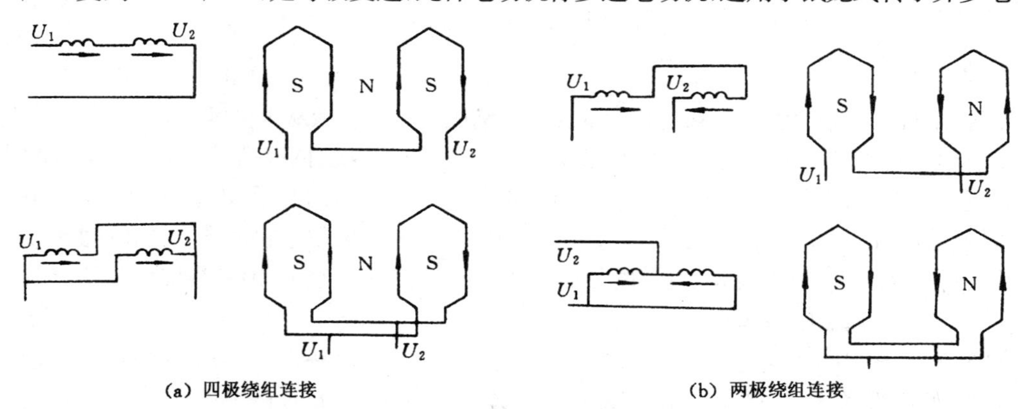

图 7.22　变极调速绕组接线方法

（2）变极调速中的一些问题。

① 双速电动机中的恒转矩调速和恒功率调速：设定子绕组相电压为 U_1，绕组相电流 I_N，假设定子绕组换接后的功率因数和效率近似不变。

恒转矩调速即定子绕组 Y/YY 换接中（从星接变成双星接）极数减少一半，转速增加一倍，输出功率之比为

$$P_Y = 3U_1 I_N \eta_1 \cos\varphi_1 \quad P_{YY} = 3U_1(2I_N)\eta_1 \cos\varphi_1 \quad P_{YY}/P_Y = 2$$

这说明，由 Y 连接改接成 YY 连接后，电动机的输出功率增加一倍。由 $T=9.55P/n$ 关系式可知，当由 Y 连接改为 YY 连接，输出功率增加一倍、转速也增加一倍，故转矩 T 不变。这种绕组换接的调速方法适用于起重机、运输带传输。

恒功率调速即定子绕组△/YY 换接中从三角形连接变成双星形连接，由于极数减少一半，转速增加一倍，其输出功率之比为

$$P_{\triangle} = 3\sqrt{3}U_1 I_N \eta_1 \cos\varphi_1 \quad P_{YY} = 3U_1 2I_N \eta_1 \cos\varphi_1 \quad P_{YY}/P_{\triangle} = 1.15$$

这说明，由△连接改为 YY 连接后，电动机的输出功率近似不变。由 $T=9.55P/n$ 关系式可知，当由△连接改为 YY 连接，，输出功率基本不变，转速增加一倍，因此转矩 T 减少一半。这种绕组换接方法适用于恒功率负载的金属切削机床。

② 变极时改变相序以保持电动机转向不变，当极对数为 p 时，三相相序差分别为 0，120，240；而极对数为 $2p$ 时，三相相序差为分别 0，240，120(480)，说明变极后相序改变，因此在变极的同时将电动机定子绕组任意两线端对调，可以保证电动机转向不变。

变极调速为有级调速，绕组结构复杂，造价昂贵，但具有较硬的机械特性，稳定性好。

2. 改变电源频率的调速

从 $n_1=60f_1/p$ 关系式可知，绕组极对数 p 一定时，旋转磁场 n_1 与电源频率 f_1 成正比变化，所以连续地调节频率可以平滑地调节异步电动机的转速。变频调速时应保持二个参数不变。

（1）为了电动机运行时性能和容量能够充分利用，从公式 $U_1 \approx E_1 = 4.44 f_1 K_1 N_1 \Phi_m$ 可知，在 U_1 一定时，f_1 的减小必将导致气隙磁通 Φ_m 过大，引起磁路的过饱和、励磁电流的急增、功率因数降低，容量得不到充分利用。为了保持调频中 Φ_m 基本不变，调频时必须同时调压，以使 $U_1/f_1 \approx E_1/f_1 = C$。

（2）为了保证电动机运行的稳定性，在变频调速时，应维持电动机的过载能力 λ_m 不变。式 $T_{max} = CU_1^2/f_1^2$ 则 $\lambda_m = T_{max}/T_N = C\dfrac{U_1^2}{f_1^2 T_N}$。为保证变频前后过载能力不变，则应满足下列关系式

$$\frac{U_1'}{U_1} = \frac{f'_1 \sqrt{T'_N}}{f_1 \sqrt{T_N}}$$

变频调速特别适应于恒转矩负载，因 $T_N = T_N'$ 则 $\dfrac{U'_1}{U_1} = \dfrac{f'_1}{f_1} = C$，既保证电动机过载能力不变的同时又满足 Φ_m 值不变。

变频调速性能好必须符合三点要求,一是调速范围大,$\frac{n_{\max}}{n_{\min}}=10\sim20$;二是调速平滑性好,特性硬度不变,保证系统稳定运转;三是可调频改善启动性能。变频电源投资较大,近年来随着交流技术的发展,促进了变频调速的应用。

3. 改变转差率的调速

(1) 绕线式异步电动机转子回路中串接电阻调速:由转矩参数表达式可知,负载转矩一定时,其他各物理量均不变,故 R_2/s 为常数,则

$$\frac{R_2}{s}=\frac{R_2+R_p}{s'}$$

由上式可见,对应不同的转子电阻可以得到不同的转差率和不同的转速。此种方法只适用于绕线式转子电动机。

绕线式异步电动机转子回路中串接电阻调速的机械特性如图 7.23 所示。设电动机在某一负载下稳定运行在转速为 n 的 a 点上。当转子回路串入电阻的瞬间,由于转子的惯性,电动机的转速还来不及改变,此时转子中电流因电阻增加而减少,引起电磁转矩的减小,工作点从 a 过渡到 c。因 $T<T_L$,转子转速降低,转差率上升。随着转差率的上升,转子电势和转子电流相应增加,直至转子中电流恢复至原来的数值,电磁转矩也重新增至原来的数值,$T=T_L$ 为止,电动机将在新的转速 b 点上稳定运行。

绕线式异步电动机转子回路中串接电阻的调速特点:调速方法简单,调速电阻可用做启动变阻器。由于串接电阻使机械特性变软,运行稳定性差,同时转子回路的电阻损耗增加,效率降低。此外,这种调速方法只能从额定转速往低方向调节,适合于重复短时运行的负载,在小型电动机中应用较广。

(2) 绕线式异步电动机串级调速:串级调速系统由异步电动机与他励直流电动机组成,如图 7.24 所示。调速时,当改变他励电动机的励磁电流时,直流电动机的电枢电势、电枢电流随之改变。它们将与异步电动机的转子电流和整流器中的电流相互作用,使异步电动机转子电流随之改变,达到调节转速的目的。

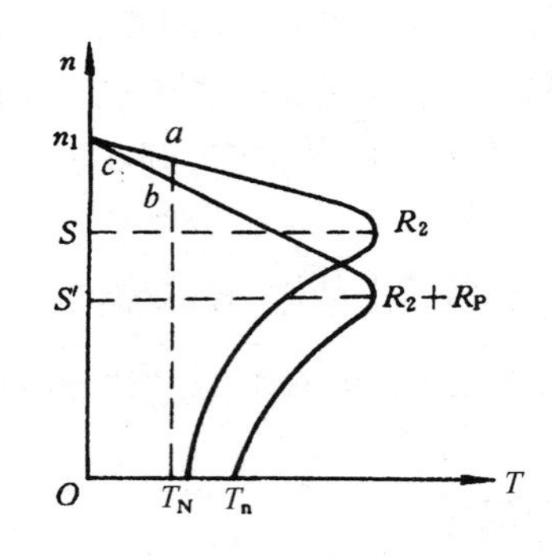

图 7.23 串接电阻调速机械特性

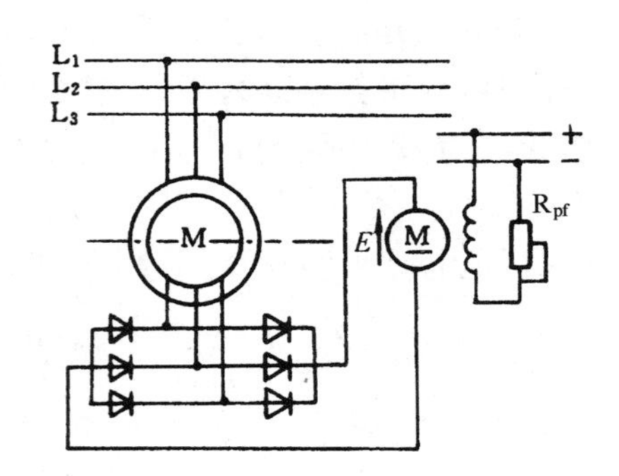

图 7.24 串级调速原理图

串级调速方法具有能量损耗小,效率较高,机械特性硬度不变,调节范围较宽,并有平滑无级调速等优点。

思考与练习 7.2

1. 绕线型电动机有哪些启动方法？与笼型电动机启动方法进行比较各有什么优缺点？
2. 简述变极调速的原理。
3. 三相异步电动机调速方法有哪些？各有什么特点？
4. 三相异步电动机制动方法有哪些？各适用于什么场合？

7.3 三相异步电动机简单电气控制电路

用开关电器、继电器、接触器等组成的控制线路称为继电接触式控制电路。在自动控制系统中，利用继电接触控制电路对电动机进行控制和保护仍然是目前生产机械中应用最多、最基本的控制方法。

7.3.1 控制电路图的基本知识

1. 电气控制电路图的符号

电气控制电路图反映自动控制系统中各种元器件的连接关系。为了便于安装、调试、使用和维修，电气控制电路图必须清楚反映电气控制系统的结构、原理等设计意图。电气控制线路图要有统一的绘图标准，图中的电器元件均采用国家统一标准的图形和文字符号。本教材电气系统图均采用国家最新标准 GB4728—84 图形符号及 GB7159—87 文字符号，如表 7-1 所示。

电气控制电路可以用电气原理图和安装接线图来表示。

2. 电气原理图

电气原理图是用规定的图形和文字符号来代表各种电器元件，根据控制要求和电器的动作原理，采用电器元件展开的形式绘制，将电器元件的不同部分画在不同的位置上，并不按它的实际位置来绘制。这样是为了便于阅读和分析电气控制电路的工作原理。因此，电气原理图要求结构简单，层次清晰，适于研究、分析电路工作原理和在实际工作中使用。

绘制电气原理图的原则主要有以下几条：

(1) 同一电器的各部分可依据需要画在不同的线路中，但属于同一电器上的各元件要用同一文字符号和同一数字表示。

(2) 原理图中，所有电器触头均按线圈没有通电或没受外力作用时的开闭状态画出。电器开关也应按手柄置零位、生产机械在原始位置来画。

(3) 原理图中，主电路画在左边，辅助电路画在右边。各电器元件应按动作顺序从上到下、从左到右依次排列。

(4) 原理图中，有直接电联系的交叉导线连接点，要用黑圆点"·"表示。

(5) 为安装维修方便，原理图中所有接线端子用数字编号。主电路的接线端子用一个字母下标一位或两位数字来表示，辅助电路的接线端子只用数字编号。

表 7-1　电气图常用图形符号和文字符号

编号	名称	新国标 图形符号（GB4728—84）	新国标 文字符号（GB7159—87）
1	直流	或	
	交流		
	交直流		
2	导线的连接	或	
	导线的多线连接	或	
	导线的不连接		
3	接地一般符号		E
4	电阻的一般符号	优选形　其他形	R
5	电容器一般符号	优选形　其他形	C
	极性电容器	优选形　其他形	
6	半导体二极管		V
7	熔断器		FU
8	换向绕组	B_1　B_2	
	补偿绕组	C_1　C_2	
	串励绕组	D_1　D_2	
	并励或他励绕组	E_1 并励 E_2 / F_1 他励 F_2	
	电枢绕组		
9	发电机	G	G
	直流发电机	G	GD
	交流发电机	G ~	GA
10	发电机	M	M
	直流发电机	M	MD
	交流发电机	M ~	MA
	三相笼型异步电动机	M 3~	M
10	三相绕线型异步电动机	M 3~	M
	串励直流电动机	M	MD
	他励直流电动机	M	
	并励直流电动机	M	
	复励直流电动机	M	
11	单相变压器	或	T
	控制电路电源用变压器		TC
	照明变压器		T
	整流变压器		
	三相自耦变压器		T
开关			
12	单极开关	或	Q
	三极开关		
	刀开关		
	组合开关		

续表

编号	名称	新国标 图形符号(GB4728—84)	新国标 文字符号(GB7159—87)
开关			
12	手动三极开关一般符号		Q
	三极隔离开关		
限位开关			
13	动合触点		SQ
	动断触点		
	双向机械操作		
按钮			
14	带动合触点的按钮		SB
	带动断触点的按钮		
	带动合和动断触点的按钮		
接触器			
15	线圈		KM
	动合(常开)触点		
	动断(常闭)触点		
继电器			
16	动合(常开)触点		符号同操作元件
	动断(常闭)触点		

编号	名称	新国标 图形符号(GB4728—84)	新国标 文字符号(GB7159—87)
16	延时闭合的动合触点	或	KT
	延时断开的动合触点	或	
	延时闭合的动断触点	或	
	延时断开的动断触点	或	
	延时闭合和延时断开的动合触点		
	延时闭合和延时断开的动断触点		
	时间继电器线圈(一般符号)	或	KT
	中间继电器线圈		K
	欠电压继电器线圈	U<	KV
	过电流继电器的线圈	I>	KI
17	热继电器热元件		FR
	热继电器的常闭触点		
18	电磁铁		
	电磁吸盘		
	接插器件		
	照明灯		
	信号灯		
	电抗器	或	

3. 安装接线图

电气安装接线图是根据电机和所有电器元件按照实际分布情况而绘制的。它表示电气设备的实际安装情况和各电气设备间实际接线情况,根据原理图配合安装要求绘制,为电器元件的配线、检修和施工提供方便。

7.3.2　三相异步电动机的基本控制环节

电力拖动系统的任务是对各类电动机和其他执行电器实现各种控制和保护。生产机械的工作性质和加工工艺不同,其控制线路也不同,但无论多复杂的电器控制线路总是由几个最基本控制环节和保护环节组成的。掌握这些基本环节是我们学习电气控制线路的基础,对分析、设计电气控制线路及判断、处理其运行中的故障有很大帮助。

1. 点动环节

点动:即按下按钮电动机转动,松开按钮电动机停转。用于要求电动机瞬间转动的场合如系统安装后的试车及加工中的调整等。

如图 7.25 所示为笼型电动机点动控制线路。它由电源开关 QS、接触器 KM、点动按钮 SB 等器件组成。工作时合上电源开关 QS,为电路通电做好准备,然后按下点动按钮 SB,交流接触器线圈通过电流,线圈产生电磁力将接触器衔铁吸合,固定在衔铁上的三对主触头闭合,电动机通电转动。松开按钮后,点动按钮在弹簧作用下复位断开,交流接触器线圈失电,它的三对主触头断开,使电动机停止转动。

2. 自锁环节

如果要求电动机能连续运转,必须在点动控制线路的按钮两端并联一对交流接触器的动合辅助触头,使之成为具有自锁环节的控制线路,用于电动机的启动与停车控制,如图 7.26 所示。

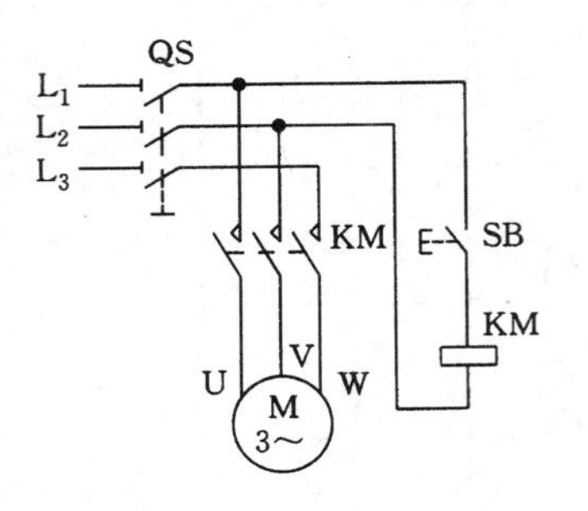

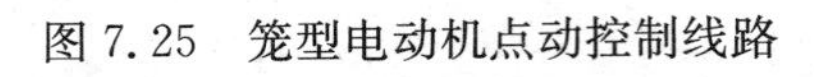
图 7.25　笼型电动机点动控制线路

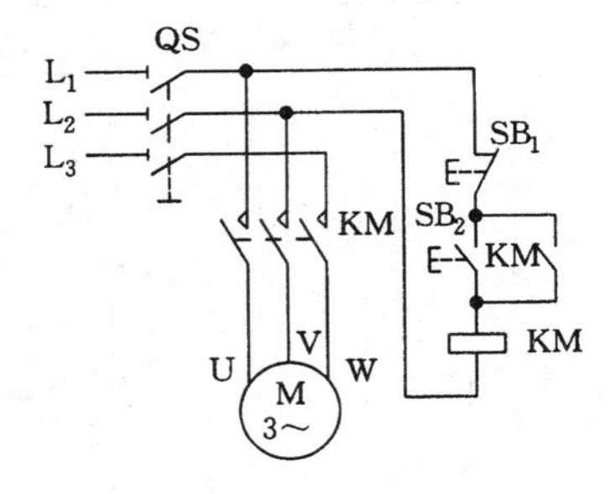

图 7.26　具有自锁环节的控制线路

电路工作原理:启动时,先合上电源开关 QS,再按下启动按钮 SB_2,交流接触器 KM 线圈通电,其主触头闭合,电动机接通电源直接启动运转。同时与 SB_2 并联的动合辅助触头 KM 闭合,当松开 SB_2 后,电流通过接触器辅助触头继续保持接触器线圈通电,使电动机连续运转。这种利用接触器自身的动合辅助触头来保持线圈通电的环节称为自锁环节(简称自锁),起自锁作用的触头称为自锁触头。当需要使电动机 M 停转时,按下串联在控制回路中的停止

按钮 SB_1，使动断触头断开，线圈 KM 失电，KM 常开主触头和自锁触头同时断开，电动机停止运转。

如图 7.27 所示为具有保护环节的电动机启动与停车控制线路。图中熔断器 FU_1、FU_2 与热继电器 FR 对电路进行短路保护和过载保护。

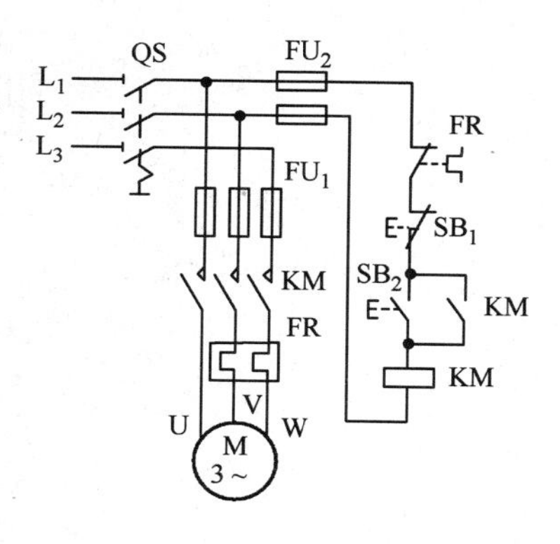

图 7.27 具有保护环节的电动机启动与停车控制线路

3. 联锁控制

(1) 电动机正、反转控制：电动机正、反转的控制应用于生产中很多场合。例如，机床工作台的前进与后退、起重机吊钩的提升与下降、机床主轴正转与反转等。要实现电动机正、反转的运行，只需将电动机的三相电源线中任意两相对调即可。在控制线路中，只要用两个交流接触器就能实现，如图 7.28 电路所示。当接触器 KM_1 的主触头接通，电动机正转；当接触器 KM_2 的主触头接通时，使电动机上的 L_1 与 L_3 两相对调，所以电动机反转。如果两个接触器的主触头同时接通，会发生 L_1 与 L_3 两相电源之间短路。所以对正反转控制线路最根本的要求是，必须保证两个接触器不能同时工作。

这种在同一时间里两个接触器只允许一个通电工作的控制环节称为互锁或联锁环节。

在图 7.28 中，接触器 KM_1 的动断辅助触头串联在接触器 KM_2 的线圈电路中，而接触器 KM_2 的动断辅助触头串联在接触器 KM_1 的线圈电路中，因此当接触器 KM_1 线圈通电电动机转动时，接触器 KM_1 的动断辅助触头断开，切断接触器 KM_2 线圈控制电路，使两个交流接触器线圈不可能同时通电，避免了上述短路现象的发生。交流接触器的这两个动断辅助触头称为联锁触头，也称为互锁触头。

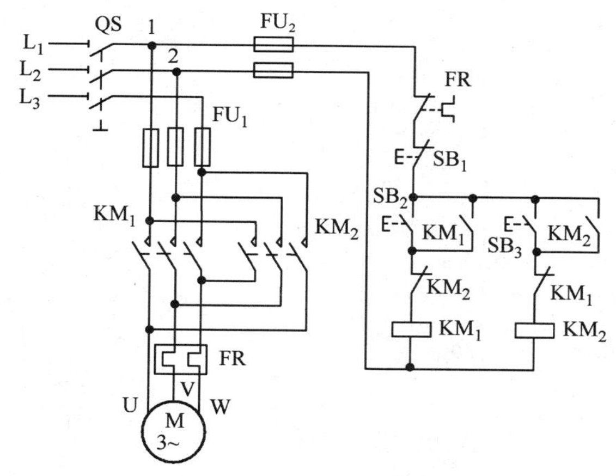

图 7.28 具有电气联锁的电动机正、反转控制线路

当线路要接通时，按下正转启动按钮 SB_2，接触器 KM_1 线圈通电，主触头接通，电动机正转，同时接触器 KM_1 的动合辅助触头闭合自锁，动断辅助触头断开，实现联锁。如果需要电动机反转，必须先按下停止按钮 SB_1，使接触器 KM_1 线圈失电，主触头断开，电动机停转，然后再按反转按钮 SB_3。这种操作非常不方便。为了解决这个问题，工业上常采用复合按钮和接触器触头双重联锁的控制线路，其线路图如图 7.29 所示。

按下按钮 SB_2 电动机正转，此时按下反转按钮 SB_3，动断触头断开，而使正转接触器线圈 KM_1 失电，主触头 KM_1 断开。与此同时，串接在反转电路中的动合触头 KM_1 恢复闭合，反转接触器 KM_2 的线圈通电，电动机反转。同时串接在反转控制电路中的动断触头 KM_2 断开，起着联锁保护作用。

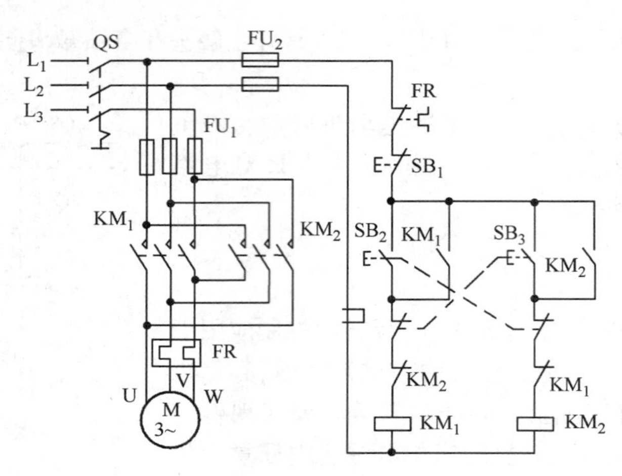

图 7.29　具有双重联锁的正、反转控制线路

(2) 多台电动机联锁的控制:具有多台电动机的设备,常因每台电动机的用途不同而需要按一定的先后顺序来启动。例如,铣床启动时必须先启动主轴电动机,然后才能启动进给电动机。控制电动机之间运行顺序的线路叫做多台电动机联锁控制线路。

如图 7.30 所示为两台电动机的联锁控制线路。图中接触器 KM_1 有两对动合辅助触头。其中一对并联在启动按钮 SB_3 两端,用于自锁;另一对串接在接触器线圈 KM_2 的线路上。电动机启动时,必须先启动 M_1 电动机,然后才能启动 M_2 电动机。由于接触器 KM_2 的动合辅助触头并联在停止按钮 SB_1 两端,使两台电动机在停止时必须先停止 M_2 电动机,然后才能停止 M_1 电动机。

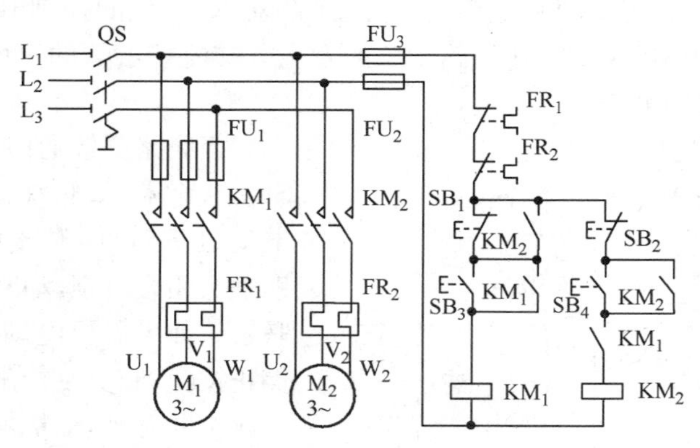

图 7.30　两台电动机的联锁控制线路

4. 工作台自动循环的控制线路

很多机床的工作台都需要自动循环,它的往返信号是由限位开关发出的。从图 7.31(a)中可以看出,当工作台前进挡铁压下限位开关 SQ_1 时,SQ_1 应当发出电动机反转信号,使工作台后退,然后限位开关 SQ_1 复位;当工作台后退到挡铁压下限位开关 SQ_2 时,SQ_2 应发出电动机正转信号,使工作台前进,到前进结束时挡铁再次压下 SQ_1,如此往复运动不断循环下去。限位开关 SQ_3 和 SQ_4 是行程极限保护开关,可以避免限位开关 SQ_1 或 SQ_2 失灵时,工作台冲出

行程的事故。也就是说，工作台前进结束，如果限位开关 SQ_1 因内部故障而不动作时，工作台会继续前进，使挡铁压下限位开关 SQ_3，SQ_3 应发出电动机不能继续正转，只可能反转的信号。

在图 7.31(b)中，限位开关 SQ_1 的动断触头与正转接触器 KM_1 的线圈串联，SQ_1 的动合触头与反转启动按钮 SB_3 并联。所以挡铁压下限位开关 SQ_1 时，SQ_1 的动断触头断开电动机正转控制电路，使前进接触器线圈 KM_1 失电，电动机停止转动。同时 SQ_1 的动合触头闭合接通电动机反转控制电路，使后退接触器 KM_2 通电，电动机反转，工作台后退。限位开关 SQ_2 的工作原理与 SQ_1 相同，可自行分析。行程极限保护开关 SQ_3 和 SQ_4 的动断触头分别串联在正、反转接触器线圈电路中，当它被挡铁压下时，它的动断触头断开正转(或反转)的控制电路，使电动机停转。

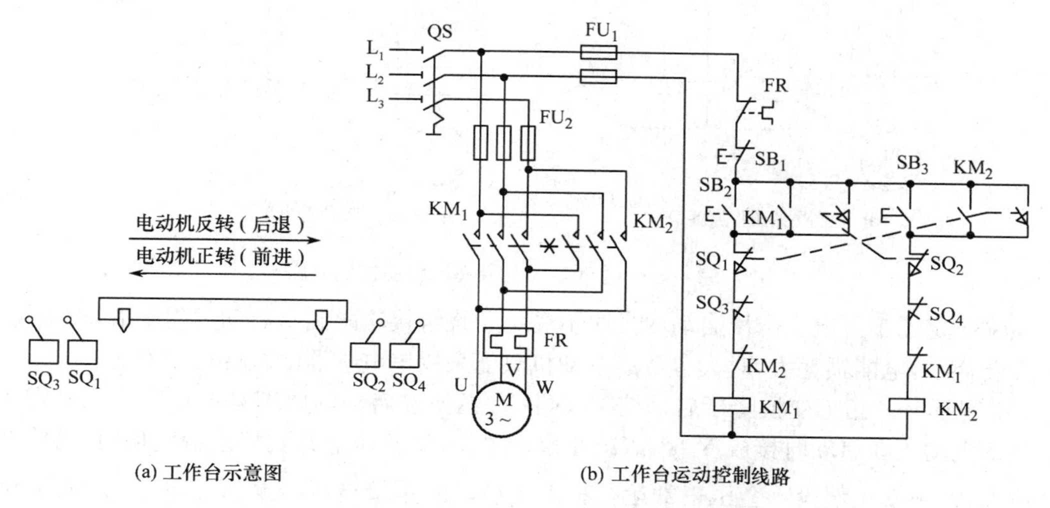

(a) 工作台示意图　　(b) 工作台运动控制线路

图 7.31　工作台自动循环的控制线路

5. 笼型电动机降压启动控制

为了减小启动电流的影响，对于额定功率超出允许直接启动范围的大容量笼型异步电动机应采用降压启动。即在启动时将电源电压适当降低后加在定子绕组上进行启动，待电动机转速升高到接近额定转速时，再将电压恢复到额定值，转入正常运行。

笼型异步电动机常用的降压启动方法有：在定子电路中串入电阻(或电抗器)、星形—三角形变换及自耦变压器等启动方法。

(1) 定子电路串入电阻或电抗器降压启动控制线路：如图 7.32 所示为定子电路串入电阻降压启动控制线路。图中 KM_1 为接通电源接触器，KM_2 为短接电阻接触器，KT 为启动时间继电器，R 为降压启动电阻。

图 7.32(a)控制电路工作原理：合上电源开关 QS，按下启动按钮 SB_2，KM_1 线圈通电并自锁，同时时间继电器 KT 线圈通电，电动机定子串入电阻 R 减压启动。经延时闭合动合触点的延时闭合，使接触器 KM_2 得电动作，将主回路启动电阻 R 短接，电动机在全压下进入额定运行。电动机启动过程时间的长短，可通过 KT 的延时长短来给定。

此控制线路在电动机进入额定运行后，KM_1、KT 线圈是始终通电的，不但电能损耗大，也易导致出现故障。为了解决上述问题，可以采用图 7.32(b)的控制线路。

该电路工作原理与图 7.32(a)基本相同,只是在 KM_2 得电动作并自锁后,电动机在全压下额定运行时,由于 KM_2 动断触头的互锁作用,使 KM_1 与 KT 线圈电路失电。

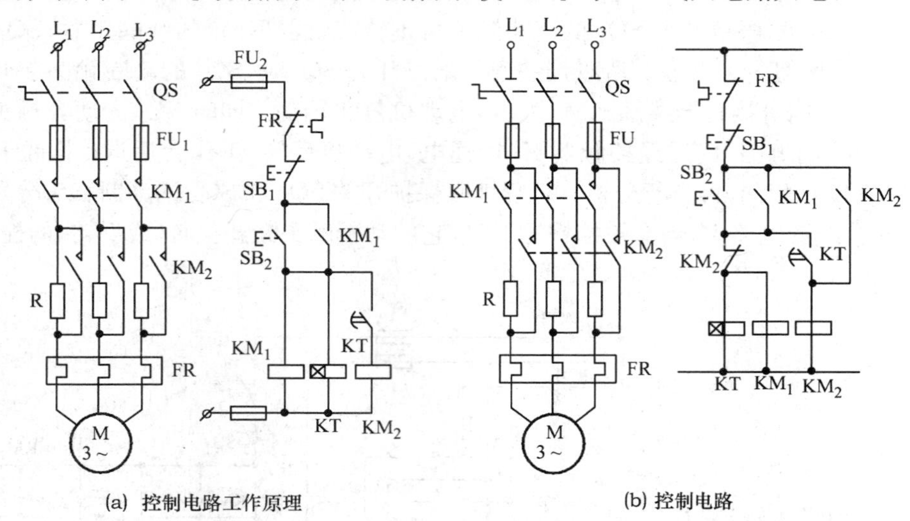

(a) 控制电路工作原理　　(b) 控制电路

图 7.32　定子电路串入电阻降压启动控制电路

电动机定子串入电阻降压启动的方法不受定子绕组接法限制。启动过程平滑,设备简单,但启动转矩小,电能损耗大,对大容量的电动机只能采用串电抗器的减压启动方法。

(2) 星形—三角形变换降压启动控制线路:Y/△换接启动的原理是把正常运行时定子绕组△接的电动机在启动时接成 Y 接,以减小启动电流,待转速上升到接近额定值时,再将绕组改变成△接,电动机便投入全压正常运行。由于启动时星接电压减至额定电压的 $1/\sqrt{3}$,则 Y 接启动电流仅为△接的 1/3,启动转矩也是角接的 1/3。因此,Y/△启动只适用于空载与轻载下进行。

如图 7.33 所示为 Y/△降压启动控制线路。图中 KM_1 为接通电源接触器,KM_2 为星形连接接触器,KM_3 为三角形连接接触器,KT 为通电延时型继电器。

图 7.33(a)是主电路,启动时 KM_1 和 KM_2 接触器主触头闭合,KM_3 断开,电动机接成星形。运行时 KM_1 与 KM_3 闭合,KM_2 断开,电动机接成三角形。

图 7.33(b)电路由按钮来控制。在启动时按下 SB_2,KM_1 与 KM_2 通电,KM_1 自锁电动机接成星形启动。待转速升高接近额定值时,再按下 SB_3 复合按钮,切断 KM_2,同时使 KM_3 通电并自锁,电动机定子绕组改接成三角形进入正常运行。动断 KM_2 与 KM_3 辅助触头实现互锁,防止接触器 KM_2 和 KM_3 同时通电而造成主电路短路。该电路简单,但在星形启动换接成三角形运行的时间难以控制还要用手动操作,不能自动切换电路。

图 7.33(c)是在图(b)的基础上加以改进,用通电延时时间继电器 KT 的触头替代按钮 SB_3,当按下启动按钮 SB_2 时,KT 与 KM_1、KM_2 线圈同时通电。经一定时间后,KT 延时触头动作,使 KM_3 通电并自锁,同时切断 KM_2,电动机从星形连接自动换接为三角形连接进入正常运行。虽然该电路操作简单且能实现自动换接,但在 KT 完成自动换接后,电动机正常运行时,由于 KT 与 KM_1 线圈并联而使 KT 时间继电器始终通电,这不仅浪费电能,也易造成故障,降低线路的可靠性。

图 7.33(d)是在图(c)基础上改进的实用型控制电路。该电路将能实现互锁的 KM_3 动断辅助触头接到 KT 和 KM_2 并联的共同支路上，使 KM_3 通电。电动机换接成三角形正常运行后，同时切断 KM_2 与 KT 线圈电路，仅保持 KM_1 与 KM_3 线圈通电。这种用三个接触器换接的 Y-△降压启动自动控制电路适用于较大功率的电动机。

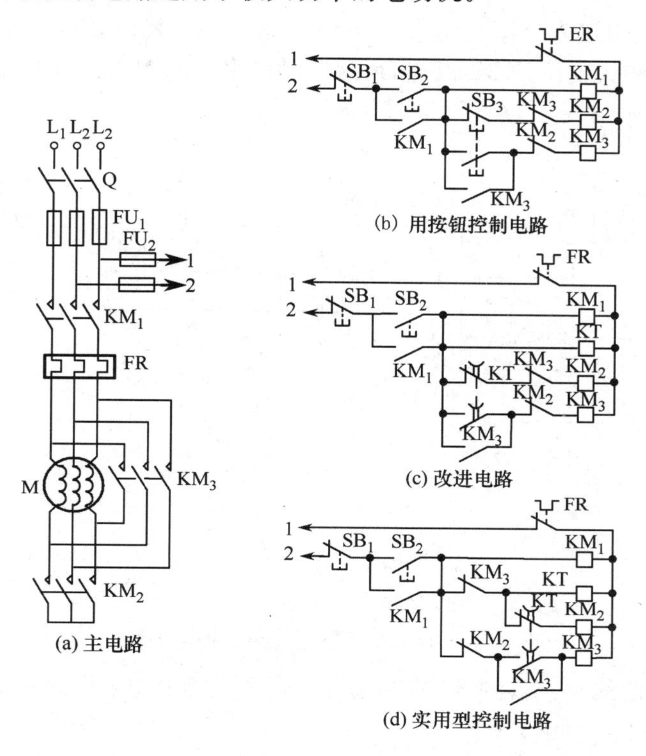

图 7.33 Y/△降压启动控制电路

(3) 自耦变压器降压启动控制线路：自耦变压器降压启动控制电路是利用自耦变压器的作用来限制电动机的启动电流。电动机启动时，定子绕组上的电压是自耦变压器二次侧电压。启动结束后，自耦变压器被短接，定子绕组的电压是自耦变压器的一次侧电压，电动机在全压下额定运行。

如图 7.34 所示为自耦变压器降压启动控制电路。启动时合上电源开关 Q，按下启动按钮 SB_2，接触器 KM_1 与时间继电器 KT 线圈同时通电，KT 瞬时动作的动合触头闭合并自锁，KM_1 主触头闭合将电动机定子绕组经自耦变压器接电源进行降压启动。经过一定延时时间，KT 通电延时动断触头打开，使接触器 KM_1 线圈断电，KM_1 触头断开，切除自耦变压器。而 KT 延时动合触头闭合接触器 KM_2 线圈通电并自锁，电动机直接经接触器 KM_2 主触头接电源，电动机额定运行。

6. 笼型电动机制动控制

(1) 反接制动控制线路：改变电动机三相电源的相序，使电动机的旋转磁场反向而产生制动转矩的方法称为反接制动。如图 7.35 所示为反接制动控制线路。

图中 KS 为速度继电器，当转速高于 100r/min 时速度继电器触头动作，当转速低于 100r/

min 时,其触头复位。R 为限流制动电阻。

启动时,按下 SB_2,KM_1 通电并自锁,电动机运转。当转速升到 100r/min 以上时,速度继电器 KS 的动合触头闭合,为反接制动做准备。这时,接触器 KM_2 不通电。反接制动时,按下复合按钮 SB_1,KM_1 断电,电动机脱离电源。靠惯性继续高速旋转。KS 动合触头仍闭合,KM_2 通电并自锁,电动机串接电阻进入反接制动状态,转速迅速下降。当电动机速度低于 100r/min 时,速度继电器 KS 常开触头复位,KM_2 断电,反接制动结束。电动机脱离电源后停转。

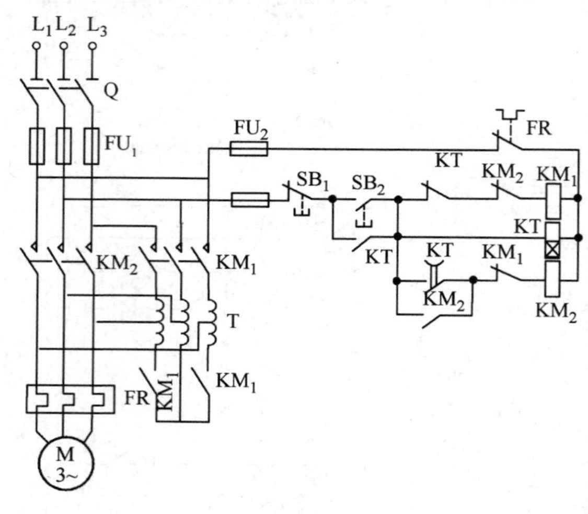

图 7.34 自耦变压器降压启动控制电路

(2) 能耗制动控制线路:能耗制动的方法是在断开三相电源的同时接通直流电源,直流通入定子绕组,便产生制动转矩。

如图 7.36 所示为能耗制动控制线路。图中 KM_1 为正常运行接触器,KM_2 为能耗制动接触器,KT 为通电延时型时间继电器,VC 为桥式整流电路,TC 为整流变压器。

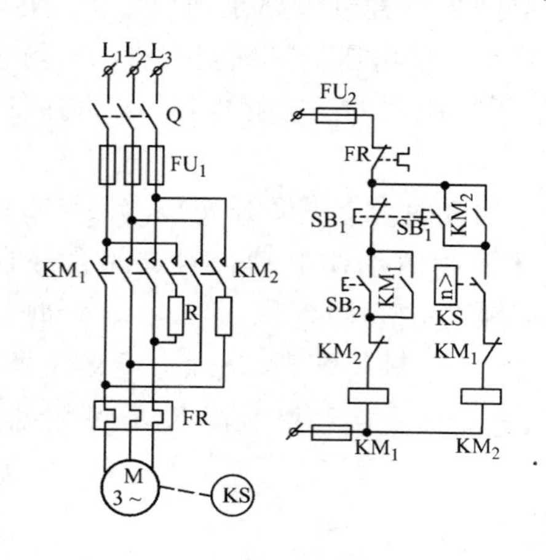

图 7.35 反接制动控制线路

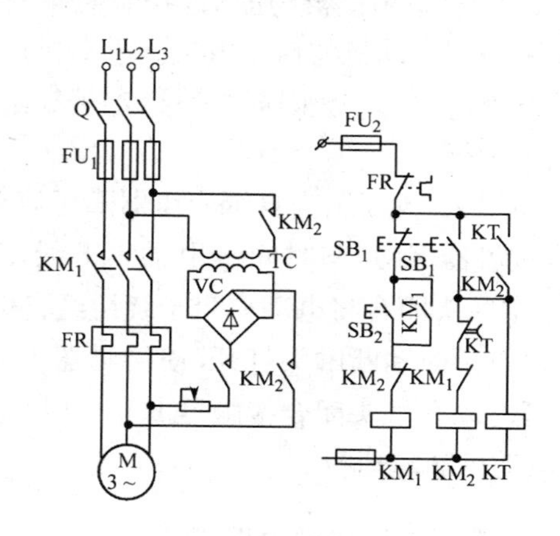

图 7.36 能耗制动控制线路

电路工作原理：按启动按钮 SB_2，KM_1 通电并自锁，电动机进入正常运行。能耗制动时按下按钮 SB_1，电动机由于 KM_1 主触头断开而脱离三相交流电源，同时 KM_2、KT 通电并自锁，电动机二相定子绕组接入直流电源，进入能耗制动状态。电动机转速迅速下降，当接近于零时，KT 延时断开的动断触头动作，断开 KM_2 线圈电路，KT 也相继断电，能耗制动结束。

思考与练习 7.3

1. 绘制电气原理图的原则是什么？与电气安装图有何不同？
2. 什么是自锁环节？什么是互锁环节？
3. 绘制一个合理的三相异步电动机正反转控制线路图并说明工作过程。

本章小结

常用低压电器的动作原理、用途、使用方法、图形符号、文字符号及基本控制环节是掌握控制线路的基础。

运行特性之一是启动问题，不同的生产机械有不同的启动性能要求，而对电动机最基本的要求是：要产生足够大的启动转矩和比较小的启动电流。但由于启动时（$s=1$）漏抗较大、功率因数较低，启动电流 I_{st} 虽然很大，但启动转矩并不大。

电动机的启动方法有直接启动和降压启动，7.5kW 以下的小型异步电动机可以直接启动。

异步电动机降压启动的目的是减小启动电流，但是鼠笼型电动机不论采用哪一种降压启动方法必然会不同程度地减小启动转矩，所以只适用于轻载启动。

鼠笼式异步机主要采用的降压启动方法是：定子串接电阻、自耦变压器降压和星形－三角形启动。Y/△启动定子相电压降低为原来的 $1/\sqrt{3}$，启动电流降低为原来的 1/3，启动转矩降低为原来的 1/3。Y/△启动方法简单，轻载启动时应优先采用。自耦变压器降压启动，定子电压降低为原来的 $1/k$，启动电流降低为原来的 $1/k^2$，启动转矩降低为原来的 $1/k^2$。绕线转子异步电动机采用转子回路串联电阻或串接频敏变阻器启动，既可限制启动电流，又可增大启动转矩，启动性能较好。

调节电动机转速是当负载转矩不变时，改变电动机内部参数而达到速度变化。调速性能应以调速范围大、调节平滑性好，设备简单为宜。鼠笼转子异步电动机可以采用变极、变频、改变定子电源电压调速；而绕线转子异步电动机一般采用转子电路串接电阻和串接电势调速。

电动机的运行状态有电动运行状态与制动运行状态两种：电动运行是指转矩与转速同方向运行，此时的转矩是拖动转矩；制动运行是指转矩与转速反方向运行，此时的转矩是制动转矩。

异步电动机的回馈制动不需要改变接线和参数，制动中能将动能转换为电能回馈电网，既简便又经济，可靠性好。反接制动，在任何转速下都可以制动，能耗较大，经济性差。能耗制动的经济性好，除供给小容量的励磁功率外，不需要电网输入电功率，且在任何转速下都能制动。能耗制动多用于不可逆的电力拖动中。

习题 7

7.1 熔断器在电路中起什么作用？怎样选择熔断器的额定电压和额定电流？熔体的额定电流如何选择？更换熔丝时应注意哪些问题？

7.2　交流接触器的主触头和辅助触头通常用在什么电路中？为什么？

7.3　继电器在结构和原理上与交流接触器有什么异同点？中间继电器在电路中能起哪些作用？

7.4　常用的时间继电器有哪几种？说明空气阻尼式时间继电器延时的工作原理。

7.5　说明速度继电器的工作原理与作用。

7.6　热继电器为什么能进行过载保护？怎样估算热元件中的整定电流？

7.7　电器元件的位置、接触器和继电器的触头开闭状态等在控制线路中各有什么规定？

7.8　鼠笼式异步电动机降压启动的方法有几种？各有何优缺点？各适用于什么条件？

7.9　如何从转差率的数值来区别异步电动机的各种运行状态？

7.10　一般单相异步电动机若无启动绕组时，能否自行启动？

7.11　异步电动机的额定转矩为什么要小于最大转矩？而启动转矩为什么要大于额定转矩？

7.12　普通鼠笼式异步电动机在额定电压下启动时，为什么 I_{st}很大，但 T_{st}并不大？怎样才能提高 T_{st}？

7.13　绕线式异步电动机在转子回路中串入电阻启动时，为什么启动电流减小而启动转矩能增大？串入电阻越大是否启动转矩越大？

7.14　用自动开关控制电动机具有哪些优点？如何估算热脱扣器和电磁脱扣器的整定电流？

7.15　说明行程开关的工作原理。

7.16　当按下复合按钮时，是先断开动断触头(后接通常开触头)还是先接通动合触头(后断开动断触头)？画简图说明。按钮上的绿、红颜色一般表示什么意思？

7.17　画出三相鼠笼式异步电动机既能连续工作又能点动工作的继电接触式控制线路(要求具有短路保护、过载保护和零压保护)。

第8章

供电及用电

学习目标

1. 了解电力系统、工厂供电系统知识。
2. 了解安全用电和节约用电常识。
3. 了解清洁发电(风能与太阳能)的基本知识。
4. 了解智能电网的基本概念。

电能是现代工业生产和日常生活的主要能源,本章从供电、配电和安全、节约用电等方面概括介绍供电系统的基础知识。

8.1 供电与配电

8.1.1 电力系统

电能是由发电厂产生的。为了充分利用动力资源,减少资源运输,降低发电成本,发电厂一般都建在有动力资源的地方,而这些地方往往离用电中心较远,所以必须建设升压变电所。经过远距离传输,将发电厂生产的电能送到用电中心,然后经降压变电所降压,通过配电线路,分配给各类用户。此过程构成了电能的生产、输送、分配和应用的完整过程,如图8.1所示。

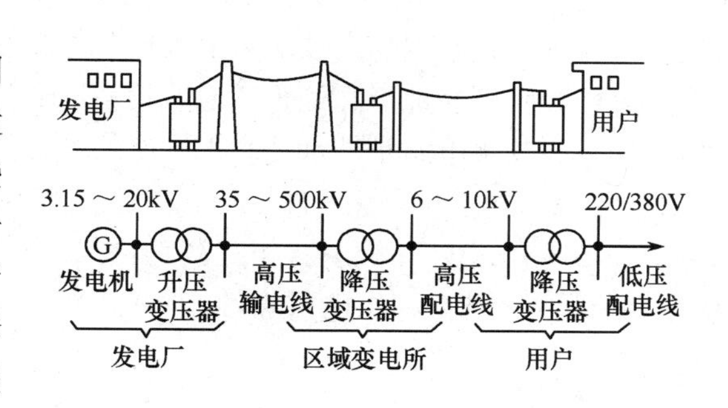

图8.1 传送电能的过程

由各种电压的电力线路将一些发电厂、变电所和电力用户联系起来的发电、输电、变电、配电和用户的整体,叫做电力系统。如图8.2所示为一个大型电力系统的接线示意图。

电力系统主要由发电厂、电力网和用电设备组成。

1. 发电厂

发电厂是将煤炭、水力、石油、天然气等自然能(一次能源)转换为电能(二次能源)的特殊工厂。

根据所利用一次能源的不同，发电厂分为水力、火力、核能、地热、太阳能等类型。目前我国接入电力系统的发电厂主要是火力发电厂和水力发电厂。近年来，核能发电厂也并入电力系统运行。

火力发电厂是利用燃料（煤、石油、天然气）的化学能来生产电能。我国煤的蕴藏量极为丰富，且分布地区辽阔，我国目前最主要的火电厂是以煤为主要燃料。现代火电厂考虑到三废（废渣、废水、废气）的综合利用，装有供热发电气轮机组，不仅发电，还能供应工业所需的蒸汽和热水，故称热电厂。热电厂可以提高热能利用率，一般建在城市和工业区附近。

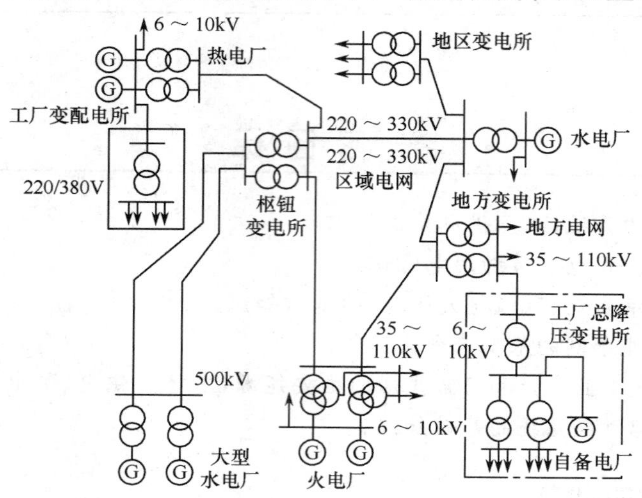

图 8.2　电力系统单线接线示意图

水力发电厂是利用水的势能来产生电能，水力发电成本较低且无污染。若与水利枢纽工程结合，可收到综合利用的实效。水力发电的基本要素是落差和流量。如果利用天然河流、湖泊、水库为低水池，而在地形高处合适地点建高水池蓄水，可人为形成落差。高低水库也可修建水电站，这样建成的水电站是抽水站和水电站的综合体。这种水电站被称做抽水蓄能水电站。

近年来，常把同一地区的各发电厂通过电力网连接起来组成并联运行的大型电力系统，可以充分利用各发电厂的设备，相互调剂，更经济合理地利用动力资源，减少电能损耗，降低发电成本，保证供电质量和供电可靠性。

2. 电力网

在电力系统中，各级电压的电力线路及其联系的变电所叫做电力网，简称电网。电力网包括变电所、配电所及各种电压等级的电力线路。但实际应用中，电网往往用来指某一电压的相互连接的整个电力线路。如 10kV 电网，电网的额定电压等级是国家根据国民经济发展的需要及电力工业水平经全面技术分析后确定的。

电网按电压高低和供电范围大小可分为区域电网和地方电网。区域电网供电范围大，电压一般在 220kV 及以上；地方电网供电范围较小，电压一般在 35～110kV。工厂供电系统属于地方电网中的一种。

变电所是接受电能、变换电能和分配电能的场所。为了实现电能的经济输送和满足用电设备对供电质量的要求，需要对电压进行多次变换，这项任务是由变电所完成的。变电所主要

装有电力变压器、母线和开关设备。

根据任务不同，变电所可分为升压和降压变电所两大类。升压变电所的任务是将低电压变为高电压，一般建在发电厂。降压变电所的任务是将高电压变换到一个合理的电压等级，一般建在靠近负荷中心的地方。电力系统的降压变电所，根据作用可分为枢纽变电所、地区变电所和工企变电所。

配电所是用来接受和分配电能的场所，多建于工厂内部，与变电所最大的区别在于配电所中没装电力变压器，因而不承担变换电压的任务。

用来进行交流电流和直流电流相互转换的场所，称为变流所。

电力线路是输送电能的通道。因大型发电厂距用户较远，需要各种不同电压等级的电力线路把发电厂、变电所和用户联系起来，将发电厂生产的电能源源不断地输送到用户。

输电电压视输电容量和距离远近而定。我国国家标准中规定输电线额定电压为 6kV，10kV，35kV，110kV，220kV，500kV 等几个等级。

通常，把发电厂生产的电能直接分配给用户或由降压变电所分配给用户的 10kV 及其以下的电力线路，称为配电线路，而把电压在 35kV 及以上的高压电力线路称为送电线路。

电能用户又叫做电力负荷。在电力系统中，一切消耗电能的用电设备均称为电能用户。按其用途可分为动力用电设备(如电动机等)、工艺用电设备(如电解、电焊机等设备)、电热用电设备(电炉、空调等)、照明用电设备和试验用电设备等，它们分别将电能转换为机械能、热能和光能等不同形式的能量。

电力负荷可分为三个等级：

一级负荷：如果中断供电将造成人身伤亡或重大设备损坏，且难以修复，带来极大经济损失的电力负荷，属于一级负荷。一级负荷要求有两个独立电源供电，而且要求两个电源中任一电源发生故障时，另一个电源不致同时受到损坏。特别重要的是，一级负荷中有时还要求增设应急电源(如蓄电池、柴油发电机组等)。

二级负荷：中断供电将造成大量产品报废或生产流程紊乱，且需较长时间才能恢复，由此带来较大经济损失的电力负荷，属于二级负荷。二级负荷应由双回路供电，当发生电力线路常见故障或电力变压器故障时，应不致中断供电或中断后能迅速恢复；当负荷较小或地区供电条件困难时，可由单回路 6kV 及以上电压的专用架空线供电。

三级负荷：不属于一级和二级的一般电力负荷。三级负荷对供电无特殊要求，允许较长时间停电，可用单回线路供电。

8.1.2 工厂供电系统

工厂(或企业)内部接受、变换、分配和消耗电能的总电路称为工厂(或企业)供电系统，它是公共电力系统的一个重要组成部分。工厂供配电系统各不相同，从总体接线来看，可分为两个部分。

1. 电源系统(外部系统)

电源系统是指从外电源(公共电力系统)到工厂总降压变电所(或配电所)的供电线路，包括高压架空线路或电缆线路。对于大、中型工厂常采用 35～110kV 电压的架空线路供电，小型工厂多采用 6～10kV 电压的电缆线路供电。

2. 变、配电系统(内部系统)

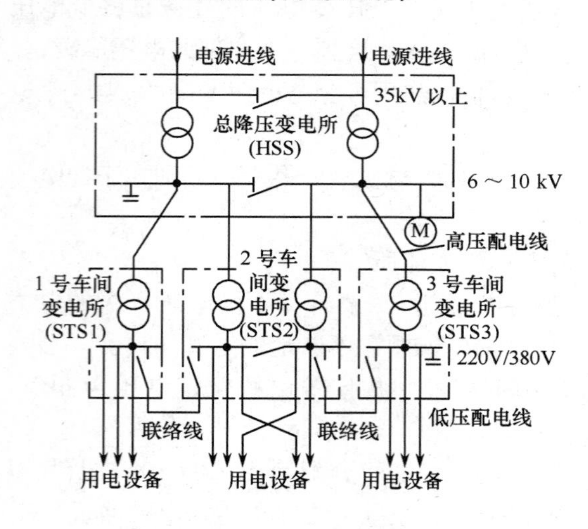

图 8.3 变、配电系统示意图

现以如图 8.3 所示为例,说明一般大、中型工厂供配电系统的组成。图中用一根线表示三相电路。

总降压变电所是工厂电能供应的枢纽。由降压变压器、高压(35~110kV)配电装置和低压(6~10kV)配电装置等主要设备组成。总降压变电所的作用是将 35~110kV 进线电压降为 6~10kV 电压,再由 6~10kV 配电装置分别将电能送到配电所、车间变电所或高压用电设备。为了保证供电的可靠性,总降压变电所多设置两台变压器。与电源进线相接的两段母线上装有一组分段开关,采用"单母线分段制"(所谓"母线"是用来汇集和分配电能的导线)。这种总变电所的运行方式是:分段开关闭合,总降压变电所通过其中一条电源进线由公共电网来电,另一条电源进线由邻近单位取得电源作为备用。

对于大中型工厂,由于场地大,负荷分散,常设置一个或一个以上的配电所。配电所的作用是在靠近负荷中心处集中接受 6~10kV 电源供来的电能,并把电能重新分配,送至附近各个车间变电所或附近 6~10kV 高压用电设备,所以它是厂内电能的中转站。

一个生产厂房或车间根据具体情况可设置一个或几个车间变电所。几个相邻且用电量都不大的车间也可共用一个车间变电所。车间变电所的作用是将 6~10kV 的电源电压降至 380/220V 电压,由 380/220V 低压配电盘分送至各个低压用电设备。各车间变电所的低压侧通过低压联络线相互连接,可以提高供电系统运行的可靠性和灵活性。

图 8.3 中 3 号车间变电所的低压母线上接有一组低压并联电容器,另有一条高压配电线,也直接并联电容器,这些电容器用来补偿无功功率,提高功率因数。

应当指出,以上所述几部分,并非所有工厂都需要,如小型工厂可不设总降压变电所,仅设 6~10kV 总配电所即可。某些对国民经济很重要的工厂,还需要增设自备发电厂,作为备用电源等。图 8.2 右下角点画线框中为工厂供电系统接入自备发电机示意图。

8.2 安全用电

为了使电能有效地为生产服务,造福人类,除了掌握电的基本规律外,还必须了解安全用电的知识,才能切实做到安全合理地使用电能,避免用电事故的发生。

安全用电包括人身安全和设备安全两部分。前者指因为人体接触带电体或处于强电场中,受到电击(触电)或电弧灼伤而导致的生命危险,后者指因为电气事故引起设备损坏、起火爆炸等危险。

8.2.1 触电事故及其防护

(1) 触电事故:触电事故分为电击和电伤两类。电击是由于人体直接接触带电体或由于绝缘损坏产生漏电的设备,致使电流通过人体造成一定的伤害,轻则肌肉抽筋或感觉发麻,重则死亡;电伤则是由于电流通过人体外表或人体与带电体之间产生电弧而造成的体表创伤,由于电弧温度很高,轻则肢体表面灼伤或烧伤,严重者也能导致死亡。

(2) 电流对人体的作用:触电事故主要是由电流通过人体引起的。根据研究,影响触电伤亡的因素主要有通过人体电流的频率和大小、电流通过人体的时间和途径、触电者本身的健康状况等。通过人体电流的大小取决于人体所承受的电压和人体电阻值的大小。人体电阻值变化较大,在干燥环境下,可达 $10^4\Omega$ 以上;在潮湿环境下,则会降到几百欧。一般情况下,人体电阻可按 1 000～2 000Ω 考虑。人体所能耐受电流的大小也是有差异的,男性的耐受能力通常较女性高 30%左右。经统计分析,20～300Hz 的交流电对人体危害最大。人体对于直流电的忍受量是工频交流电的 2 倍左右。电路频率大于 1kHz 时,由于高频电流对细胞机能破坏较小,触电危险性反而减小。电流流经人体的呼吸器官、神经中枢时,危险性较大;通过心脏时最危险(在单线触电中两手触电和两线触电时,往往通过人的心脏)。

电流是触电伤害的直接因素,电流越大伤害越严重,电压越高越危险,触电时间越长后果越严重。

(3) 安全电压:加在人体上一定时间内不致造成伤害的电压叫安全电压。一般情况下,36V 以下电压不会引起人身伤亡。工程上规定交流 36V,12V 两种和直流 48V,24V,12V,6V 四种电压为安全电压。安全电压是制定安全措施的依据,要求所有工作人员经常使用的设备全部使用安全电压。例如,机床上照明灯采用 36V 供电,汽车使用 24V,12V 供电。在潮湿、有导电尘埃、高温的环境中,安全电压为 12V。

(4) 触电方式:触电事故多数是单相触电,当人体直接接触带电设备的其中一相导线,电流通过人体流入大地,这种触电现象称为单相触电。单相触电的危险程度与电网运行方式有关,如图 8.4(a)所示为中性点接地电网单相触电,相电压几乎全部加在人体上,是比较危险的。如图 8.4(b)所示是中性点不接地电网单相触电,若绝缘不良时,也是很危险的。

人体同时接触带电设备或线路中的两相导体叫做两相触电。在高压系统中,人体同时接近两相导体而发生电弧放电的触电现象也为两相触电。发生两相触电时,作用于人体的是相电压,因此这种方式最危险,如图 8.5 所示。

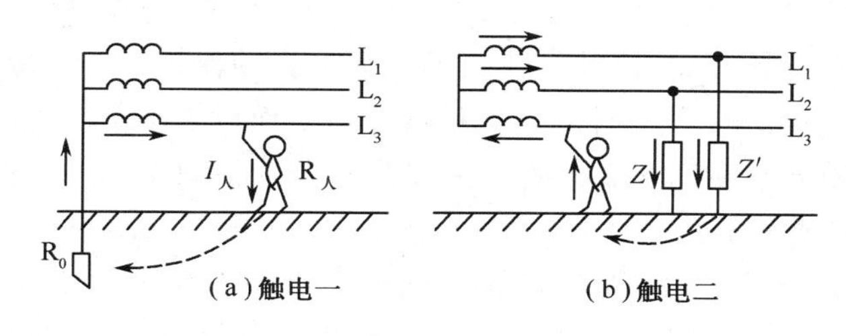

图 8.4 单相触电

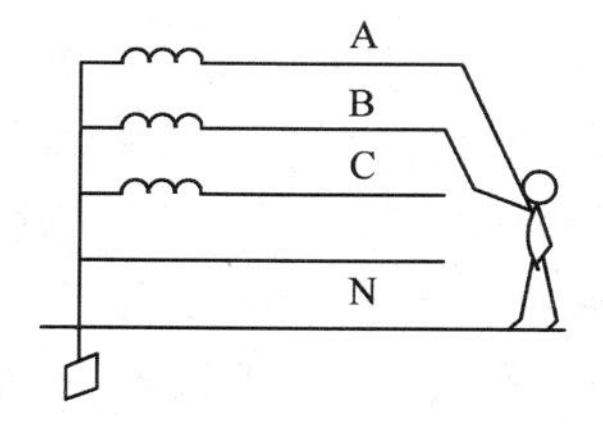

图 8.5 两相触电

当架空线路的一根带电导线断落在地上时,接地电流会从落地点流入大地,并向四周分散,在落地点周围的地面上形成分布电位,若人在周围或从此经过,其两脚之间就有电位差,这个电位差叫做跨步电压。由跨步电压引起的触电叫跨步电压触电。发觉跨步电压威胁时，应赶快把双脚并在一起或赶快用一条腿跳着离开危险区。

接触电压是指当电气设备发生“带电部件与外壳相连”时，人体与带电设备外壳相接触，手与脚之间承受电压。由接触电压引起的人体触电叫做接触电压触电。接触电压的大小与人体站立的位置有关，人体距离接地故障点越远，其值越大。如果人站在距接地体 20m 以外处与带电设备外壳接触，其接触电压达最大值。一般在工矿企业和家庭中所发生的触电事故主要是接触电压事故。

(5) 触电急救：有人触电时应及时抢救。首先应迅速切断电源或用绝缘体断开电源线，使伤员脱离电源。若伤员处于昏迷状态，必须用人工呼吸和心脏按摩进行急救。

8.2.2 防止触电的技术措施

电气设备经过长时间运行后，内部的绝缘材料有可能老化，若不及时更换和维修，将出现带电部件与外壳相连，使机壳带电，极易出现触电事故。为了避免事故的发生，需采取以下必要措施。

(1) 保护接地：在正常情况下，为了保证电气设备可靠运行，必须将电力系统中某一点接地，称为工作接地。工作接地电阻 R_0 一般不大于 4Ω，特殊情况下不大于 10Ω。保护接地是把电气设备的金属外壳、框架等用接地装置与大地可靠连接，以保护人身安全，它适用于中性点不接地的低压电力系统。其原理是：如果某相绕组与机壳相碰使机壳带电，当人体与机壳接触时，由于采用了保护接地装置，相当于人与接地电阻并联起来。由于接地电阻远小于人体电阻，电流绝大部分通过接地线流入地下，从而保证了人身安全。

对于中性点直接接地的电力系统中，不宜采取接地作为保护措施。

(2) 保护接零：在中性点接地的三相四线制电力系统中，将电气设备的外壳或框架与系统的零线(中线)相接，称为保护接零。

保护接零后，电气设备的一相因绝缘损坏而碰壳时，电流通过零线构成回路，由于零线阻抗很小，致使短路电流很大，立即将熔丝烧断或使其他保护电器动作，迅速切断电源，消除触电危险。采用保护接零时，接线导线必须牢固，以防断线或脱线。并且零线上禁止安装熔断器和单独的断流开关。为了保证碰壳引起的短路电流能够使保护电器可靠工作，零线的导线电阻不宜太大。

在采用保护接零的情况下，除变压器的中性点直接接地外，还必须在零线上的一处或多处再行接地，即重复接地。重复接地作用在于降低漏电设备外壳的对地电压和减轻零线断路时的触电危险。同一系统中接地和接零不能混用，同一电源上电气设备不可一部分接零，另一部分接地，因为当接地电气设备绝缘损坏而碰壳时，可能由于大地电阻较大使保护开关或保护熔丝不能动作，于是电源中性点电位升高，以使所有的接零设备都带电，反而增加了触电危险性。

(3) 使用漏电保安器：漏电保安器是一种防止漏电的保护装置。当设备漏电，在设备的金属外壳上出现对地电压时，它能自动切断电源。

漏电保安器种类很多，一般可分为电压型和电流型两种。前者反映对地电压的大小，后者反映了零序电流的大小，电流型的漏电保安器又可分成零序电流型和泄漏电流型。漏电保安器既能用于设备，也能用于线路。具有灵敏度高、动作快捷等特点。对个别远距离单台设备和不便敷设零线的地方以及土壤电阻系数太大或接地电阻难以满足要求的场合，应广泛推广使用。安装时必须注意，保安器中继电器的接地线和接地体应与设备的接地线和接地体分开。

否则，保安器起不到保安作用。

(4) 家用电器的接零(接地)保护：不少家用电器(如电冰箱、洗衣机、电风扇、电饭锅等)采用三极插头，设备的外壳接在插头的保护接地极上，与之相对应的插座采用单相三孔插座，三孔插座的接线规定为"左零，右火，上接地"。三孔插座与家用电器电源插头上所接的三线保持一一对应。用户不得随意改动三销插座的接地端。

三相移动式电气设备采用四眼插座也是出于安全方面考虑。中间较粗插孔为专用保护接零(地)插孔。插座的保护零线应接在零线干线上，各插座的保护零线不能串联。我国旧的民用建筑内，一般室内电源线是两根线，一根是相线(火线)，一根是零线，建房时导线已敷设好，不便另外再接保护零线。因而很多人在单相三孔插座内，将保护零线和工作零线短接，借工作零线做保护零线，这种接法是十分危险的。当零线断开时，电器外壳会通过电器内部线路与电源相线连接，造成外壳带电或是当火线、零线位置互换时，也会造成电器的外壳带电，最易发生触电事故。宁可将保护零线空着，也不能采用错误的接线方法。

(5) 三相五线制：我国低压电网通常使用中性点接地的三相四线制，提供380V/220V电压。一般家庭采用单相两线制供电，因其不易实现保护接零的正确接线，而易造成触电事故。目前趋向于发展三相五线制供电以保证用电安全。国际电工委员会推荐使用三相五线制，它有三根相线L_1，L_2，L_3，一根工作零线N，一根保护零线PE。一般家庭采用单相三线制供电，即一根相线，一根工作零线，一根保护零线。采用三相五线制，有专门的保护零线，保证连接通畅，使用时接线方便能良好地起到保护作用。现在新建的民用建筑布线很多已采用此法。旧建筑物在改造翻建时，应按有关标准，加装专用保护零线，将单相两线制改为单相三线制，在室内安装符合标准的单相三孔插座。

8.2.3　电气设备的保护措施

(1) 防雷保护：雷电的形成是由于雷云中电荷的积累，使空气中的电场增强到一定数值，空气绝缘被破坏，在正负雷云之间或雷云与地面之间发生强烈的放电。雷电产生高电位冲击波，电压幅值可达10^9V，其电流可达10^5A，对电力系统危害极大。雷电可通过低压配电线路和金属管道侵入变、配电所和用户，危及设备和人身安全。

使用避雷针是防止雷电的有效措施，其作用是将雷电引到自身，把雷电波安全导入大地，从而保护了附近建筑和设备免受雷击。避雷针实际功能是引雷，所以安装在高于被保护物的位置，且与大地直接相连。

(2) 电气设备的防火：电气设备失火是由电气线路、装置或设备的故障以及不合理用电引起的。为了防止电气装置引起的火灾，必须采取一定措施：防止电气线路或设备过载运行，在线路中采用必须的过载保护措施；定期检查电气设备的绝缘状况，并对其运行状态进行监察，特别是对大型电气设备要注意其温升；对于绝缘已破损、老化及输电导线绝缘性能较差的电气设备应及时更换和维修，绝对禁止带故障运行；使用电热器具及照明设备时，要特别注意环境条件及通风散热，不能采用可燃、易燃材料做灯罩，灯具周围不得存放木屑、刨花等易燃物品。

(3) 静电防护：两种绝缘物质相互摩擦可以产生静电，绝缘的胶体与粉尘在金属或非金属容器或管道中流动时，也会因摩擦使液体和容器或管道壳内带电。电荷的积累会使液体与容器产生高电位，形成火花放电引起电气火灾。防止静电造成火灾的基本措施是将容器或管道可靠接地,例如,油罐车通常带有金属链与大地相接触,将静电引入大地。

(4) 电气设备防爆:在有爆炸危险的场所,使用的电气设备应具有各种防爆性能,在要求防爆的场合,电气设备应有可靠的过载保护措施,并且绝对禁止使用可能产生火花或明火的电气设备,如电焊、电热丝等加热设备。

8.3 节约用电

8.3.1 节约用电的意义

能源是发展国民经济的重要物质基础,也是制约国民经济发展的重要因素。如果电力供应紧张,会使工业生产能力得不到应有的发挥。因此我国确定把能源建设作为战略重点之一,提出了开发和节约并重的能源方针,在大力发展能源建设的同时,最大限度提高能源利用的经济效果,降低能源消耗。节约电能就是通过采取技术上可行、经济上合理的对环境无防碍的措施,用以消除供用电过程中的电能浪费现象,提高电能的利用率。

在工业生产中,电气设备和电力线路的电能损耗占工厂电能消耗的20%～30%。节约用电不仅可以减少能源损耗,减少用电开支,降低生产成本,更重要的是节省的电能可以创造比它本身价值高几十倍甚至上百倍的工业产值。因此节约电能被视为加强企业经营管理,提高经济效益的一项重要任务。如图8.6所示为电能传输和使用示意框图,如果图中任何一个环节节约1%,都会取得巨大经济效益。如果各个环节都将用电损耗减少1%,带来的经济效益将是不可估量的。由此可见,节约电能不仅势在必行,而且人人有责。节约用电的方式有管理节电和技术节电两种方式。

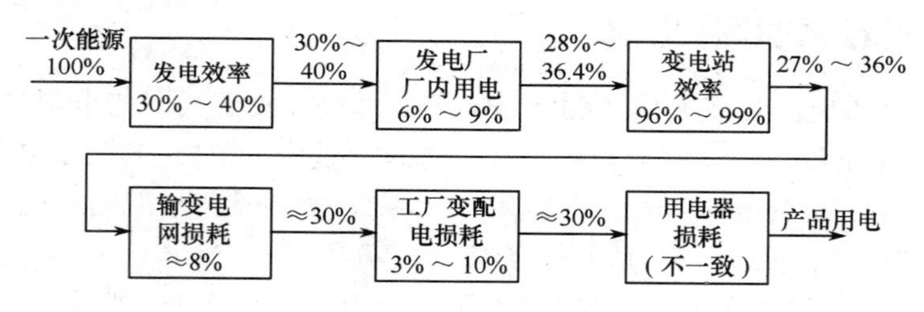

图8.6 电能的传输和使用

8.3.2 节约电能的一般措施

(1) 采用科学管理的方法,成立专门的能源管理机构,对各种用电要进行统一管理,建立一整套供电管理制度。

(2) 实行计划供用电可以提高电能的利用率,工厂用电应严格按照地区电业局下达的指标和规定的时间执行。对工厂内部供电系统来说,各级部门都要加强用电管理,按工厂统一下达指标实施计划用电,严格限制非生产用电,防止电能浪费。集中科研力量开发能源综合利用的新途径。

(3) 合理分配负荷,“消峰填谷”以提高供电能力。根据电力系统的供电情况和各级用户的用电规律,合理地计划和安排各类用户的用电时间,以降低负荷高峰,填补负荷低谷,充分发

挥发、变电设备的潜力,从而提高电力系统的供电能力。工厂内部也要进行负荷调整,错开各车间的生产班次,调整厂内大容量设备的用电时间,实行高峰让电,可以使各车间高峰负荷分散,从而降低了工厂总的负荷,提高了变压器的负荷率和功率因数(既可提高供电能力,又节约了电能)。

(4) 实行经济运行,降低系统损耗。所谓经济运行是指传送相同能量,供电系统电能损耗最小,工厂经济效益最高的一种运行方式。一般电动机运行在75%左右的额定负载,电力变压器运行在50%~60%时效率最高。要求机电设备的配套合理,改变用大电动机拖动小功率设备的现象。尽量减少设备上不必要的电能损耗,使有限的电力发挥更大的效益。电动机和变压器可用两台小功率的设备代替一台大功率的设备,根据不同选择投入运行。

(5) 加强对用电设备的运行、维护和检修,确保生产的正常运行,这样做既保证了安全用电,间接地也减少了电能。

*8.4 清洁发电

随着生产力和生活水平提高,世界能源消耗迅速增长——在20世纪,世界人口增长4倍,而能源消耗增长16倍;常规的石化能源储量有限,面临数量紧缺和价格提高;石化能源开发和燃烧利用加剧了人类和地球生物生存环境的恶化;出路是调整能源结构、开发利用清洁可再生能源。目前世界各国都非常重视环境、资源的保护和新能源的开发,以满足人们日益增长的需求。

我国有13亿人口,是世界人口最多的国家,人口密度高于世界平均水平;我国的资源基础储量比较丰富,但人均占有量均低于世界平均水平。因此大力开发、利用可再生能源迫在眉睫。

1995年12月,我国政府颁布的《电力法》中明确表明,国家鼓励和支持利用可再生能源和清洁能源来发电。

2005年,《中华人民共和国可再生能源法》的颁布,标志着中国的风力发电事业进入了一个前所未有的发展时代。

2009年《新兴能源产业发展规划》,提出新能源发电技术到2020年的装机目标:风电装机1.3亿~1.5亿千瓦,太阳能发电装机2000万千瓦。

大力推进节能减排,积极开发新能源,这是贯彻落实科学发展观,促进经济社会可持续发展的重大举措。全国人大第十一届三次政府工作报告中明确指出:"要积极应对气候变化。大力开发低碳技术,推广高效节能技术,积极发展新能源和可再生能源,加强智能电网建设。

清洁能源包括:风能、太阳能、海洋能、生物能等能源,本节将对风力发电、太阳能发电进行简单介绍。

能源是指在一定条件下可以转换为人类利用的某种形式能量的自然资源。能源的分类有很多种,常见的分类方式见表8.1。

表 8-1　能源的分类

能源分类方式	名　称	含　义	举　例
1. 按形成方式	一次能源	以自然形态存在于自然界中,可直接取得而不需要改变其基本形态的能源	煤炭、石油、天然气等
	二次能源	由一次能源经加工转换而得到的另一种形态的能源	煤气、沼气、蒸汽等
2 按循环方式	可再生能源	自然界中可以不断再生、取之不尽、用之不竭的初级资源	太阳能、风能、地热能等
	不可再生能源	用完后不可重新生成(至少短期内无法恢复),有枯竭的一天	煤、石油、天然气等
3. 按使用性质	含能体能源	包含着能量的物质或实体	煤、石油、天然气等
	过程能源	随着物质运动而产生、并仅以运动过程的形式存在的能量	太阳能、风能
4. 按环境保护	清洁能源	对环境没有污染或污染较小的能源	太阳能、风能、海洋能等
	非清洁能源	对环境造成较大污染的能源	煤炭等
5. 按成熟程度	常规能源	开发利用时间长,技术相对成熟,能大量生产利用	煤炭、石油、天然气等
	新能源	开发和利用尚在研究和推广阶段,而未大规模使用的能源	太阳能、风能、海洋能等

8.4.1　风力发电

1. 风能的定义

风是地球上的一种自然现象,它是由太阳辐射热引起的。太阳照射到地球表面,地球表面各处受热不同,产生温差,从而引起大气的对流运动形成风。风能就是空气的动能,它是太阳能转换的一种形式,是一种重要的自然资源。风能的大小决定于风速和空气的密度。

风能作为一种清洁的可再生能源,越来越受到世界各国的重视。其蕴量巨大,据估计太阳辐射到地球的热能中约有 2%被转变成风能,全球风能约为 10^{14} MW,其中可被开发利用的风能约有 3.5×10^{9} MW,这比世界上可利用的水能大 10 倍。中国风能资源十分丰富,本世纪初据中国气象科学研究院的初步测算在陆地离地 10m 高度处,,可开发利用的风能资源约 2.53 亿 KW;海上风能资源约 7.5 亿 kW,总计约 10 亿 kW。

风能具有蕴藏量大、分布广、可再生、利用时基本对环境没有直接的污染和影响、能量密度低、不同地区风能差异大、不稳定性等特点。

我国的风能分布:

我国风能资源主要分布在新疆、内蒙古等北部地区和东部至南部沿海地带及岛屿。

1)风能最佳区:

(1)东南沿海、山东半岛、辽东半岛以及海上岛屿。

(2)三北(东北、华北、西北)北部。

(3)黑龙江南部、吉林东部。

2)风能较佳区：

(1)青藏高原中北部。

(2)三北(东北、华北、西北)南部。

(3)东南沿海(离海岸线 20～50kM)

3)风能可利用区：

(1)两广沿海。

(2)大小兴安岭山区。

(3)东从辽河平原向西，过华北大平原经西北到最西端，左侧绕西藏高原边缘部分，右侧从华北向南过长江到南岭。

2. 风力发电基本原理

人类很早就开始使用发电技术了，发电技术是通过某种动力来带动发电机发电。传统的动力来自于水能和热能。利用水轮机将水能转化为电能的称之为水力发电；利用汽轮机将化石燃料产生的蒸汽的热能转化为电能的称之为火力发电。风能也是一种动力，也可以用来发电，我们称之为风力发电。

风力发电就是利用风力发电设备把风能转化成电能，以满足用户的电力需求。

就目前的技术水平来讲，风力发电的基本原理是：通过风轮把风的动能转化为机械能带动发电机旋转发出电能，如图 8.7 所示。

图 8.7 风力发电基本原理

风轮是风力发电的重要部件，它的作用是从自然界的风中捕获动能并将其转化为旋转的机械能。

发电机是风力发电的核心设备，它的作用是通过电磁感应把旋转的机械能转化为电能供用户使用。

典型风力发电系统如图 8.8 所示。

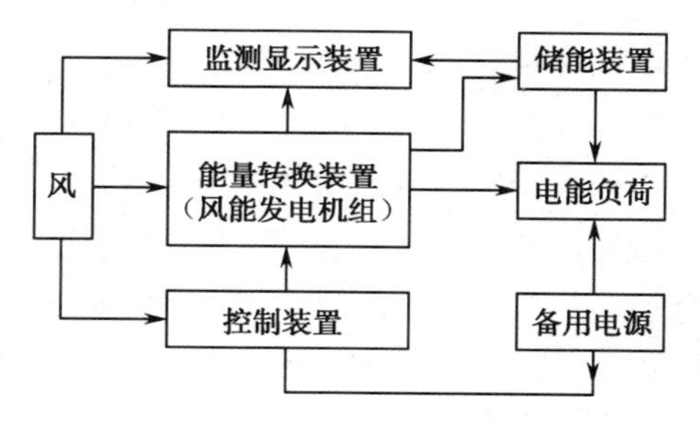

图 8.8 典型风力发电系统

风力发电系统是将风能转换为电能的机械、电气及其控制设备的组合。风力发电机通常包括风轮、发电机、调向器(尾翼)、塔架、控制系统和储能装置等几大部分组成。

风力发电机的工作原理比较简单，风轮是集风装置，利用风力带动风车叶片旋转，把风的动能转变为风轮轴机械能；发电机在风轮轴的带动下旋转发电；调向器是使风力发电机的风轮随时都是迎着风向以最大限度地捕获风能；控制系统：控制系统是风力发电机的灵魂，控制系统的主要职责是运行管理与安全保护，控制系统主要由传感器、控制器、执行机构、软件组成；塔架是风力发电机的支撑机构；储能装置就是将风力发电机输出的电能储存，由于风力发电机的输出功率与风速的大小有关，而自然界的风速是很不稳定的，因此风力发电机的输出功率也是极不稳定的，风力发电机输出的电能一般不直接用在用电设备上，而是先储存起来。

3. 风力发电机组的类型

风力发电机组的类型有很多种分类方法，见表 8.2。

表 8-2　风力发电机组的类型

风力发电机组类型	名　称
1. 按风力发电机组的容量分	微型风力发电机组小于 1kW
	小型风力发电机组 1kW～～99kW
	中型风力发电机组 100kW～～600kW
	大型风力发电机组大于 600kW
2. 按风力发电机组的运行方式分	离网型风力发电机组
	并网型风力发电机组
3. 按风力发电机组风轮轴的状态分	垂直轴风力发电机组
	水平轴风力发电机组
4. 按风力发电机组风轮的叶片数分	单叶片风力发电机组
	双叶片风力发电机组
	三叶片风力发电机组
	四叶片风力发电机组
	多叶片风力发电机组
5. 按风力发电机组风轮位置分	上风向风力发电机组
	下风向风力发电机组
6. 按风力发电机组控制方式分	定桨距风力发电机组
	变桨距风力发电机组
7. 按风力发电机组转速与电能频率关系分	恒速恒频风力发电机组
	变速恒频风力发电机组
8. 按风力发电机组驱动链的形式分	直驱型风力发电机组
	半直驱型风力发电机组
	传统有齿厢型风力发电机组（高传动比齿轮箱）
9. 按风力发电机组安装地点分	海上
	陆地

风力发电机组虽然有很多种分类，但目前占据主导地位的是“三叶片、水平轴、上风向、变桨、变速、恒频型风力发电机组”。

4. 风力发电运行方式

(1)独立运行方式:通常是一台小型风力发电机向一户或几户提供电力,它用蓄电池蓄能,以保证无风时的用电。

(2)风力发电与其他发电方式相结合:向一个单位或一个村庄或一个海岛供电。

(3)风力发电并入常规电网运行:向大电网提供电力,常常是一处风场安装几十台甚至几百台风力发电机。

5. 风力发电的优缺点

1. 优点

(1)风能是可再生能源形式,利用风力发电有利于可持续发展。

(2)利于环境保护。风力发电是最洁净、污染较少和对环境影响较小的能源形式。

(3)风力发电的成本较低,可以和其他能源形式相竞争。

2. 缺点

(1)间接的不可再生能源利用和污染物排放。机组生产过程中造成的污染物的排放是风电的间接污染物排放。

(2)噪声问题。

(3)电磁干扰。

(4)安全问题。叶片折断伤人、风电可能对鸟类造成伤害等。

(5)视觉影响。

顺便介绍,新疆达坂城是我国最早建设规模化风电场的地区,于1989年建成的达坂城风电一场是我国第一个风能发电场,所有设备全部从丹麦引进。

新疆省目前是我国风力发电最大的省,有达坂城风电一场、达坂城风电二场、布尔津风电场、阿拉山口风电场、乌鲁木齐托里风电场。

广东省南澳岛风电场是我国第一个海岛风电场。南澳岛是广东唯一的一个岛县,东南季风长,风力资源丰富,风况属世界最佳之列。

广东省主要风电场有南澳风电场、惠来石碑山风电场、珠海横琴岛风电场、汕尾红海湾风电场、甲东风电场。

北京有康西风电场,除此之外,河北省、内蒙古、宁夏省、黑龙江省、辽宁省、吉林省、山东省、甘肃省、浙江省、上海市、江苏省、福建省、海南省均有风电场。

8.4.2 太阳能发电

1. 太阳能定义

太阳是一个由炽热气体构成的球体,主要组成是氢和氦,其中氢占80%,氦占19%。太阳能是指太阳内部进行着由氢聚变成氦的原子核反应,不停地释放出巨大的能量,不断地向宇宙空间辐射能量。太阳内部的这种核聚变反应可以维持很长时间,据估计约有几十亿至几百亿年,相对于人类的有限生存时间而言,太阳能可以说是取之不尽,用之不竭的。

从广义的角度看,几乎所有的自然能源——生物质能、风能、潮汐能、水能等都来自太阳能。太阳能是最重要的基本能源,也是人类最主要的可再生能源。

太阳能具有储量丰富、维持长久、分布广、清洁、无污染,但分散、不稳定等特点。

我国太阳能资源十分丰富,全国有 2/3 以上的地区,年辐照总量大于 502 万千焦/平方米,年日照时数在 2000 小时以上。我国陆地太阳能资源分布划分为四个资源带,见表 8.3。

表 8-3 我国陆地太阳能资源带的划分

资源带号	资源带名称	年辐射量(MJ/m^2)	主要地区
Ⅰ	资源丰富带	≥6700	西藏
Ⅱ	资源较丰富带	5400~6700	新疆、青海、甘肃、宁夏、内蒙古等
Ⅲ	资源一般带	4200~5400	我国东部、南部、东北部
Ⅳ	资源缺乏带	<4200	四川、重庆

由此可见,Ⅰ、Ⅱ、Ⅲ类地区覆盖了我国大面积国土,具有利用太阳能的良好条件。

2. 太阳能发电的基本原理

太阳能发电有两种形式,一种是"光—热—电"转换方式,称为"太阳热发电",其工作原理是:将太阳辐射能转变为热能,然后再将热能转变为电能的发电方式;另一种是"光—电"转换方式,称为"太阳能光发电",工作原理是:不通过热过程而直接将光能转变为电能的发电方式。

表 8-4 太阳能发电分类

太阳能发电	发电类型
太阳能热发电	蒸汽热动力发电
	热电直接转换
太阳能光发电	光伏发电
	光化学发电
	光生物发电
	光感应发电

3. 光伏电池类型

从目前太阳能发电的发展规模、发展前景来看,光伏发电将成为未来发展最快、最有发展前景的一种新能源利用技术。

太阳能的光电转换技术简称太阳能电池(光伏电池),太阳能电池与传统的电池概念完全不同,它是一个装置,利用物质的光伏效应,将太阳辐射能转换成电能,它本身不提供能量储备。

太阳能电池的原理是基于半导体的光伏效应,将太阳辐射能直接转换为电能的装置。光电就是指物体在吸收光能后,其内部能电流的载流子分布状态和浓度发生变化,由此产生出电流和电动势的效应。这种效应存在于固体、液体和气体中,尤其半导体的光伏效应的效率最高。当太阳光照射到半导体的 PN 结上,就会在其两端产生电压,若在外部将 PN 结短路,就会产生电流,光伏电池正是利用半导体材料的这些特性,把光能直接转化成为电能的。而在这种发电过程中,光伏电池本身不发生任何化学变化,也没有机械磨损,因而在使用中无噪声、无气味,对环境无污染。太阳能电池有不同的分类方法,见表 8-5.

表 8-5 太阳能电池分类

太阳能电池分类	名称
1. 按照基体材料分类	晶硅太阳电池(单晶硅和多晶硅太阳电池)
	非晶硅太阳能电池
	薄膜太阳电池
	化合物太阳电池(砷化镓电池、硫化镉电池、碲化镉电池、硒铟铜电池等)
	有机半导体太阳电池
2. 按照结构分类	同质结太阳电池
	异质结太阳电池
	肖特基结太阳电池
	复合结太阳电池
	液结太阳电池等
3. 按照用途分类	空间太阳电池
	地面太阳电池
	光敏传感器
4. 按照工作方式分类	平板太阳电池
	聚光太阳电池

4. 太阳能发电(光伏发电)系统

太阳能发电系统主要由太阳能电池组件、蓄电池、控制器和逆变器、用电设备等几大部分组成。其中,太阳能电池组件和蓄电池为电源系统,控制器和逆变器为控制保护系统,用电设备为系统终端。见图 8.9。

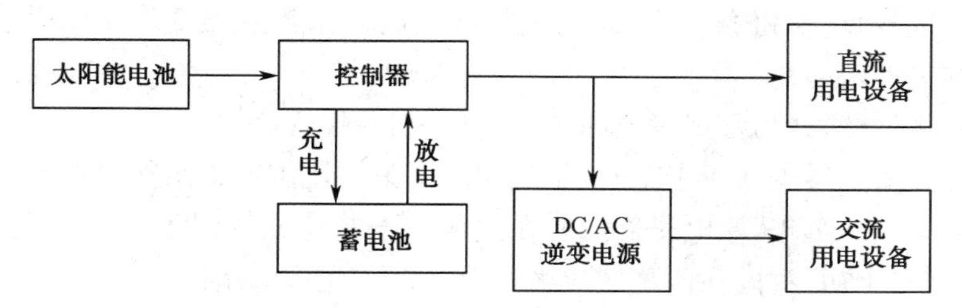

图 8.9 光伏发电系统

太阳能电池:是发电系统中的核心部分,根据用户需要,将若干个光伏电池按一定方式连接,组成太阳能电池方阵(阵列),在配上适当的支架及接线盒组成太阳能电池组件。

蓄电池:光伏发电输出功率不稳定、不连续,独立工作的光伏发电系统,常常需要配备储能装置,以保证对用户的可靠供电。阳光充足时,太阳能电池在向用户供电的同时,将剩余的能量给蓄电池充电,日照缺乏时,太阳能电池不能发电或输出很少时,由蓄电池向用户补充供电。

控制器:在小型或独立运行的光伏发电系统中,控制器功能主要是对蓄电池保护,防止过充电和过放电。对于大中型或并网运行的光伏发电系统,保护和控制系统担负着平衡、管理系统能量,保护蓄电池及整个系统正常工作和显示系统工作状态等重要作用。

逆变器:太阳能电池和蓄电池输出的都是直流电,逆变器是将直流电变换成交流电的电力电子设备。逆变器还具有自动稳压功能,可改善太阳能发电系统的供电质量。

光伏发电系统分类见表8-6。

表8-6　光伏发电系统分类

光伏发电系统类型	具体应用
光伏离网发电系统	农村电气化(村落供电系统、户用电源等)
	公共事业单位用电(学校、医院、政府办公楼等)
	通信和工业应用(微波站、交通信号、阴极保护等)
	光伏产品(太阳能路灯、草坪灯、LED产品等)
光伏并网发电系统	与建筑结合的光伏发电系统
	大型光伏电站
风光互补发电系统	

5. 太阳能发电优缺点

1)太阳能发电的优点:

(1)太阳能取之不尽,用之不竭。

(2)太阳能随处可得,可就近供电,不必长距离输送,避免了输电线路等损失。太阳能不用燃料,运行成本很低。可以根据负荷的增减,任意添加或减少太阳电池容量,避免了浪费。

(3)太阳能发电非常环保。太阳能发电不产生任何废弃物,没有污染,无噪声等公害,对环境无不良影响,是理想的清洁能源。

2)太阳能发电的缺点:

(1)能量不稳定、不连续。地面应用时有间歇性和随机性,发电量与气候条件有关,在晚上或阴雨天就不能或很少发电。

(2)能量密度较低,标准条件下,地面上接收到的太阳辐射强度为$1000W/m^2$。大规模使用时,需要占有较大面积。

(3)目前价格仍较贵,为常规发电的2～5倍。初始投资高。

顺便介绍,我国天津十八所于1960年试制出了第一块国产太阳能电池——多晶硅太阳能电池,效率为1%。1987年,原电子部六所在内蒙古朱峰建成我国第一个风光互补系统,容量为0.56kW。1990年初,我国在西藏建成第一个10kW光伏电站。

8.5　智能电网

低碳环保,节能减排、可持续发展成为各国关注的焦点,世界能源发展格局因此发生重大而深刻的变化。人类能源发展面临新的挑战,发展清洁能源,用可再生能源逐步替代石化能源,保障能源安全,建造能源使用的创新体系。作为能源供应的重要环节,电网对于清洁能源的发展至关重要,它以信息技术彻底改造现有的能源利用体系,最大限度地开发电网体系的能源效率。

希望通过一个数字化信息网络系统将能源资源开发、输送、存储、转换(发电)、输电、配电、供电、售电、服务以及蓄能与能源终端用户的各种电气设备和其他用能设施连接在一起,通过智能化控制,将能源利用效率和能源供应安全提高到全新的水平,将污染与温室气体排放降低到环境可以接受的程度,使用户成本和投资效益达到一种合理的状态。这就是智能电网的思想。

1. 智能电网的定义

智能电网并没有一个确定的概念，各个领域的专家从不同角度阐述了智能电网的内涵，并且随着研究和实践的深入对其不断细化。美国电力科学研究院对智能电网的定义被广泛引用。美国电力科学研究院的专家认为智能电网就是利用传感器对发电、输电、配电、供电等关键设备的运行状况进行全面的实时控制，然后把获得的数据通过网络系统进行收集、整理，最后通过对数据的分析、挖掘，实现对整个电力系统运行的优化管理。

2. 智能电网的特征

1)坚强：有能力抵御恶劣天气和外部攻击并确保信息安全；

2)自愈：有能力实现电网的自我诊断，自我调整，自动隔离故障和自动快速恢复；

3)兼容、互动：支持可再生能源的有序、合理接入，适应各种分布式电源和微电网的接入，能够实现与用户的交互和高效互动，满足用户多样化的电力需求并提供对用户的增值服务；

4)经济：能够以最优成本向社会提供优质电力；

5)集成：实现电网信息的高度集成和共享，采用统一的平台和模型，实现标准化、规范化和精益化管理；

6)优化：能够优化资源，提高设备资产的利用率和电网的运行效率；

7)清洁：能够大规模利用可再生能源减少对环境的潜在影响。

3. 我国的智能电网——坚强智能电网

坚强智能电网是中国国家电网公司提出的智能电网愿景。2009 年 5 月 21 日，我国首次提出智能电网发展目标：“国家电网将立足自主创新，加快建设以特高压电网为骨干网架，各级电网协调发展，具有信息化、自动化、互动化特征的统一的坚强智能电网”。

智能电网将成为我国未来三十年拉动经济发展的主要支柱。智能电网通过对电力生产、输送、零售各个环节的优化管理，将大大提升能源的利用效率，降低对煤炭、天然气等能源的依赖，促进太阳能、风能等可再生能源的利用。智能电网的是历史发展的必然，它是促进电力行业全价值链生产、运行、经营各环节根本性转变的解决方案。

本章小结

1. 供电与配电

(1) 电力系统：由各种电压的电力线路将一些发电厂、变电所和电力用户联系起来的发电、输电、变电、配电和用户的整体，叫做电力系统。

电力系统主要由发电厂、电力网和用电设备组成。

在电力系统中，一切消耗电能的用电设备均称为电能用户，又叫做电力负荷，可分为三个等级。

(2) 工厂供电系统：工厂(或企业)内部接受、变换、分配和消耗电能的总电路称为工厂(或企业)供电系统，它是公共电力系统的重要组成部分，可分为电源系统和变配电系统两个系统。

2. 安全用电

(1) 安全用电：安全用电包括人身安全和设备安全两部分内容，前者指因为人体接触带电体或处于强电场中，受到电击(触电)或电弧灼伤而导致的生命危险，后者指因为电气事故引起设备损坏、起火爆炸等危险。

(2) 安全电压：加在人体上一定时间内不致造成伤害的电压叫做安全电压。工程上规定交流 36V，12V 两种和直流 48V，24V，12V，6V 四种为安全电压。

(3) 防止触电：在正常情况下，为了保证电气设备可靠运行，必须将电力系统中某一点接地时，称为工作接地，工作接地电阻 R_0 一般不大于 4Ω，特殊情况下不大于 10Ω。

保护接地是把电气设备的金属外壳，框架等用接地装置与大地可靠连接，以保护人身安全，它适用于中性点不接地的低压电力系统。

在中性点接地的三相四线制电力系统中，将电气设备的外壳或框架与系统的零线(中线)相接，称为保护接零。

3. 节约用电

采用科学管理、实行计划供用电、合理分配负荷、选用高效节能设备、采用新技术、新工艺来改进操作方法、提高功率因数、降低输电线路损耗等是节约用电的重要措施。

习题 8

8.1 简述电力系统的基本组成及各部分作用。

8.2 电力负荷共分为几级？各级负荷对电源有何要求？

8.3 简述工厂(或企业)供电系统的基本组成和各部分作用。

8.4 什么叫做高压配电网络和低压配电网络？配电方式一般有哪几种？

8.5 安全电压是如何规定的？

8.6 解释单相触电、两相触电、跨步电压触电、接触电压触电的含义。

8.7 什么叫做保护接地？画出保护接地原理示意图并说明。

8.8 什么叫做保护接零？画出保护接零原理示意图并说明。

8.9 为什么单相电器的电源插头与插座通常采用单相三线制？

8.10 电气设备的保护措施主要有哪些？

8.11 节约用电的主要措施有哪些？

8.12 能源有哪几种主要分类方式？

8.13 风力发电的主要原理是什么？

8.14 风力发电的优缺点有哪些？

8.15 太阳能发电有几种方式？

8.16 光伏发电的基本原理？

8.17 太阳能发电的优缺点？

8.18 智能电网有哪些特征？

第 9 章

电工电子元器件简介

学习目标

元器件是组成电路的基本要素，了解常用的电工电子元器件是十分必要的。本章简要介绍电阻器、电容器、电感器、常见换能器等基础知识。

9.1 电阻器

电阻器的主要作用是限流、分流、降压、分压、负载、阻抗匹配、阻容滤波等。电阻器是电路元件中应用最广泛的一种。

9.1.1 电阻器的类别

电阻器有多种分类方式，按结构可分为固定电阻器、可变电阻器（电位器）和敏感电阻器；按其材料和工艺可分为膜式电阻、实芯式电阻、金属线绕电阻等。常用电阻器的外形如图 9.1 所示。

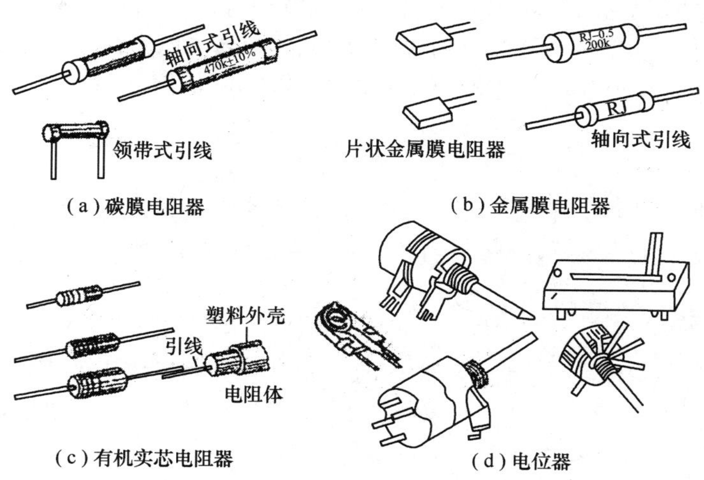

图 9.1 常用电阻器的外形

固定式电阻简称电阻。可变式电阻器分为滑线式变阻器和电位器，常用于调节电路。敏感电阻有光敏电阻、热敏电阻、压敏电阻、气敏电阻等，它们均是利用材料电阻率随物理量变化而变化的特性制成的，多用于控制电路。熔断电阻会因电路达到超负荷时间限制而熔断开路，从而起到保护电路的作用。新型的电阻元件是片状电阻器，也称表面安装元件，是由陶瓷基片、电阻膜、玻璃釉保护层和端头电极组成的无引线结构电阻元件。这种片状的新型元件具有体积小、重量轻、性能优良、温度系数小、阻值稳定及可靠性强等优点，但其功率一般都不大。

9.1.2 电阻器的主要参数

电阻器的主要参数有标称阻值、阻值误差、额定功率、最高工作温度、最高工作电压、噪声、温度特性和高频特性等。通常在选用电阻器时，只考虑标称阻值、阻值误差和额定功率 3 项。对有特殊要求的电阻器，需要考虑其他指标。

1. 标称阻值

电阻器上所标的阻值即标称阻值。

2. 阻值误差

阻值误差也称允许误差，阻值误差为电阻器的实际值与标称值的差值除以标称阻值所得的百分数。普通电阻器的误差分为 3 个等级：阻值误差≤±5%称Ⅰ级；阻值误差≤±10%称Ⅱ级；阻值误差≤±20%称Ⅲ级。误差越小，表明电阻器的精度越高。由于制造技术的发展，电阻器的阻值误差在±5%以内。

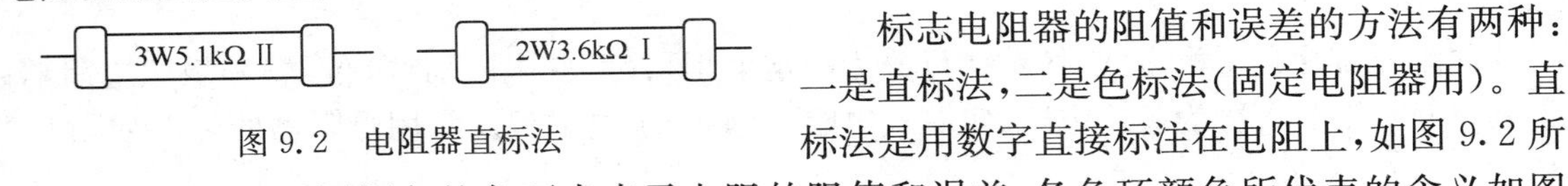

图 9.2 电阻器直标法

标志电阻器的阻值和误差的方法有两种：一是直标法，二是色标法（固定电阻器用）。直标法是用数字直接标注在电阻上，如图 9.2 所示。色标法是用不同颜色的色环来表示电阻的阻值和误差，各色环颜色所代表的含义如图 9.3 所示，色标法表示的单位为欧姆。例如，图 9.3(a) 中第一色环为红、第二色环为黄、第三色环为绿、第四色环为银，则电阻阻值为 $24\times10^3\Omega=24\text{k}\Omega$，阻值误差 10%。

3. 额定功率

额定功率是指电阻器在规定的环境温度和湿度下长期连续工作，电阻器所允许消耗的最大功率。为保证安全工作，一般选额定功率大于其在电阻中消耗功率的 2～3 倍。

9.1.3 电阻器的型号命名

根据国家标准，电阻器的型号由 4 部分组成：第一部分用汉语拼音表示主称，用 R 表示电阻器，用 W 表示电位器，第二部分用汉语拼音表示材料，第三部分用汉语拼音或阿拉伯数字表示特征，第四部分用阿拉伯数字表示序号。

例如：高功率碳膜电阻器

9.1.4 电阻器的选用及测试

这里给出几种常见电阻器的结构与特点，如表 9-1 所示，可供选用时参考。

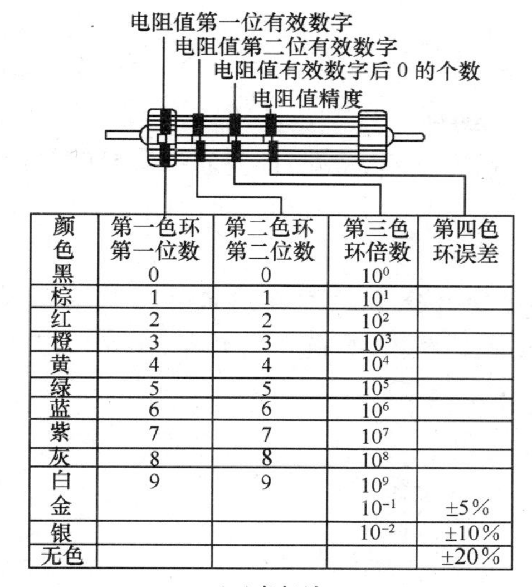

颜色	第一色环第一位数	第二色环第二位数	第三色环倍数	第四色环误差
黑	0	0	10^0	
棕	1	1	10^1	
红	2	2	10^2	
橙	3	3	10^3	
黄	4	4	10^4	
绿	5	5	10^5	
蓝	6	6	10^6	
紫	7	7	10^7	
灰	8	8	10^8	
白	9	9	10^9	
金			10^{-1}	±5%
银			10^{-2}	±10%
无色				±20%

(a)色标法一

标称值第一位有效数字
标称值第二位有效数字
标称值第三位有效数字
标称值有效数字 0 的个数
允许偏差

颜色	第一有效数	第二有效数	第三有效数	倍数	允计偏差
黑	0	0	0	10^0	
棕	1	1	1	10^1	±1%
红	2	2	2	10^2	±2%
橙	3	3	3	10^3	
黄	4	4	4	10^4	
绿	5	5	5	10^5	±5%
蓝	6	6	6	10^6	±25%
紫	7	7	7	10^7	±0.1%
灰	8	8	8	10^8	
白	9	9	9	10^9	
金				10^{-1}	
银				10^{-2}	

(b)色标法二

图 9.3　电阻器色标法

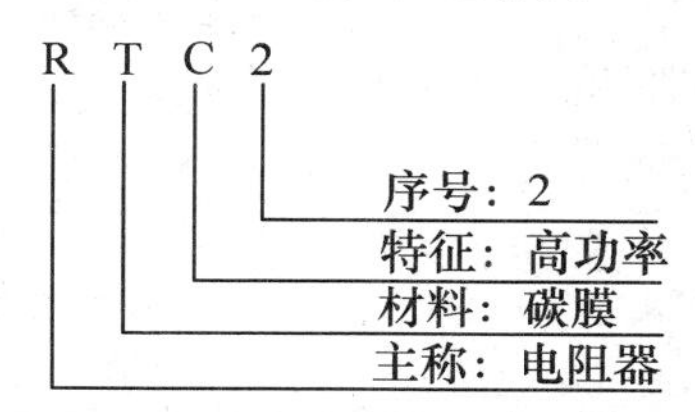

表 9-1　几种常用电阻器的结构与特点

电阻器的类别	型　号	应用特点
碳膜电阻器	RT 型	性能一般，价格便宜，大量应用于普通电路中
金属膜电阻器	RJ 型	与碳膜电阻相比，体积小，噪声低，稳定性好，但成本较高，多用于要求较高的电路中
金属氧化膜电阻器	RY 型	与金属膜电阻器相比，性能可靠、过载能力强、功率大
实芯碳质电阻器	RS 型	过载负荷能力强，可靠性较高，但噪声大、精度差、分布电容电感大，不适宜要求较高的电路
线绕电阻器	RX 型	阻值精确、功率范围大、工作稳定可靠、噪声小、耐热性能好，主要用于精密和大功率场合。但其体积较大、高频性能差、时间常数大、自身电感较大，不适用于高频电阻
碳膜电位器	WT 型	阻值变化和中间触头位置的关系有直接式、对数式和指数式 3 种。并有大型、小型、微型几种，有的和开关组成带开关电位器。碳膜电位器应用广泛
线绕电位器	WX 型	用电阻丝在环状骨架上绕制而成。其特点是阻值变化范围小、寿命长、功率大

测量电阻的方法很多，可用欧姆表、电阻电桥和万用表欧姆挡直接测量，也可通过测量电阻的电流和电压，再由欧姆定律算出电阻值。

用万用表欧姆挡测量电阻的方法是：①选挡——拨功能开关到“Ω”挡位，量程开关至适合挡；②调零；③测电阻。

9.2 电容器

电容器是一种储能元件,在电路中用于调谐、滤波、耦合、隔直、旁路、能量转换和延时等。

9.2.1 电容器的类别

电容器按其容量是否可调,可分为固定电容器、半可变电容器、可变电容器 3 种。按其所用介质,可分为金属化纸介质电容器、钽电解电容器、云母电容器、薄膜介质电容、瓷介质电容器。几种常见电容器的外形如图 9.4 所示。

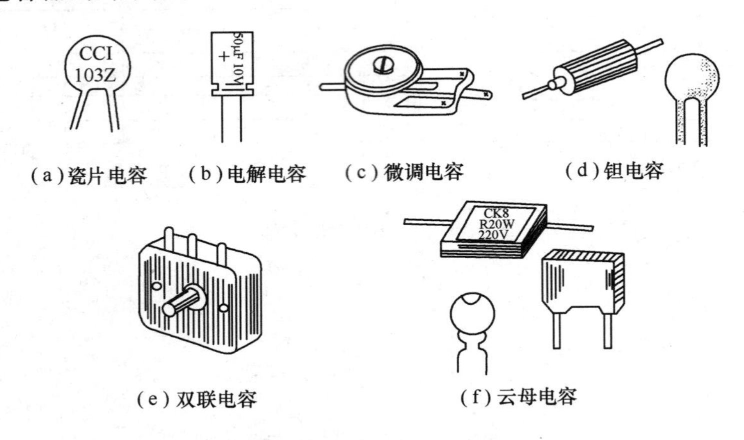

图 9.4 常用电容器的外形

固定电容器简称电容。半可变电容器又称微调电容器或补偿电容器,其特点是容量可在小范围内变化(几皮法～几十皮法,最高可达 100pF)。可变电容器的电容量可在一定范围内连续变化,它们由若干片形状相同的金属片并接成一组(或几组)定片和一组(或几组)动片,动片可以通过转轴转动,以改变动片插入定片的面积,从而改变电容量。

9.2.2 电容器的主要参数

电容器的主要参数为标称容量、容量误差、额定工作电压、绝缘电阻和介质损耗等。通常在选用电容时,只需考虑标称容量、容量误差、额定工作电压 3 项。

1. 标称容量

电容器的容量是指电容器加上电压后储存电荷的能力。标称容量是指电容器上标出的名义电容量值。电容器的容量是按国家规定的系列标注的,如表 9-2 所示。任何电容器的标称容量都满足表中数据乘以 10^n(n 为整数)。

表 9-2 标称容量系列

电容器类别	标称值系列
高频纸介质电容,云母纸介质电容、玻璃釉介质电容、高频(无极性)有机薄膜介质电容	1.1 1.2 1.3 1.5 1.6 1.8 2.0 2.2 2.4 2.7 3.0 3.3 3.6 3.9 4.3 4.7 5.1 5.6 6.2 6.8 7.5 8.2 9.1

续表

电容器类别	标称值系列
纸介质电容、金属化纸介质电容、复合介质电容、低频(有极性)有机薄膜介质电容	1.0 1.5 2.0 2.2 3.3 4.0 4.7 5.0 6.0 6.8 8.0
电解电容器	1.0 1.5 2.2 3.3 4.7 6.8

2. 容量误差

容量误差或允许误差是指实际容量与标称容量之差除以标称容量所得的百分数。电容器的容量误差分 8 级，如表 9-3 所示。一般电容器常用Ⅰ、Ⅱ、Ⅲ级，电解电容器常用Ⅳ、Ⅴ、Ⅵ级。

表 9-3 电容器的容量误差级别

精度等级	00(01)	0(02)	Ⅰ	Ⅱ	Ⅲ	Ⅳ	Ⅴ	Ⅵ
允许误差/%	±1	±2	±5	±10	±20	+20/−10	+50/−20	+50/−30

电容器的标识方法有 3 种：一是直标法，二是数码法，三是色标法。

(1)直标法：将电容器的容量、耐压及误差直接标注在电容上。

(2)数码法：用 3 位数字来表示容量的大小，单位为 pF。前两位为有效数字，第三位表示倍率，即乘以 10^i，i 的取值范围是 1～9，但 9 表示 10^{-1}。例如，333 表示 33 000pF 或 0.033μF；229 表示 2.2pF。

(3)色标法：与电阻器的色环表示法类似，其各色环颜色所代表的含义与电阻色环完全一样，单位为 pF。

3. 额定工作电压

额定工作电压是电容器在规定的工作温度范围内，长期、可靠地工作所能承受的最高电压。

9.2.3 电容器的型号命名

根据国家标准，电容器的型号由四部分组成：第一部分用汉语拼音表示主称，第二部分用汉语拼音表示材料，第三部分用汉语拼音或阿拉伯数字表示特征，第四部分用阿拉伯数字表示参数。

例如：小型金属化纸介质电容器

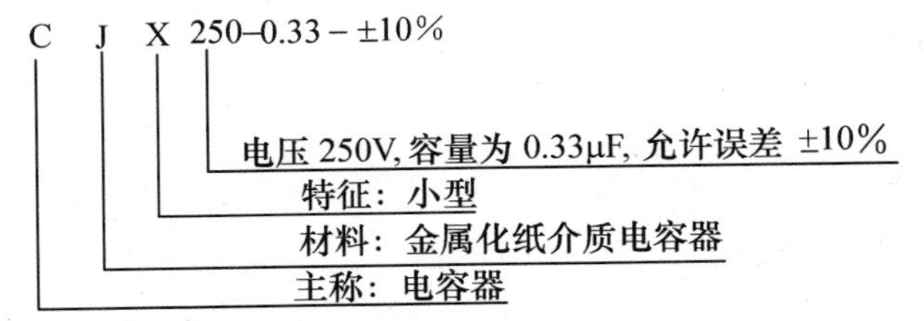

9.2.4 电容器的选用及测试

电容器的种类繁多，性能指标各异，合理选用电容器对实际电路很重要。对于一般电路可选用瓷介质电容器；要求较高的中高频、音频电路可选用涤纶或聚苯乙烯电容器(例如，谐振回路要求介质损耗小,可选用高频瓷介质或云母电容器);电源滤波、退耦、旁路可选用铝或钽电解电容。常用电容器的性能特点如表 9-4 所示。使用时应根据电路要求进行选择。

表 9-4　几种常用电容器的性能特点

电容器的类别	型　号	应用特点
铝电解电容器	CD 型	有极性之分,容量大,耐压高,容量误差大,且随频率而变动,绝缘电阻低,漏电流大
钽电解电容器 铌电解电容器	CA 型 CN 型	有极性之分,体积小,容量大,耐压高,性能稳定,寿命长,绝缘电阻大,温度特性好,但成本高,用在要求较高的设备中
云母电容器	CY 型	高频性能稳定,介质损耗小、绝缘电阻大,温度系数小,耐压高(从几百伏到几千伏),但容量小(从几十皮法~几万皮法)
瓷介质电容器	CC 型	体积小,损耗小,绝缘电阻大,温度系数小,可工作在超高频范围,但耐压较低(一般为 60~70V),容量较小(一般为 1~1 000pF)。为提高容量,采用铁电陶瓷和独石为介质,其容量分别可达 680pF~0. 047μF 和 0. 1μF~几微法,但其温度系数大、损耗大、容量误差大
纸介质电容器	CZ 型	体积小,容量可以做得较大,且结构简单,价格低廉,但介质损耗大,稳定性不高,主要用于低频电路的旁路和隔直电容,其容量一般为 100pF~10μF
金属化纸介质电容器	CJ 型	其性能与纸介质电容器相仿。但它有一个最大特点是被高电压击穿后,有自愈作用,即电压恢复正常后仍能工作
(苯)有机薄膜电容器 (涤)有机薄膜电容器	CB 型 CL 型	与纸介质电容器相比,它的优点是体积小、耐压高、损耗小、绝缘电阻大、稳定性好,但温度系数大

电容器装接前应进行测量,看其是否短路、断路或漏电严重,利用万用表的欧姆挡可以简单地测量。具体方法是:容量大于 100μF 的电容器用 $R\times100\Omega$ 挡测量;容量在 1~100μF 以内的电容器用 $R\times1\text{k}\Omega$ 挡测量;容量更小的电容器用 $R\times10\text{k}\Omega$ 挡测量。对极性电容,将黑表笔接电容器的正极,红表笔接电容器的负极,若表针摆动大,且返回慢,返回位置接近∞,说明该电容器正常,且电容容量大;若表针摆动大,但返回时,表针显示的 Ω 值较小,说明该电容漏电流较大;若表针摆动很大,接近于 0Ω,且不返回,说明该电容器已击穿;若表针不摆动,则说明该电容器已开路,失效。对非极性电容,两表笔接法随意。另外,如果需要对电容器再一次测量时,必须将其放电后方能进行。

如果要求更精确的测量,我们可以用交流电桥和 Q 表(谐振法)来测量,这里不做介绍。

9.3　电感器

电感器是利用电磁感应原理制成的元件,它通常分两类:一类是应用自感作用的电感线圈;另一类是应用互感作用的耦合电感。电感器的应用范围很广,它在调谐、振荡、匹配、耦合、滤波、陷波等电路中都是必不可少的。由于电感工作频率、功率、功能等的不同,使其结构多种多样。一般电感器是由漆包线在绝缘骨架上绕制的线圈,作为存储磁能的元件。为了增加电感量,提高品质因数和减小体积,通常在线圈中加入软磁性材料的磁芯。

9.3.1 电感器的类别

根据电感器的电感量是否可调，电感器分为固定、可变和微调电感器。常见电感器外形如图 9.5 所示。

可变电感器的电感量可利用磁芯在线圈内移动而在较大的范围内调节。它与固定电容器配合用于在谐振电路中起调谐作用。

微调电感器可以满足整机调试的需要和补偿电感器生产中的分散性，一次调好后，不再变动。

除此之外，还有一些小型电感器，如色码电感器、平面电感器和集成电感器，可满足电器设备小型化的需要。

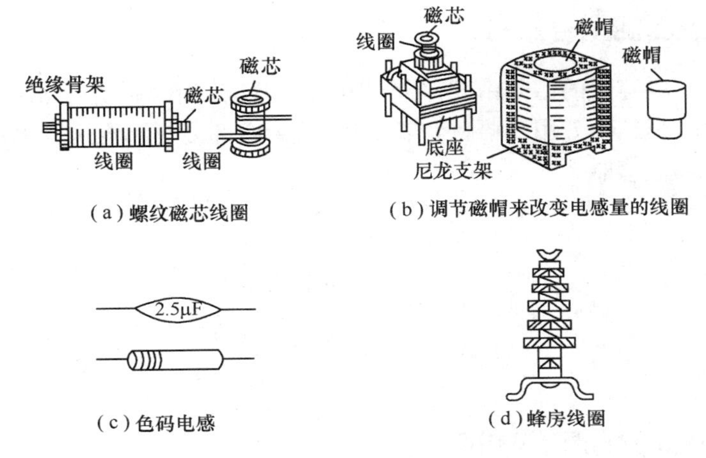

图 9.5　常见电感器外形

9.3.2 电感器的主要参数

电感器的主要参数为电感量、品质因数、额定电流和分布电容等。

1. 电感量

电感量是指电感器通过变化电流时产生感应电动势的能力，其大小与磁导率 μ、线圈几何尺寸和匝数等有关。电感量的主要参数表示方法有直标法、色标法和电感值数码表示方法 3 种。直标法是指在小型固定电感器的外壳上直接用文字标出电感器的主要参数，如电感器的电感量、误差和最大直流工作电压直接标注在电感器上。色标法是用不同颜色的色环来表示电感器的参数，其颜色所代表的含义与电阻色环完全相同，单位为 μH。数码法是用 3 位数字来表示电感量的大小，单位为 μH，前两位数字为电感值的有效数字，第三位数字表示倍率，即乘以 10^i，i 的取值范围是 0～9，如 223 表示 22×10^3。小数点用 R 表示，例如 1R8 表示 1.8μH；R68 表示 0.68μH。

2. 品质因数

品质因数为线圈中存储能量和消耗能量的比值，通常用 $Q=\dfrac{\omega L}{R}$ 来表示，它反映电感器传输能量的效能。Q 值越大，损耗越小，传输效能越高，一般要求 $Q=50\sim300$。

3. 额定电流

额定电流主要对高频电感器和大功率调谐电感器而言。通过电感器的电流超过额定值时,电感器将发热,严重时会烧坏。

4. 分布电容

由于线圈每两圈(或每两层)导线间可以看成是电容器的两块金属片,导线之间的绝缘材料相当于绝缘介质,这样形成一个很小的电容,叫做分布电容。由于分布电容的存在,将使线圈品质因数 Q 值下降。

9.3.3 电感器的型号命名

根据国家标准,电容器的型号由四部分组成:第一部分用汉语拼音表示主称,第二部分用汉语拼音表示特征,第三部分用汉语拼音表示型式,第四部分用汉语拼音表示区别代号。

例如:小型高频电感器

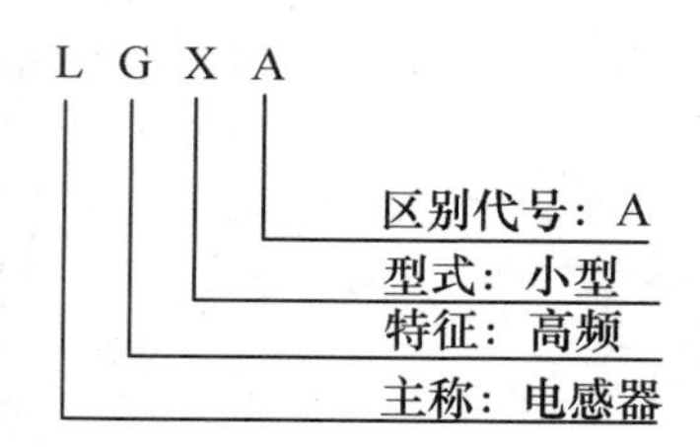

9.3.4 电感器的选用及测试

根据电路要求选择电感器的类型、电感量、误差及品质因数;根据线路工作电流选择电感器的额定电流。选电感器时,首先应明确其使用频率范围(铁芯线圈只能用于低频,一般铁氧体线圈、空心线圈可用于高频),再考虑电感量、误差及品质因数等。

线圈是磁感应元件,它对周围的电感性元件有影响,安装时一定要注意电感性元件之间的相互位置,一般应使相互靠近的电感线圈的轴线互相垂直,必要时可在电感性元件上加屏蔽罩。

电感器的常见故障有断路、短路等。为了保证电路正常工作,电感器装接前必须进行测量。用万用表欧姆挡可以对电感器进行简单的测量,测量出电感线圈的直流电阻,并与其技术指标相比较:若阻值比规定的阻值小得多,则说明线圈存在局部短路或严重短路情况;若阻值很大或表针不动,则表示线圈存在断路。电感器的测量方法也可以用电桥法、谐振回路法测量。

9.4 常见换能器件

凡能够将某种形式的能量转换成另外一种形式能量的器件均可叫做换能器。在电工技术中常见的换能器件主要有电热器具(电—热转换)、热电耦(热—电转换)、照明器具(电—光转换)、光电器件(光—电转换)、电声器件(电—声相互转换)、电化学装置(电能与化学能相互转换)等。本章将简要介绍这些常见的换能器件。

9.4.1 电—热相互转换器件

1. 电热器具

电热器具是将电能转换为热能的装置，在常用电器中，电热器具占有较高的比例，例如，生活中常用的电熨斗、电饭锅、电热水器、空间加热器、电热毯、远红外线电暖炉、电灶、电热炊具，等等。

(1) 电热器具的特点：尽管获得热能的方法很多，但电热与燃烧煤炭、石油、天然气等燃料的方法相比，有下述突出优点：

① 清洁卫生，污染很少。无论哪一种燃料，在燃烧过程中都会产生二氧化碳、一氧化碳等对环境有害的污染气体，而电热器具在工作过程中不产生有害气体，对周围环境污染很小或几乎没有。

② 容易实现调温控制。在各种燃料燃烧过程中，要想控制温度，一般只能通过调节其火焰大小来实现，这不仅难以操作，也很难实现恒温调节，而电热器具可利用温控部件进行自动控制温度。

③ 安全可靠。与各种燃料的燃烧相比，电热器具工作时没有明火，相对而言比较安全。

④ 使用方便。燃料的运输与存放给人们的生活带来较大麻烦，而电热器具只要有电源的地方均可方便使用。

⑤ 热效率高。各种燃料的燃烧过程，由于燃烧不够充分，热效率低。例如，燃煤时热效率只有15%～20%，燃烧煤气时热效率虽较高，但也只有40%～50%，而电热效率可达到65%～90%。

由于电热器具有以上明显优点，所以它的应用范围越来越广，逐渐成为人们生活中不可或缺的日常用具。

(2) 电热器具的类型：按照电热转换方式区分，电热器具有电阻式电热器具、红外式电热器具、感应式电热器具及微波式电热器具等几大类。

由焦耳一楞次定律可知，电流通过具有一定电阻的导体时，导体就会发热。利用电阻发热而制成的电热器具就称为电阻式电热器具，如电饭锅、电热毯、电熨斗、电炉、空间加热器等。

红外式电热器具是通过加热某些红外辐射物质，利用其辐射出的红外线来完成加热物体的目的，这类电热器具的特点是热效率高。常见的红外式电热器具有红外式取暖炉、电烤箱等。

若将导体置于交变磁场中，其内部将产生感应电流(涡流)，涡流在导体内部克服内阻流动时产生热量。利用涡流而产生热量的电热器具称为感应式电热器具。该种电热器具比较安全，并且热效率高，其典型产品为电热灶。

微波式电热器具的工作原理是利用微波(甚高频电磁波，波长在1mm～1m)照射某些介质，将其内部分子加速运动而发热。微波炉是目前微波式电热器具中应用最为广泛和完善的产品，它具有热力散布均匀、热效率高等优点。目前微波电热器具通常采用的微波频率有915MHz和2450MHz两种。

(3) 电热器具的基本结构：发热部件、温控部件及安全装置三部分。

发热部件的主要功能是将电能转换为热能，它由各类电热元件构成。常见的电热元件有电热丝、电阻发热体、红外线灯、管状红外线辐射元件、半导体加热器(PTC)等。

温控部件的主要功能是控制部件的发热程度，以使电热器具所发出的热量合乎要求，使电热器具具有调节温度的能力。常用的温控部件有双金属式恒温控制器和磁控式温度调节器，近年来随着科学的发展,PTC温控部件、电子温控部件和电脑温控部件已被广泛采用。

安全装置的功能是在电热器具发热温度超过正常范围时,自动切断电流,防止器具过热,确保安全。常用的安全装置有温度保险丝等。

2. 热电耦

热电耦是能够将热能转换成电能(电信号)的器件,它是根据热电效应原理制成的:将A、B两种不同的导体丝(如铂铑合金为导体A、铂金属为导体B)连接在一点(叫做触点),当触点处的温度T发生变化时,这两种导体之间的电位差U_{AB}也要发生相应的变化,相当于温度的变化转换成了电压信号的变化,也可以说是热能转换成了电能。

通常热电耦触点处的温度T与构成它的两导体之间电位差U_{AB}有一一对应的关系,可用来进行温度的测量。

9.4.2 电—光相互转换器件

1. 照明器具

照明器具是将电能转换成光能的装置,它的用途不仅局限于为人们提供照明光源,还逐渐成为美化与装饰环境的重要器件。

(1) 基本组成:照明器具主要由电光源、照明灯附件及灯具几部分组成。常用照明器具的电光源主要有两种:一种为热辐射光源(如白炽灯);另一种为气体放电光源(如荧光灯)。照明灯附件包括使光源正常工作的一切附件,如灯座、开关、镇流器、防护外壳等。灯具既包括容纳光源的装置,使灯源能按人们需要进行照明,也包括装饰件。常用的灯具装置有灯罩、反射器、格栅片及有图案的玻璃件等。灯具的结构形式有台灯、壁灯、吊灯、落地灯、吸顶灯及格栅灯等。

(2) 电光源:热辐射光源是人类最早发明的电光源,其主要种类有白炽灯、碘钨灯等,它们的灯光都是炽热的钨丝上发出的。

白炽灯主要由灯丝、玻璃壳体、灯头等组成。白炽灯接上额定电压后,钨灯丝流过电流而被加热成白炽发光体。白炽灯的主要特性是光线柔和、目感舒适、观察物体色差较小,并具有构造简单、价格低、使用方便、灯具式样繁多等优点,它的主要缺点是钨丝炽热发光过程中,只有一小部分的电能变为光能,而绝大部分电能变为热能,所以白炽灯发光效率很低,并且寿命较短。

碘钨灯是在白炽灯基础上充入微量的碘,利用碘循环,提高发光效率。当灯泡通电点燃后,钨丝蒸发的部分钨黏附到壁上,同时碘分子受灯丝加热分解,变成原子态碘,也扩散到壳壁上,与钨发生化学反应,产生挥发性碘化钨,当碘化钨扩散到灯丝附近,由于高温又分解为碘和钨,其中钨又沉积回钨丝上,而碘又重新扩散至壳壁上,再次与壳壁上钨反应生成碘化钨。如此循环,碘可把蒸发出来的钨送回灯丝上去,这样提高了发光率与使用寿命。碘钨灯的发光效率高、光色好,寿命几乎是普通白炽灯的两倍,适用于照度要求较高的环境。

气体放电光源特性是20世纪30年代初发现的,在汞蒸气和惰性气体弧光放电过程中可辐射紫外线,而当荧光粉受到紫外线激发时,就能发出可见光。根据这一原理,人们制造出荧光灯、高压水银灯等气体放电光源。

气体放电光源发光原理与热辐射光源完全不同,它不是热光,而是将电能转变为紫外线,再由紫外线转换为光能,也称为冷光。它的最大特点是发光率高,灯管寿命长。实验统计证

明:荧光灯的发光率为白炽灯的三倍左右,即在亮度相等的条件下,荧光灯比白炽灯要节省电能;荧光灯按其不同的规格,最低寿命为 1 500h,最高寿命可达 5 000h 以上,而钨丝白炽灯寿命一般在 1 000h 左右。

发光板照明是 20 世纪 80 年代初使用的第三代光源,其工作原理是场致发光。所谓场致发光是指有些荧光粉在电场激发下发光的现象。发光板结构类似于平板电容器,具有两个电极,其中一个电极涂有磷化钾、硫化锌、氮化硼等发光体,另一电极涂有透明导电材料,当两电极加上电场后,便可以发光。发光板照明灯具有光线柔和、亮度均匀等优点,若将它嵌在墙壁或天花板上,可从房间各方向发光,使被照物体不产生影像。目前这种光源已得到了广泛的应用。

2. 光电器件

物体受到光照会发生某些电学特性的变化,这种现象称为光电效应。光电器件就是根据光电效应制成的将光信号(含可见光与不可见光)转换成电信号的一种特殊器件。目前的光电器件大多数是用半导体光电元件构成的,如光敏电阻、光电池、光敏二极管与三极管、光电耦合器等。

光敏电阻是用半导体(如硫化镉等)制成的,在没有受到光照时呈现高电阻状态(一般为 MΩ 级),当受到光照时,电阻值显著下降(一般为几 kΩ),导电能力明显增强,如果停止光照,则恢复到高阻状态。显然处于电路中的光敏电阻,光照会影响它的阻值变化,从而可以影响其电压或电流的改变,即利用光敏电阻的光照特性可以实现光信号转变为电信号。

光电池(如硅光电池)是利用太阳能(光照)转换成电能的重要器件,在光电自动控制、光电显示等方面有广泛应用。

光敏二极管与光敏三极管一般在电路中作为控制开关使用,当它们没有受到光照时,电阻很大(在电路中相当于开路),当受到光照时,电阻很低(在电路中相当于短路)。

光电器件多种多样,读者可参阅专门的书籍。

9.4.3 电—声相互转换器件

电声器件是将电信号转换成声信号或将声信号转换成电信号的换能器。按照功能进行分类有送话器、受话器和送受话器组合件,送话器是发送声音的,即将声信号转换成电信号(声—电转换),通常称之为传声器或话筒(麦克风);受话器是接收声音的,即将电信号转换成声信号(电—声转换),主要是指扬声器(喇叭)、耳机、音箱等;送受话器组合件可同时具备发送声音和接收声音的功能。

电声器件按照外形大小进行分类有微型、小型、中型、大型等电声器件;按照换能原理进行分类有电磁式、动圈式、压电式、可变电容式、光电式等电声器件。以下简要介绍几种典型的电声器件工作原理。

1. 电磁式电声器件

电磁式电声器件的结构原理如图 9.6 所示。作为送话器时,声波作用在振膜上推动振动片一起振动起来,改变了磁路间隙的大小,即磁路中的磁阻发生相应的变化,从而通过线圈 a、b 的磁通量也发生了变化,根据电磁感应定律可知,绕在磁路上的线圈 a、b 两端能够产生随声波振动相应变化的感应电动势(电信号),实现了声—电转换。

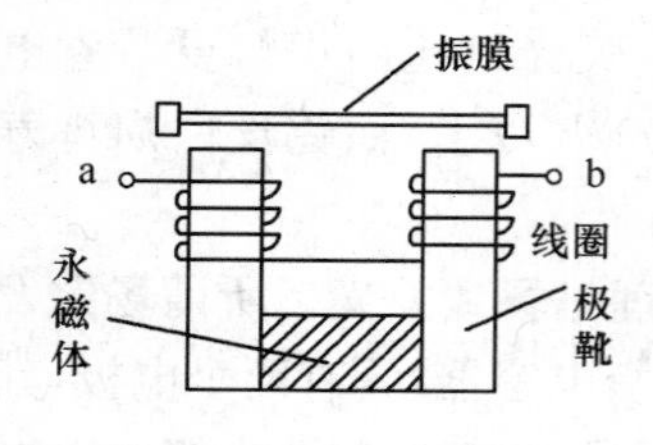

图 9.6　电磁式电声器件原理

作为受话器时，将随话音变化的电信号加到线圈 a、b 两端，该线圈在电流作用下产生随话音信号而变的磁场，并与磁路中固有的恒磁场叠加在一起，产生相应的交变吸力，吸引振动片使振膜振动起来，推动空气发出声音，实现了电—声转换。

2. 动圈式电声器件

动圈式电声器件的结构原理如图 9.7 所示。作为送话器时，声波作用在振膜上使振膜振动起来，并带动连接在它上面的音圈(线圈)做切割磁力线运动，音圈产生随声波变化相应的感应电动势(电信号)，实现了声—电转换。

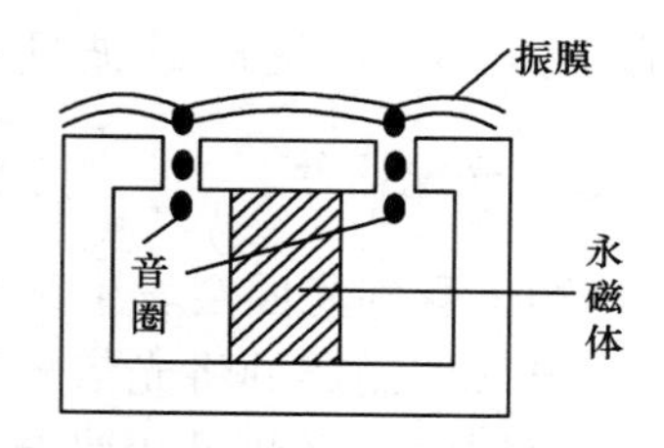

图 9.7　动圈式电声器件原理

作为受话器时，将随话音变化的电信号加到音圈(线圈)两端，音圈必将产生随话音信号变化的磁场，并与磁路中固有的恒磁场相互作用，因此受到电磁场的作用力而使振膜振动起来，推动空气发出声音，实现了电—声转换。

3. 压电式电声器件

压电式电声器件主要是利用压电材料(如压电晶体、陶瓷、高聚合物等)所具有的正向或反向压电效应制成的。如图 9.8 所示为压电换能板示意图，当压电片受到外加压力作用时将发生形变，其表面产生电荷堆积现象，于是产生电信号 u，这就是所谓的正向压电效应。反之，如果不在压电片上施加压力，而给它加上电压(信号)，压电片就会产生一定的形变，这叫做反向压电效应。

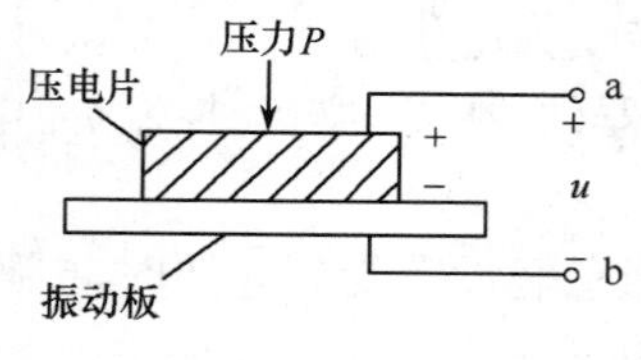

图 9.8　压电效应的说明

显然根据压电材料的正向压电效应可以实现声—电转换，利用反向压电效应可以实现电—声转换。

当作为送话器时，声波作用在压电换能板上，引起换能板振动使压电片发生相应的形变，于是产生随声波变化的电信号，实现了电—声转换。

当作为受话器时，给压电换能板加上话音电信号，压电片将发生形变，会产生随电信号相应变化的弯曲振动，带动振膜推动空气发出声音，实现了电—声转换。

除了以上介绍的几种电声器件外，还有许多各种各样的电声器件，本书不做赘述。

总之，定性地来说，电声器件的换能原理是比较简单的，但是各种形式的电声器件，其机械结构是比较复杂的，往往需要根据声学原理与音响要求附加许多特殊的部件和装置。

9.4.4　电能—化学能相互转换

一般把化学反应产生的能量转换成电能的装置叫做化学电池，简称为电池；把物理反应产生的能量转换成电能的装置称为物理电池。原电池(一次电池)、蓄电池(二次电池)以及燃料电池等均属于化学电池，而太阳能电池(光电池)、原子能电池等则属于物理电池。

在电池中，有只进行放电的电池；也有在放电后变成稳定物质的活性物质后经过充电又变回原来状态，可以再生使用的电池。在只进行放电的电池中还有两种形式：一种是把活性物质固定在电池内，如果活性物质消耗完毕，电池的寿命也就到此告终；另一种形式是由外部不断

的、连续的往电池里供给活性物质，使电池的使用成为半永久性的。前者叫做一次电池即原电池，后者叫做燃料电池。此外，在进行充放电的电池中，把一次电池制成再生型电池，叫做二次电池或蓄电池；而把燃料电池制成的再生型电池，叫做再生型燃料电池。充电操作，一般用电能，有时也用热、光、放射线等能量。

在物理电池中，一般都是采用由外部向电池内输入热、光、放射线等能量，使电池处于不稳定状态而向外部输出电流的方法。综上所述，电池分类如表 9-5 所示。

表 9-5 电池的分类

化学电池	活性物质在电极上的电池	非再生型电池	一次电池（原电池）
		再生型电池	二次电池（蓄电池）
	活性物质连续供给电极的电池	非再生型电池	燃料电池
		再生型电池	再生型燃料电池
物理电池	太阳能电池、原子能电池、热电发电器、热电子发电器等		

本章小结

1. 电阻器

电阻器主要作用是限流、分流、降压、分压、负载、阻抗匹配、阻容滤波等。电阻器是电路元件中应用最广泛的一种。

电阻器有多种分类方式，按结构可分为固定电阻器、可变电阻器（电位器）和敏感电阻器；按其材料和工艺可分为膜式电阻、实芯式电阻、金属线绕电阻等。

2. 电容器

电容器是一种储能元件，在电路中用于调谐、滤波、耦合、隔直、旁路、能量转换和延时等。

电容器按其容量是否可调来分：固定电容器、半可变电容器、可变电容器 3 种。按其所用介质来分：金属化纸介质电容器、钽电解电容器、云母电容器、薄膜介质电容、瓷介质电容器等。

3. 电感器

电感器是利用电磁感应原理制成的元件，它通常分两类：一类是应用自感作用的电感线圈；另一类是应用互感作用的耦合电感。电感器的应用范围很广，它在调谐、振荡、匹配、耦合、滤波、陷波等电路中都是必不可少的。由于电感工作频率、功率、功用等的不同，使其结构多种多样。一般电感器是由漆包线在绝缘骨架上绕制的线圈，作为存储磁能的元件。为了增加电感量，提高品质因数和减小体积，通常在线圈中加入软磁性材料的磁芯。

根据电感器的电感量是否可调，电感器分为固定、可变和微调电感器。

4. 电—热相互转换器件

(1)电—热转换器件：电热器具是将电能转换为热能的装置。按照电热转换方式区分，电热器具有电阻式电热器具、红外式电热器具、感应式电热器具及微波式电热器具等几大类。

电热器具一般有发热部件、温控部件及安全装置三部分构成。

(2)热—电转换器件：热电耦是能够将热能转换成电能(电信号)的器件，它是根据热电效应原理制成的：将A和B两种不同的导体丝连接在一点(叫做触点)，当触点处的温度T发生变化时，这两种导体之间的电位差U_{AB}也要发生相应的变化，即将热能转换成了电能。

5. 电—光相互转换器件

(1)电—光转换——照明器具：照明器具是将电能转换成光能的装置，主要由电光源、照明灯附件及灯具几部分组成。常见的电光源主要有两种：一种为热辐射光源(如白炽灯)；另一种为气体放电光源(如荧光灯)。

(2)光—电转换——光电器件：物体受到光照会发生某些电学特性的变化，这种现象称为光电效应。光电器件就是根据光电效应制成的将光信号(含可见光与不可见光)转换成电信号的一种特殊器件。目前的光电器件大多数是用半导体光电元件构成的。

6. 电—声相互转换器件

电声器件是将电信号转换成声信号或将声信号转换成电信号的换能器。送话器是发送声音的，即将声信号转换成电信号(声—电转换)，通常称之为传声器或话筒(麦克风)；受话器是接收声音的，即将电信号转换成声信号(电—声转换)，主要是指扬声器(喇叭)、耳机、音箱等。

送受话器组合件可同时具备发送声音和接收声音的功能。

按照换能原理进行分类有电磁式、动圈式、压电式、可变电容式、光电式等电声器件。

7. 电能—化学能相互转换

把化学反应产生的能量转换成电能的装置叫做化学电池，简称为电池；把物理反应产生的能量转换成电能的装置称为物理电池。原电源(一次电池)、蓄电池(二次电池)以及燃料电池等均属于化学电池，而太阳能电池(光电池)、原子能电池等则属于物理电池。

第10章

电工实验与实训

学习目标

电工实验与实训的目的是培养学生掌握基本的电工实验操作技能、巩固和加强理解所学知识、以及应用电工技术理论分析解决实际问题的能力。本章介绍了几个重要的电工技术基础实验内容和方法，以及两个电工实训供教学时选用。至于实验中所需要的主要仪器和设备，只要能够保证完成实验过程即可，并无特殊要求。

10.1 电工实验

10.1.1 基尔霍夫定律的验证与电位的测定

1. 实验目的

(1) 学习使用常用电工仪器和仪表。
(2) 验证基尔霍夫电流定律(KCL)与电压定律(KVL)。
(3) 学会正确测定电路中的点电位。

2. 主要仪器设备

直流稳压电源、干电池、直流电压表、毫安表、电阻元件、电阻箱、万用表、单刀开关、插座等。

3. 实验内容与步骤

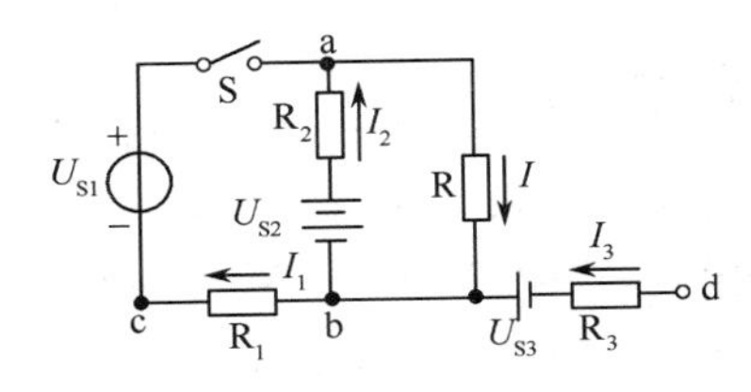

图 10.1　基尔霍夫定律的验证与电位的测定

(1) 验证基尔霍夫电流定律(KCL)与电压定律(KVL)。

① 如图 10.1 所示，连接一个电路，U_{S1}为直流稳压电源，U_{S2}和U_{S3}均为干电池，干电池的电动势标称值为 1.5V，U_{S2}由两节干电池构成，U_{S3}为一节干电池。R_1，R_2，R_3均为绕线电阻(阻值分别为 15Ω，15Ω，50Ω)，R 是可以调整阻值大小的电阻箱。

② 如表10-1所示,第一行列出的被测物理量,使用相应的仪表测量出有关数据。第一次测量时调整U_{S1}大小,使$U_{S1}=U_{S2}$;第二次测量时调整U_{S1}大小,使$I_2=0$;第三次测量时调整U_{S1}大小,使$U_{S1}=5V$。测量前将R调至100Ω。

表10-1 验证基尔霍夫电流定律(KCL)与电压定律(KVL)的测量数据

被测的物理量	U_{S1} (V)	U_{S2} (V)	U_{S3} (V)	I_1 (mA)	I_2 (mA)	I_3 (mA)	I (mA)	U_{ac} (V)	U_{cb} (V)	U_{ab} (V)	U_{bd} (V)
第一次											
第二次											
第三次											

(2) 电位的测定。按上面第三次测量的条件,在图10.1中分别以a,b,c,d各点为电位参考点,测量出各点的电位值(带正负号),并计算电压U_{ac},U_{cb},U_{ab},U_{bd}。将有关数据记录在表10-2中。

表10-2 电路中电位和电压的测量数据

电位的参考点	U_a (V)	U_b (V)	U_c (V)	U_d (V)	U_{ac} (V)	U_{cb} (V)	U_{ab} (V)	U_{bd} (V)
a								
b								
c								
d								

4. 实验报告要求

(1) 根据表10-1的测量数据,说明在实验误差范围内基尔霍夫电流定律(KCL)与电压定律(KVL)成立。

(2) 根据表10-2说明电位与电压的区别。

(3) I_3的测量数据说明了什么?

10.1.2 日光灯电路的安装与功率因数的提高

1. 实验目的

(1) 掌握日光灯电路的接线方法及工作原理。

(2) 学会使用功率表测量电路的功率。

(3) 理解改善电路功率因数的意义,掌握提高功率因数的方法。

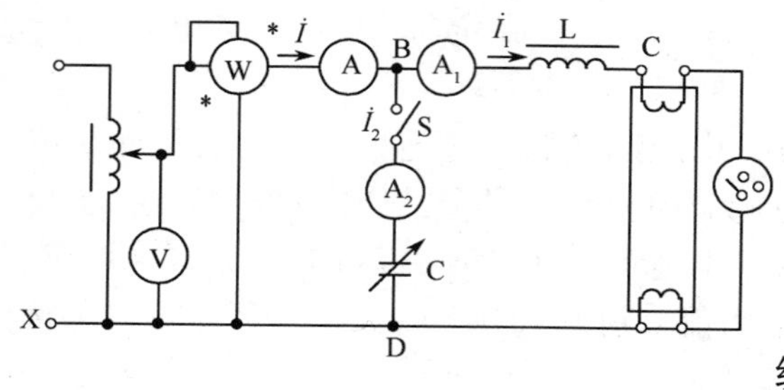

图10.2 日光灯实验电路

2. 主要仪器设备

(1) 单相调压器(0~0.5kV);

(2) 交流电压表(150V/300V/600V,0.5级);

(3) 交流电流表(1A/2A,0.5级);

(4) 功率表(1A/2A,75V/150V/300V,0.5级);

(5) 电容箱(0~20μF);

(6) 日光灯实验板；

(7) 单刀开关。

3. 实验内容与步骤

按如图 10.2 所示接好线路。

(1) 日光灯电路参数测量。

① 电容支路的开关 S 断开，将调压器输出电压从零逐渐调高。测量荧光灯起燃时的电源电压 U_{DB}，灯管两端电压 U_{DC}，镇流器两端的电压 U_{BC} 和电流 I_1 及功率表的读数 P，记入表10-3。

② 将调压器的输出电压调到日光灯的额定电压 220V，使日光灯正常工作。重测量电压 U_{DB}、U_{DC}、U_{BC} 及电流 I_1 和功率 P，记入表 10-3。

表 10-3 日光灯电路参数的测量数据

项目		测量数据					计算数据			
		U_{DB}	U_{DC}	U_{BC}	I_1	P	$\cos\varphi_1$	R	r	L
单位										
顺序	1									
	2									

根据以上的测量数据，按下列公式计算荧光灯电路参数。

日光灯灯管电阻 $R=\frac{U_{DC}}{I_1}$，镇流器的电阻 $r=\frac{P}{I_1^2}-R$，镇流器的感抗 $X_L=\sqrt{(\frac{U_{BC}}{I_1})^2-r^2}$，镇流器电感 $L=\frac{X_L}{2\pi f}$。

日光灯灯管和镇流器是非线性元件，所以不同的电流其电路参数不同。

(2) 改善荧光灯电路的功率因数。

① 合上电容支路的开关 S，可变电容 C 的阻值从零开始逐步增加，使电路从感性变到容性。每改变电容量 C 一次，测出日光灯支路电流 I_1、电容支路电流 I_2、总电流 I 及电路的功率 P，记入表 10-4 中。实验时维持 U_{DB} 为 220V。

表 10-4 提高功率因数的实验数据

项目		给定数据		测量数据				计算数据	
		U_{DB}	C	I	I_1	I_2	P	$\cos\varphi_1$	Q
单位									
顺序	1								
	2								
	3								
	4								
	5								

② 用图 10.2 接线图中开关 S 替代图中的启辉器。将调压器输出电压调到 220V，然后将开关 S 闭合后立即断开，观察荧光灯起燃情况。

(3) 注意事项。

① 日光灯的启动电流较大，启动时用单刀开关将功率表的电流线圈和电流表短路，防止仪表损坏。

② 在改善日光灯电路功率因数的实验中,必须测量 $\cos\varphi$ 接近于 1 和 0.85 的二组数据。

③ 用单刀开关代替启辉器观察日光灯启动时,开关两端的电压较高,注意安全。

④ 注意日光灯电路的正确接法,镇流器的功率要与灯管的功率相一致。

4. 实验报告要求

(1) 完成表 10-3 和表 10-4 中的各项计算。

(2) 在同一坐标纸上做出 $\cos\varphi$ 随电容 C 变化的曲线和电流 I 随电容变化的曲线。

(3) 利用表 10-3 中数据画出接近 $\cos\varphi=0.85$ 时的相量图。

(4) 若日光灯电路在正常的电压作用不能启辉,如何使用万用表查出故障部位?试写出简捷的步骤。

10.1.3 三相负载的连接

1. 实验目的

(1) 学习三相负载的星形(Y)与三角形(△)接法,正确连接线路。

(2) 学会正确选择和较熟练地使用电流表和电压表。

(3) 了解中性线的作用,验证 Y 形对称三相电路中相电压与线电压之间的关系。

2. 主要仪器设备

(1) 交流电流表(1A/2A,0.5 级);(2) 交流电压表(150V/300V/600V,0.5 级);(3) 万用表;(4) 三相调压器(5kV·A);(5) 试电笔;(6) 钳表;(7) 单刀开关;(8) 三相电灯负载电路板。

3. 实验内容与步骤

(1) 接线。按如图 10.3 所示原理电路接线。三相调压器的接线端钮比较多,应加以区分,认真接线。

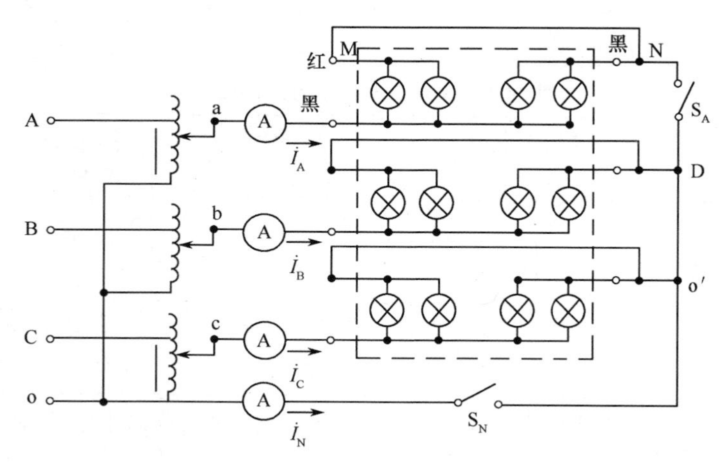

图 10.3 三相负载的星形连接

(2) 负载对称的情形。

① 开关 S_A 合上,开关 S_N 打开,负载对称的情形下接通三相电源,万用表交流电压挡读数逐步升高,三相调压器的输出电压 U_{ao} 为 190V。测量电流 I_A,I_B,I_C 和电压 $U_{ao'}$,$U_{bo'}$,$U_{co'}$,

U_{ab},U_{bc},U_{ca},$U_{o'o}$,将实验数据记录在表10-5中。

② 合上开关S_N,测中性线电流I_N以及步骤(1)中的各电流、电压有效值,将实验数据也记录在表10-5中。

(3) 负载一般不对称的情形。

① 开关S_A合上,开关S_N打开,将A相负载红黑端钮之间的连线取下或者取走两只灯泡,使三相负载不对称。接通三相电源,调三相调压器的输出电压U_{ao}为190V,测量$U_{ao'}$,$U_{bo'}$,$U_{co'}$,U_{ab},U_{bc},U_{ca},$U_{o'o}$以及I_A,I_B,I_C,将实验数据记录在表10-5中。

② 再合上开关S_N,测电线电流I_N以及步骤(2)中的各电压、电流有效值,将实验数据记录在表10-5中。注意观察各相灯泡亮度的变化。

(4) 故障情形。

① 开关S_N合上,U_{ao}为190V时打开S_A,测量电压$U_{ao'}$,$U_{bo'}$,$U_{co'}$,U_{ab},U_{bc},U_{ca},$U_{o'o}$和电流I_A,I_B,I_C,I_N,将实验数据记录在表10-5中。在这种情形下,用试电笔由a点开始,依次测量a,M,N,D各处对地的电压,留心观察试电笔氖泡何处由亮变暗,并由此总结三相四线制电路中,一相负载开路故障点应如何寻找。

② 打开开关S_A和S_N,U_{ao}为190V时,测量三相电路中的$U_{ao'}$,$U_{bo'}$,$U_{co'}$,U_{ab},U_{bc},U_{ca}以及I_B,I_C,将实验数据记录在表10-5中。

以上各项实验中,电流有效值均由0.5级电流表读出。另外,在本项实验中,可利用钳表测量I_B和I_C,并由0.5级电流表的指示值相比较。

③ 开关S_N打开,调三相调压器使输出电压U_{ao}为127V,在A相负载短路的情形下测量$U_{ao'}$,$U_{bo'}$,$U_{co'}$,U_{ab},U_{bc},U_{ca},$U_{o'o}$以及I_A,I_B,I_C,实验数据记录在表10-5中。

表10-5 三相负载星形连接时的测量数据

电路工作状态			线电压			负载相电压			中性点电压 $U_{o'o}$ (V)	线电压			中性点电流 I_N (A)
			U_{ab} (V)	U_{bc} (V)	U_{ca} (V)	$U_{ao'}$ (V)	$U_{bo'}$ (V)	$U_{co'}$ (V)		I_A (A)	I_B (A)	I_C (A)	
负载对称		无中性线											
		有中性线											
负载不对称		无中性线											
		有中性线											
故障情形	A相负载开始	无中性线											
		有中性线											
	A相负载短路												

(5) 注意事项。

① A相负载短路实验不能在有中性线的情形下进行。

② 如果暂缺三相调压器,也可按图10.2所示原理电路将实验电路直接接到实验室三相电源上进行除A相负载短路之外的各项实验。但当负载不对称且无中性线时,有一相电灯电压超过额定值,该项实验时间不宜过长。

(6) 三角形负载的三相电路。

① 按如图10.4所示原理电路接线。

② 在开关S_1和S_2合上、三角形负载对称的情形下,接通三相电源。调节三相调压器的输出电压U_{ab}为380V,测量各线电压、线电流及负载相电流的有效值。实验数据记录在

表 10-6中。

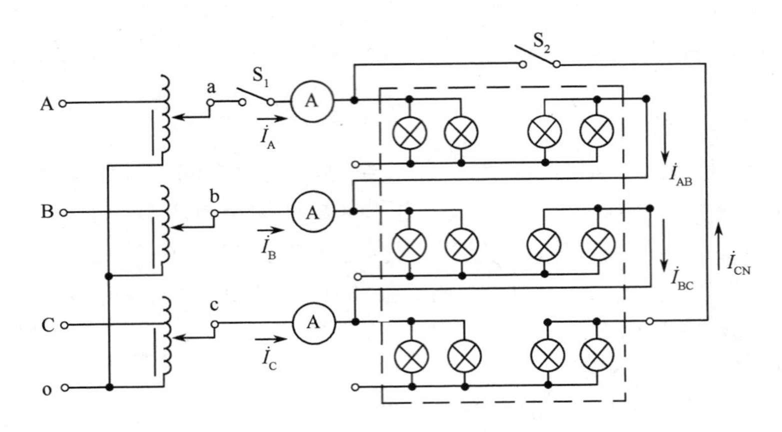

图 10.4　三相负载的三角形连接

③ 开关 S_2 打开，S_1 仍然闭合，重新测量各线电压、线电流及负载相电流的有效值并记录在表 10-6 中。

自本项开始，负载相电流可用钳表进行测量。

④ 开关 S_1 打开、开关 S_2 合上时，测量各线电压、线电流及负载相电流的有效值并记录在表 10-6 中。

⑤ 三角形负载对称时，每相负载为相同规格的电灯两两并联之后再串联组成的。现从 A 相取下两只灯泡，使 A 相负载为两只相同规格的灯泡串联组成。S_1 和 S_2 两只开关均闭合，仍调节调压器输出电压 U_{ab} 为 380V，测量各线电压、线电流和负载相电流并记录在表 10-6 中。

表 10-6　三相负载三角形连接时的测量数据

电路工作状态	线电压			线电流			线电流		
	U_{ab}(V)	U_{bc}(V)	U_{ca}(V)	I_A(A)	I_B(A)	I_C(A)	I_{AB}(A)	I_{BC}(A)	I_{CA}(A)
负载对称									
原先对称的负载一相断路									
A 端线断路									
负载不对称									

4. 实验报告要求

(1) 针对星形接法的三相负载，结合实验数据回答下列问题：

① 说明中性线的作用。

② “线电压是相电压的$\sqrt{3}$”成立的条件是什么？

③ 画出实验电路正确时的电压与电流相量图。

④ 画出实验电路有故障时的电压相量图。

(2) 针对三角形接法的三相负载，结合实验数据回答下列问题：

① “线电流是相电流的$\sqrt{3}$倍”成立的条件是什么？

② 画出电源正相离时的各线电压相量；再画出三角形负载不对称时的各相电流相量。根据相量图求出线电流有效值，并与实验数据相比较。

③ 总结钳表的使用方法及其优缺点。

④ 从理论上分析对于三角形负载的三相电路能否进行一相负载短路的实验。

10.1.4 单相异步电动机的控制

1. 实验目的

掌握单相异步电动机的启动、调速与反转方法。

2. 主要仪器设备

（1）单相异步电动机；（2）电容器；（3）调速电抗器；（4）万用表；（5）刀开关；（6）转换开关；（7）串激换向器电动机及硅整流器（电钻用电动机）。

3. 实验内容与步骤

（1）定子绕组直流电阻的测定。用万用表 Ω 挡测定绕阻电阻。定子绕组有四个引线端，先判定一套绕组的两端头，然后测取它们的电阻值记入表 10-7 中。若定子绕阻仅引出三个线端头，分别测取两端电阻，如图 10.5 所示。测定阻值填入表 10-7 中，并确定绕阻。

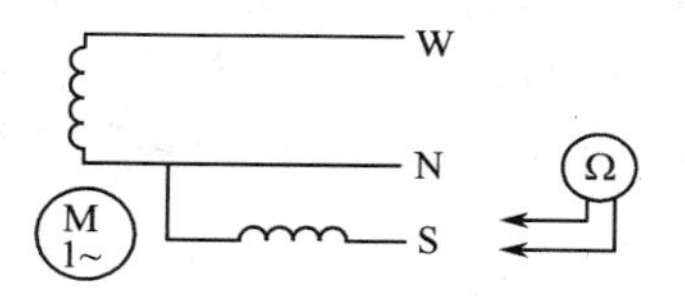

图 10.5 判断绕组端头

表 10-7 绕组电阻值

W-N	N-S	S-W	工作绕组 W	启动绕组 S

（2）单相异步电动机启动方法。

① 磁场性质的判断。观察外施额定电压于电动机主绕组（工作绕组）或相同参数的主、副（启动的）绕组并联端，电动机转动与否？绕组中电流变化否？记录并分析之。

② 几种启动方法。

➢ 电阻分相：利用两绕组电阻差大，电流相位差裂相产生旋转磁场。线路如图 10.6(a)所示，接通电源，观察启动情况，并记录启动时两绕组中电流变化，记入表 10-8 中。

➢ 电容运转：串接电容，使两相电流具有较大相位差，产生旋转磁场。线路如图 10.6(b)所示，接通电源后，观察启动情况并记录启动时两绕组及总线路中电流，记入表 10-8 中。

➢ 电容分相：利用启动时接入电容，两绕组裂相产生旋转磁场。线路如图 10.6(c)所示，合上开关 S，启动瞬间观察记录绕组中电流变化。切断分相时，记录电流变化。

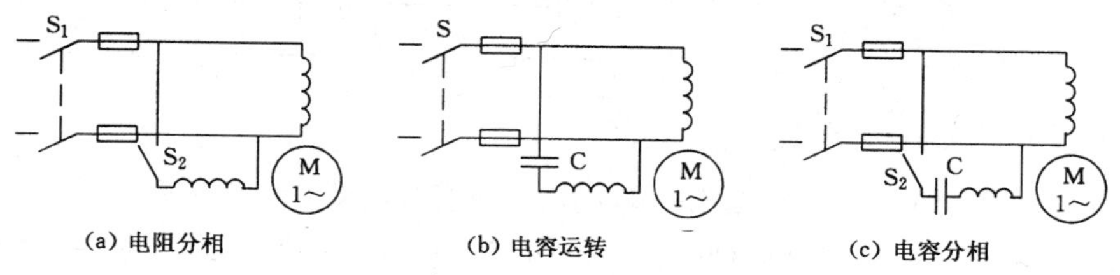

图 10.6 单相异步电动机的分相法

表 10-8　实验记录

	Ω	$I_{W(st)}$	$I_{s(st)}$	I_W	I_S	I_Σ	n
电阻分相							
电容运转							
电容分相							

(3)单相电动机调速方法。

① 电抗器调速:接线如图 10.7 所示。工作原理:电抗器产生一定的电压降,从而减少电动机输入电压以降低转速。测试时,合上开关 S_1、S_2,置于触点 1,测得该时转速 n。然后 S_2 移到 2、3,分别测取该时转速 n,并记录入表 10-9 中。

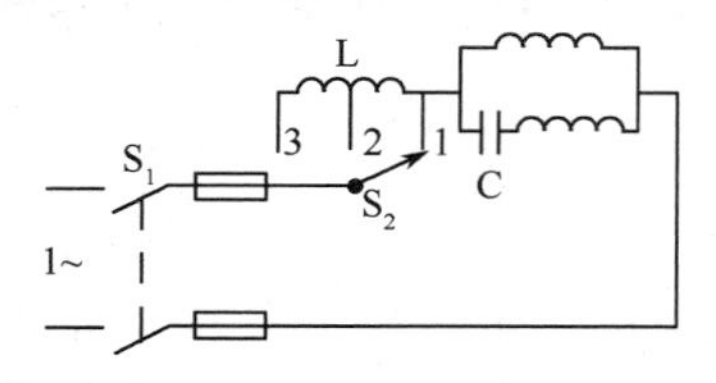

图 10.7　电抗器调速接线原理图

表 10-9　实验记录

主绕组电压(V)			
电动机转速(r/min)			

② 抽头法调速:如图 10.8 所示。利用改变工作绕组的输入电压,改善主、副绕组的匝数比,以改变旋转磁场的椭圆度调速。试验时,合上开关 S_1,此时 S_2 接通触点 3,主绕组输入电压低,则转速亦低;随后,开关 S_2 移至触点 2 和 1,分别使主绕组输入电压升高,则转速相继升高,将 S_2 在不同触点时主绕组电压及相应转速填入表 10-10 中。

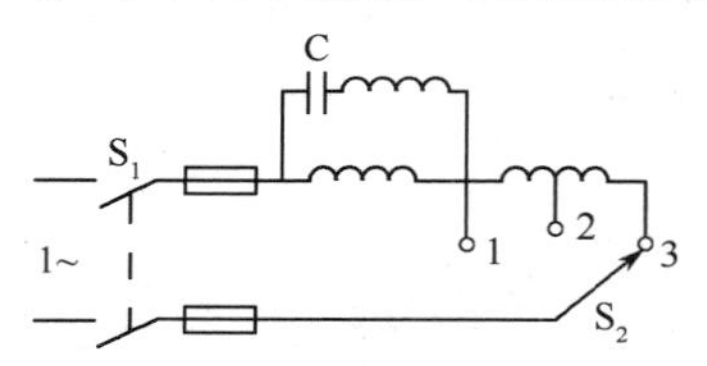

图 10.8　抽头法调速接线图

表 10-10　实验记录

主绕组电压(V)			
电动机转速(r/min)			

③ 自耦变压器调速法:如图 10.9 所示,采用自耦变压器来降低主、副绕组的电压或只降低主绕组电压达到调速的目的。试验时,先将 S_2 转至与 L 挡相接触,然后合上开关 S_1,测取此时电动机转速 n,随后将 S_2 移至“M”挡、“H”挡,相应测取该时输入电压 u_{in} 和 n,填入表 10-11 中。

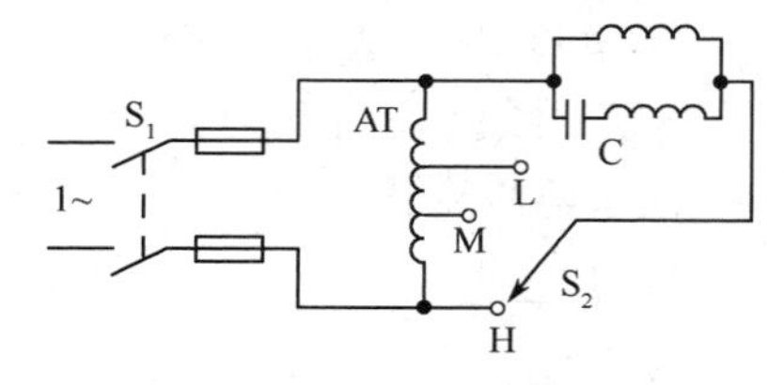

图 10.9　自耦变压器调速线路

表 10-11　实验记录

输入电压(V)			
电动机转速(r/min)			

④ 整流器调速:如图 10.10 线路所示,利用二极管整流器只允许单方向导电,在交流电路中,将只有半波电流通过,电动机以低速转动,如图中当开关转向高速 H 时,电源电压全部加于电动机,全波电流通过,电动机以全速运转。但这种调速时,在 H 高速挡通过电动机的是交流电,在 L 低速挡通过电动机的为直流电。因此只适宜于交直流两用的通用电动机中,如真

空吸尘器中有些就是利用这一种方法调速的。

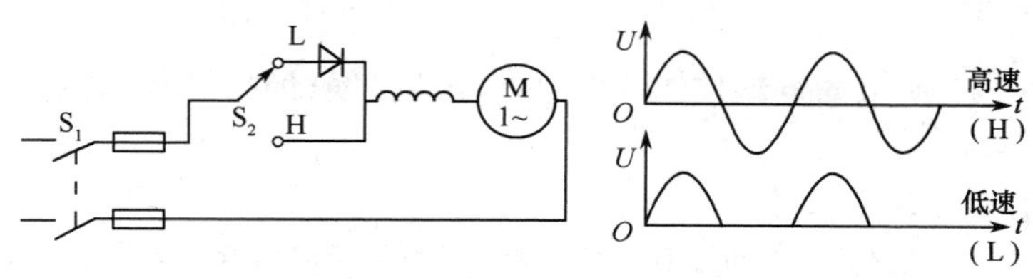

图 10.10 整流器调速线路

(4) 单相异步电动机的反转。根据三相旋转磁场的理论分析，磁场的转向取决于三相绕组电流的相序，总是由超前电流相向滞后电流相轴线转动，对单相异步电动机也适用。

① 电容运转电动机的转向：如图 10.11 所示为电容运转电动机的可逆线路。从图 10.11 中可见，当转换开关 S_2 接通 1 位置，这时 B 相绕组串入电容 C，则 I_B 超前 I_A；当 S_2 转至 2 位置时，A 相绕组串入电容，则 I_A 超前 I_B，从而达到改变转向可逆运行的目的。

② 分相式电动机的转向：如图 10.12 所示为分相式电动机的反转线路。从图 10.12 中可看到，利用双刀双投开关，刀座两对交叉连接，只需将两种绕组中的任一个两接头反接即可实现反向旋转，但应注意不可两者同时反接。

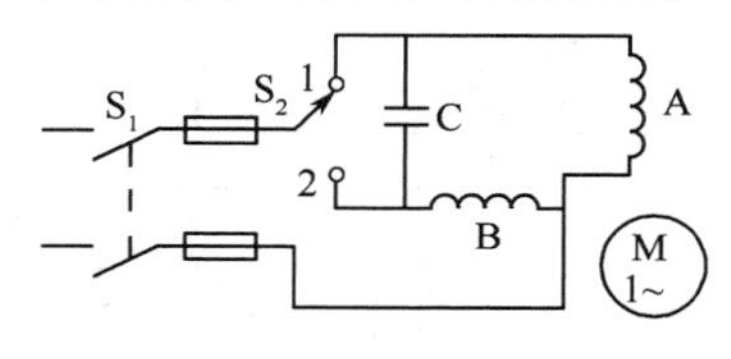

图 10.11 可逆线路

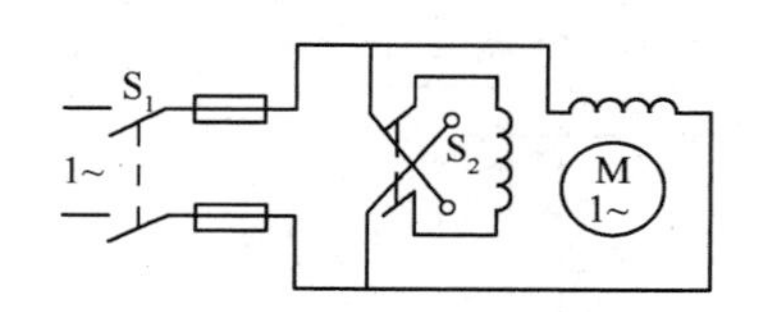

图 10.12 分相式反转线路

4. 实验报告要求

(1) 根据实验数据说明定子绕组的作用。

(2) 说明单相异步电动机的启动原理与启动方法。

(3) 说明单相异步电动机的调速方法及反转原理。

10.1.5 三相异步电动机的直接启动控制

1. 实验目的

(1) 通过对三相异步电动机点动控制和自锁控制线路的实际安装接线，掌握由电气原理图接成实际操作电路的方法。

(2) 通过实验学习排除接线故障。

2. 主要仪器和设备

(1) 小容量三相异步电动机一台，$U_N=380$V；(2) 三相闸刀开关或转换开关 1 个；(3) 熔断器 3 个；(4) CJ10—10 型交流接触器 2 个，线圈电压 380V；(5) 复合按钮 3 个；(6) 热继电器 1 个；(7) 接线底板 1 块；(8) 导线若干。

3. 实验内容与步骤

(1) 按如图 10.13 所示的点动控制线路进行安装接线,经指导教师检查无误后方可通电实验。

① 合上电源开关 QS。

② 按下启动按钮 SB,体会点动操作(注意操作次数不宜过多,因为大的启动电流容量损坏电器和电动机)。

(2) 按如图 10.14 所示的自锁线路进行接线,经指导教师检查合格后方可通电实验。

① 合上电源开关 QS。

② 按下启动按钮 SB_2,松手后观察电动机,电动机应继续运转。

③ 按下停车按钮 SB_1,电动机停转。

(3) 按如图 10.15 所示的内容接线,经指导教师检查无误后,方可进行下列实验步骤。

① 合上电源开关 QS。

② 按下按钮 SB_2,观察并记录于表 10-12 中。

③ 按下按钮 SB_3,观察并记录于表 10-12 中。

④ 按下按钮 SB_1,观察并记录于表 10-12 中。

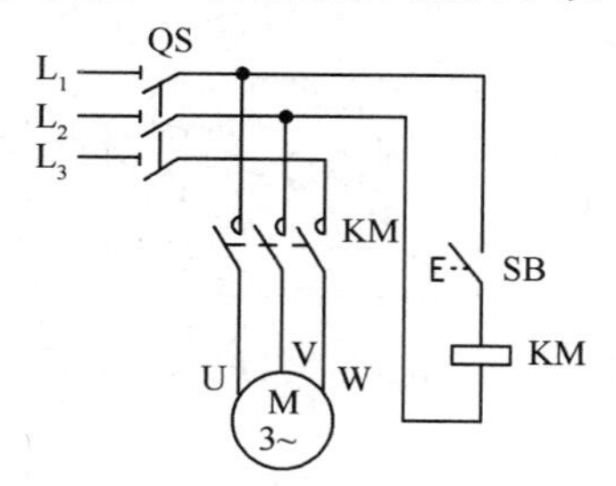

图 10.13　点动控制线路

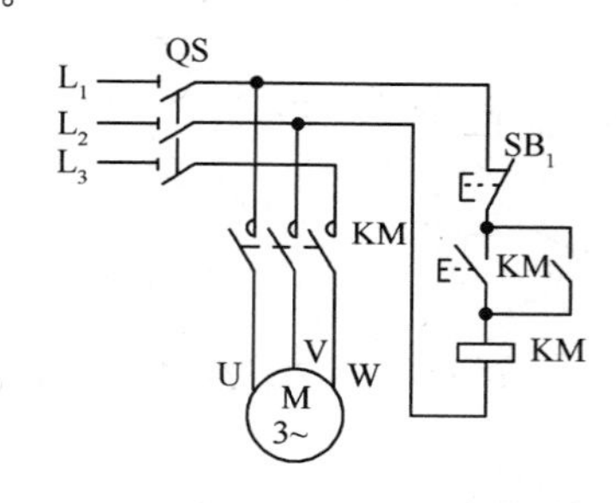

图 10.14　具有自锁环节的控制线路

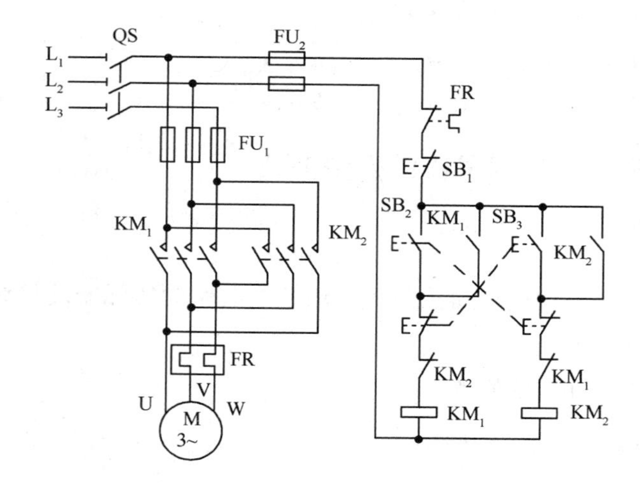

图 10.15　正、反转控制线路

表 10-12 实验记录

按下按钮	SB_2	SB_3	SB_1
电动机转向			

4. 实验报告要求

(1) 试比较点动控制线路与自锁控制线路，在结构和功能上的主要区别是什么？
(2) 通过正反转实验说明电动机的转向与什么有关？
(3) 自锁触头的功能是什么？
(4) 联锁触头的功能是什么？

10.1.6 三相异步电动机的Y/△形降压启动

1. 实验目的

(1) 学会常用低压电器的正确选择和使用。
(2) 学会三相异步电动机采用Y/△形降压启动的接线方法。

2. 主要仪器和设备

(1) 小容量三相异步电动机1台，$U_N=380V$，必须是正常工作为△运行的电动机；(2) 三相闸刀开关1个；(3) 转换开关1个；(4) 熔断器5个(熔丝规格根据电动机的额定电流确定)；(5) 交流接触器CJ0—10型3个；(6) 时间继电器JS7—A型1个；(7) 热继电器1个；(8) 交流电流表(或钳形电流计)1块；(9) 复合按钮3个；(10) 兆欧表1块；(11) 安装接线板1块；(12) 导线若干。

3. 实验内容与步骤

(1) 用兆欧表检查电动机各相绕组间及与机壳间的绝缘电阻，记录于表10-13中。

表 10-13 实验记录

各相绕组间的绝缘电阻值			绕组与机壳间的绝缘电阻值		
U-V	V-W	W-U	U-地	V-地	W-地

一般绝缘电阻应大于0.5MΩ，即电动机可安全使用。

(2) 按如图10.16所示的手动Y/△降压启动控制线路进行接线，经指导教师检查无误后，方可按下列步骤实验(电流计可接入任何一相主电路)：

① 合上电源开关SA_1。

② 将SA_2直接置于“△运行”位置，注意观察直接启动时，电流表(或钳形电流计)最大读数为________；记录从启动到正常运转的时间为________ s。

③ 打开SA_2，电动机停转后，做Y/△降压启动实验。

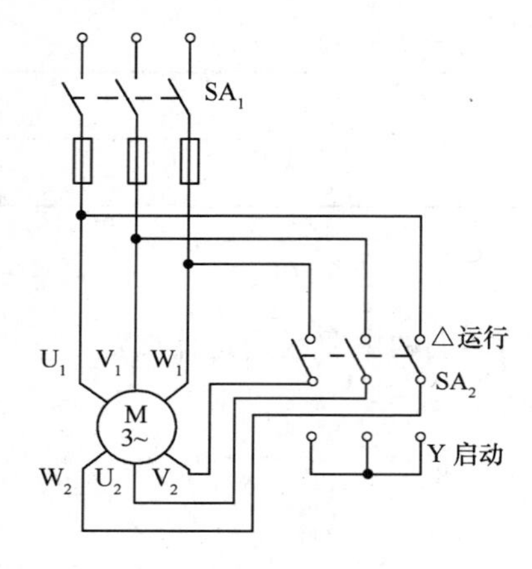

图 10.16　手动 Y/△降压启动控制线路

④ 将 SA_2 直接置于“Y 启动”位置,观察电流表最大读数为________ A。

⑤ 当时电动机接近正常运行时,将 SA_2 直接置于“△运行”位置,电动机正常运行。

⑥ 试比较 $I_{Y启动}/I_{△启动}=$ ________,结果说明了什么问题?

(3) 按如图 10.17 所示的降压启动自控线路进行接线。经指导教师检查后才可通电实验:

① 合上电源开关 QS。

② 按下启动按钮 SB_1,即可实现全部降压启动过程直至正常运行。

③ 按下停止按钮 SB_2,电动机停转。

④ 调节时间继电器的延时螺钉,以调整启动的额定时间。

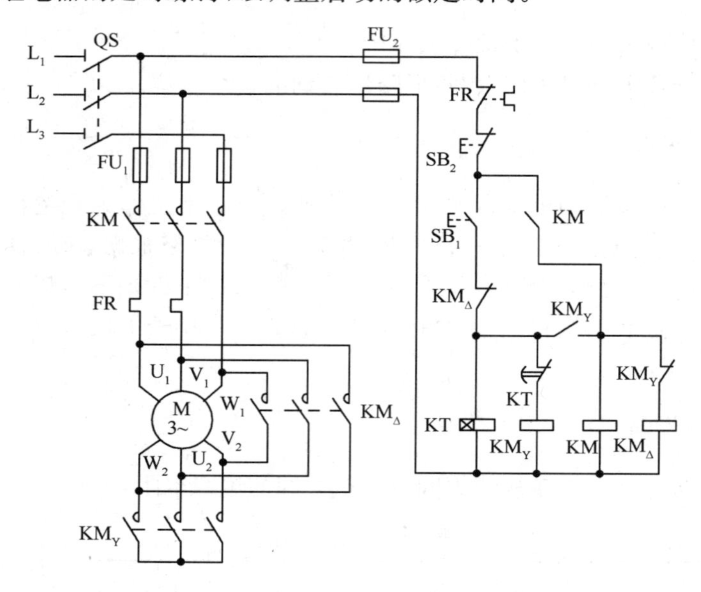

图 10.17　时间继电器自动控制 Y/△降压启动线路

4. 实验报告要求

(1) 采用 Y/△降压启动时对电动机有何要求?

(2) 降压启动的目的是什么?

(3) 降压启动的自控线路与手控线路比较,有哪些优点?

10.1.7　单相变压器的测试

1. 实验目的

(1) 了解单相变压器的结构与铭牌数据,学会正确使用单相变压器。

(2) 掌握测定变压器同名端、空载电流、变压比等基本参数的方法。

2. 主要仪器设备

单相变压器(220V/36V),调压器(1kV・A,0～250V),交流电流表与电压表等。

3. 实验内容与步骤

(1) 同名端的测定。按如图10.18所示接线,将单相变压器的1和3两端连接起来,在原绕组加上220V/50Hz交流电源后,使用交流电压表测量出2、4两端电压U_{24}。

若$U_{24}>220V$,则哪两端为同名端?若$U_{24}<220V$,则哪两端为同名端?

(2) 空载电流与变压比的测试。按如图10.19所示接线,调节调压器使变压器原绕组两端电压稳定在220V,测出空载电流I_{10}与副边开路电压U_{20}。

4. 实验报告要求

(1) 指出所判定的同名端依据什么原理。

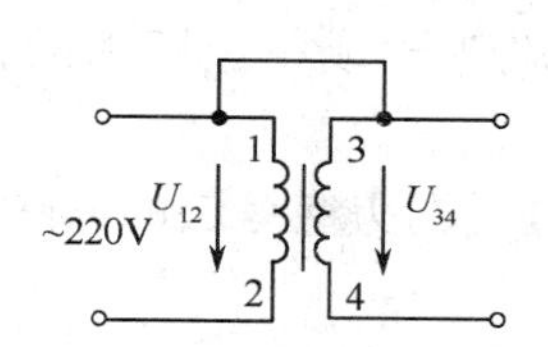

图10.18 同名端的测定

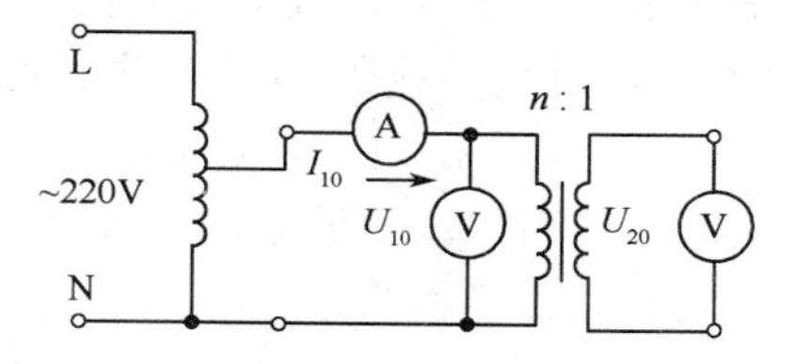

图10.19 空载电流与变压比的测定

(2) 根据实验数据,计算变压比n。

(3) 计算变压器的空载电流I_{10}与额定电流I_{1N}的比值(I_{1N}由铭牌数据获得)。

(4) 说明本实验中调压器的作用。

10.2 电工实训

10.2.1 电工基本操作

1. 实训目标

(1) 正确识别所发的各种常用电工工具,并了解其基本结构和使用方法。

(2) 正确使用测电笔、螺丝刀、电工刀、钢丝钳、尖嘴钳、剥线钳、手电钻等常用工具。

2. 主要工具

测电笔、平口螺丝刀、十字口螺丝刀、电工刀、钢丝钳、尖嘴钳、断线钳、剥线钳、活动扳手、尖头镊子、宽口镊子、手电钻、冲击钻各1只;木板1块,平口、十字口自攻螺钉各5只,单芯硬导线、多芯软导线若干。

3. 实训任务

(1) 用测电笔检测实训室电源三孔插座各插孔电压情况。

① 打开实训室电源开关,用手握住测电笔尾部的金属体部分,用测电笔的尖端探入其相线端插孔中,观察测电笔的氖管是否发光,再分别探测另两个插孔中,观察氖管发光情况。

② 断开实训室电源开关,再分别测试各插孔中电压情况。

(2) 用手电钻练习在木板上钻孔。

① 给手电钻安装直径合适的钻头(应配合自攻螺钉规格,使钻头直径应略小于螺钉直径),注意钻头应上紧。

② 接通电源,将钻头对准木板,在上面钻 10 个孔,注意孔应垂直于板面,不能钻歪。

(3) 用螺丝刀在木板上拧装平口、十字口自攻螺钉各 5 只。

① 将自攻螺钉放到钻好的孔上,并压入约 1/4 长度。

② 用与螺钉槽口相一致的螺丝刀,将刀口压紧螺钉槽口,然后顺时针旋动螺丝刀,将螺钉的约 5/6 长度旋入木板中,注意不要旋歪。

(4) 钢丝钳、尖嘴钳。

① 用钢丝钳或尖嘴钳的钳口将旋入木板中的螺钉端部夹持住,再逆时针方向旋出螺钉。

② 用钢丝钳或尖嘴钳的刀口将多芯软导线、单芯硬导线分别剪断为 5 段。

③ 用尖嘴钳将单股导线的端头剥除绝缘层,再将端头弯成一定圆弧的接线端子(线鼻子)。

(5) 剥线钳。将用钢丝钳剪断的 5 段多芯软导线进行端头绝缘层的去除,注意剥线钳的孔径选择要与导线的线径相符。

4. 电工常用工具介绍

在对电气设备、线路进行安装和维修时,需要正确选择和使用电工工具,以提高工作效率和旋工质量,保证操作安全,延长工具使用寿命。常用电工工具包括通用工具和专用工具,专用工具按作用又可分为线路安装工具、登高工具和设备装修工具等。本节主要介绍通用工具的知识与使用。

通用工具是指一般电工较常应用的工具装备。需要说明的是,除下面介绍的工具以外,通用工具还包括锉刀、手锯等钳工操作的基本工具等。

(1) 验电器。验电器是用来检测导线和电气设备是否带电的一种工具。根据检测电压的高低,可分为低压验电器(即测电笔)和高压验电器(高压测电器),本书主要介绍低压测电笔使用的基本知识。

测电笔又称电笔,是用来检测低压导体和电气设备外壳是否带电的辅助安全用具,其检测电压范围为 60～500V。它主要由氖管、2MΩ 电阻、弹簧、笔身和笔尖等部分构成,其形状和结构如图 10.20 所示。

当用电笔测试带电体时,带电体经电笔、人体到大地形成通电回路,只要带电体与大地之间的电位差超过 60V,电笔中的氖管就能发出红色的辉光,光亮度越强,则电压越高。

电笔在使用时,握持方法如图 10.21 所示,即以手指触及尾部的金属体,并使氖管小窗背光朝向自己,以便于观察;同时要防止笔尖金属体触及皮肤,以免触电。为此在螺钉旋具式低压测电笔的金属杆上,必须套上绝缘套管,仅留出刀口部分供测试需要。

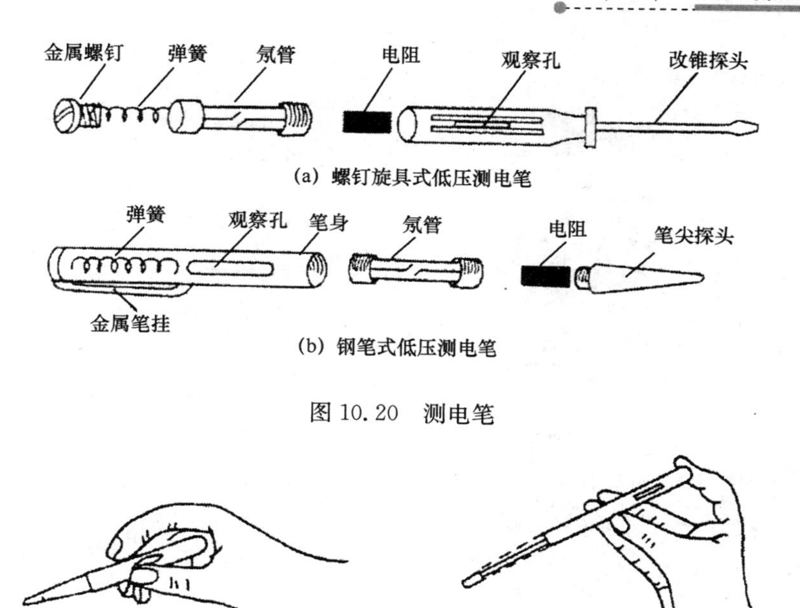

(a) 螺钉旋具式低压测电笔

(b) 钢笔式低压测电笔

图 10.20 测电笔

(a) 钢笔式

(b) 螺钉旋具式

图 10.21 电笔握法

电笔使用注意事项如下：

① 电笔不可受潮、随意拆装或受剧烈震动，以保证检测正确性，使用前一定要在确定有电的电压上检查氖管能否正常发光指示。

② 测电笔的金属探头能承受的转矩很小，故不能作为螺丝刀使用，以免损坏。

此外常用的测电笔还有数字显示式测电笔，其使用与普通测电笔基本相同，只是其电压指示是以数字的形式直接显示出来的，能较直观地反映电压的高低。但对于感应电压也会进行显示，故易引起误判断，此外其价格也较普通测电笔高。

(2) 电工刀。电工刀是用来剖削或切割电工器材的常用工具，其结构如图 10.22 所示。

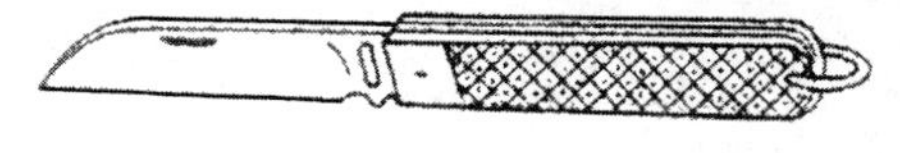

图 10.22 电工刀

电工刀使用注意事项如下：

① 操作时刀口应朝外，使用完毕应随即把刀身折入刀柄。

② 电工刀的刀柄不绝缘，不能在带电体上进行操作，以免触电。

③ 在剖削绝缘导线的绝缘层时，电工刀的刀面与导线应成 45°角倾斜切入，以免损伤导线。

(3) 钢丝钳。钢丝钳是用来钳夹和剪切的工具，它由钳头和钳柄两部分组成。它的功能较多：钳口用来弯绞或钳夹导线线头；齿口用来紧固或旋松螺母；刀口用来剪切导线或剖切软导线的绝缘层；铡口用来铡切导线线芯、钢丝或铅丝等较硬金属，其结构及应用如图 10.23 所示。电工所用的钢丝钳钳柄上必须套用耐压为 500V 以上的绝缘管。其常用规格有 150mm，175mm，200mm 三种。

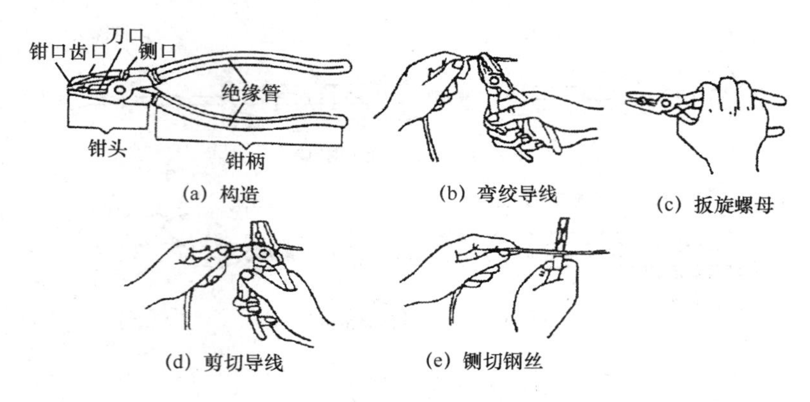

图 10.23　钢丝钳的结构及应用

钢丝钳使用注意事项如下：

① 使用前,应检查柄部的绝缘套管是否完好,若有破损应及时调换,不可勉强使用。

② 用钢丝钳剪切带电导线时,不得用刀口同时剪切相线和零线或两根相线等电位不同的导线,以免发生短路故障。

③ 钳头应防锈,轴销处应经常加机油润滑,以保证使用灵活。

(4) 尖嘴钳。尖嘴钳的头部尖细,适用于在狭小的工作空间操作,它的外形如图 10.24 所示。它主要可夹持较小的螺钉、线圈和导线及电器元件,带有刀口的尖嘴钳可剪断导线和剥削绝缘层。在装控制线路时,可用尖嘴钳将单股导线弯成一定圆弧的接线端子(也称羊眼圈线鼻子)。其常用规格有 140mm,180mm 两种。尖嘴钳的手柄有裸柄和绝缘柄两种,电工操作中禁用裸柄尖嘴钳,绝缘柄的耐压为 500V,其握法与钢丝钳的握法相同。

尖嘴钳使用注意事项可参照钢丝钳的相关内容。

(5) 断线钳。断线钳的头部扁斜,因此又叫斜口钳、剪线钳等,主要用来剪断较粗的金属丝、线材及导线、电缆等,其形状如图 10.25 所示。它的柄部有铁柄、管柄、绝缘柄等几种,其中绝缘柄的耐压为 1 000V。其使用注意事项可参照钢丝钳的相关内容。

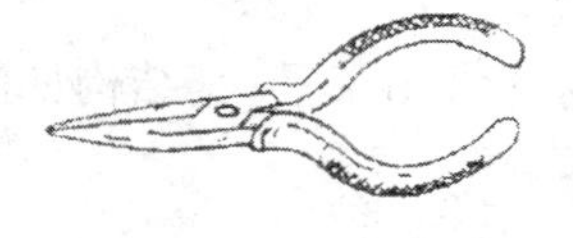

图 10.24　尖嘴钳

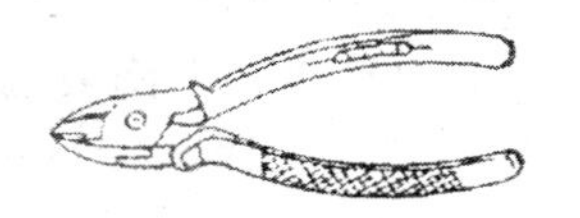

图 10.25　断线钳

(6)剥线钳。剥线钳用来剥削截面在 6mm^2 以下的塑料或橡胶绝缘导线的绝缘层,由钳头和手柄两部分组成,如图 10.26 所示。钳头部分由压线口和切线口构成,分为 0.5～3mm 的多个直径切口,用于不同规格的芯线剥削。使用时,将要剥削的绝缘长度定好以后,即可把导线放入相应的刃口中(电线必须在稍大于其芯线直径的切口上剥削,否则会损伤芯线),然后将钳柄一握,导线的绝缘层即被割破并被剥线钳自动拉脱弹出。

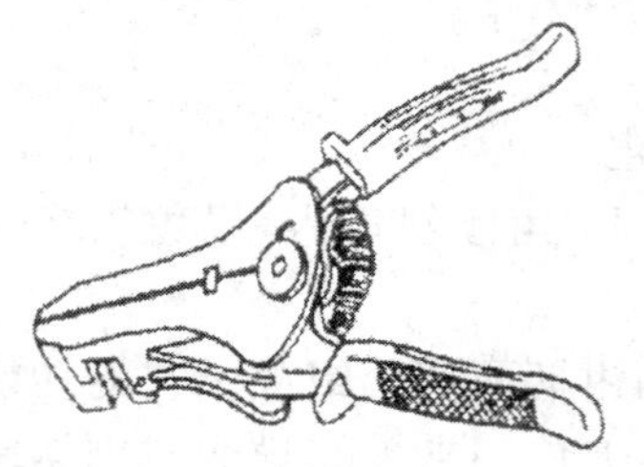

图 10.26　剥线钳

(7)活动扳手。活动扳手(简称活扳手)是用来紧固和拧松螺母的一种专用工具,它由头部和柄部组成,而头部则由活动扳唇、呆扳唇、扳口、螺轮和轴销等构成,如图 10.27 所示。旋动螺轮可调节扳口的大小,多用

于螺栓规格多的场合。常用活动扳手的规格有150、200、250和400mm等几种。

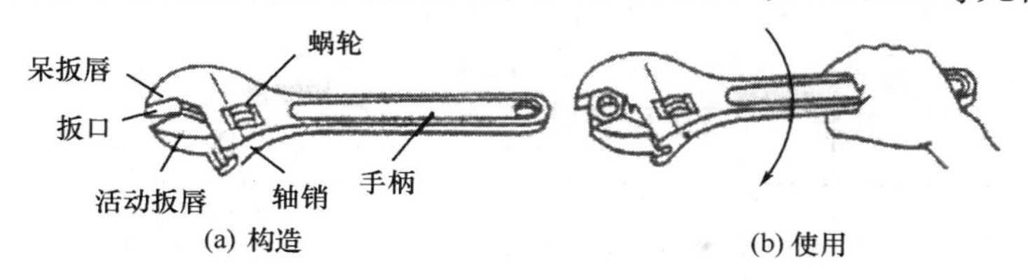

图10.27 活动扳手的结构及使用

活动扳手在使用时,应将板唇紧压螺母的平面,扳动大螺母、需较大力矩时,手应握在接近柄尾处。扳动较小螺母、需较小力矩时,应握在接近头部的位置。施力时手指可随时旋调蜗轮,收紧活动扳唇,以防打滑。另外活动扳手在使用时不可反用。

(8)镊子。镊子主要用于夹持导线线头、元器件、螺钉等小型工件或物品,多用不锈钢材料制成,弹性较强。其常见类型有尖头镊子和宽口镊子,如图10.28所示。其中尖头镊子主要用来夹持较小物件,而宽口镊子则可夹持较大物件。

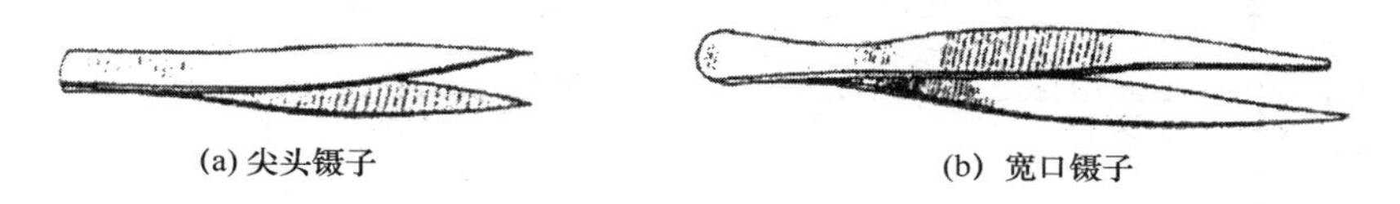

图10.28 镊子

(9)冲击钻。冲击钻也是一种电动工具,如图10.29所示。它具有两种功能:一种可作为普通电钻使用,使用时应把调节开关调到标记为"钻"的位置;另一种可用来冲打砌块和砖墙等建筑面的膨胀螺钉孔和导线过墙孔,此时应调至标记为"锤"的位置。

① 在调速或调挡时,应停转后再进行。

② 冲钻墙孔时,应经常将钻头拔出,以便及时排出碎屑。

③ 在钢筋建筑物上冲孔时,遇到硬物不应施加过大压力,以免钻头退火。

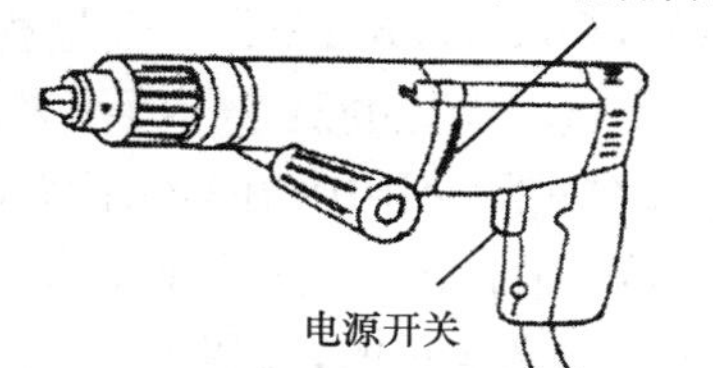

图10.29 冲击钻

(10)电烙铁。电烙铁作为钎焊的热源,用来对铜、铜合金、镀锌薄钢板等金属材料进行焊接以实现连接。它通常以电阻丝为热元件,按发热方式可分为内热式和外热式两种,常用的功率为20~300W。其功率应根据焊接对象选用。

(11)防护工具。防护工具是电工在操作时为防止受到触电等意外伤害而使用的一些工具,常用的有绝缘手套、绝缘棒、携带型接地线等。对于防护用具一定要定期检测,查看是否符合安全要求。

10.2.2 万用表的组装与调试

袖珍万用表具有测量交、直流电压,直流电流和电阻等4种功能,每种功能都有多个量程。特别适宜初学电气的技术人员使用。

1. 万用表电路原理

袖珍万用表的电路原理图如图10.30所示,下面分别介绍电路中各部分的工作原理。

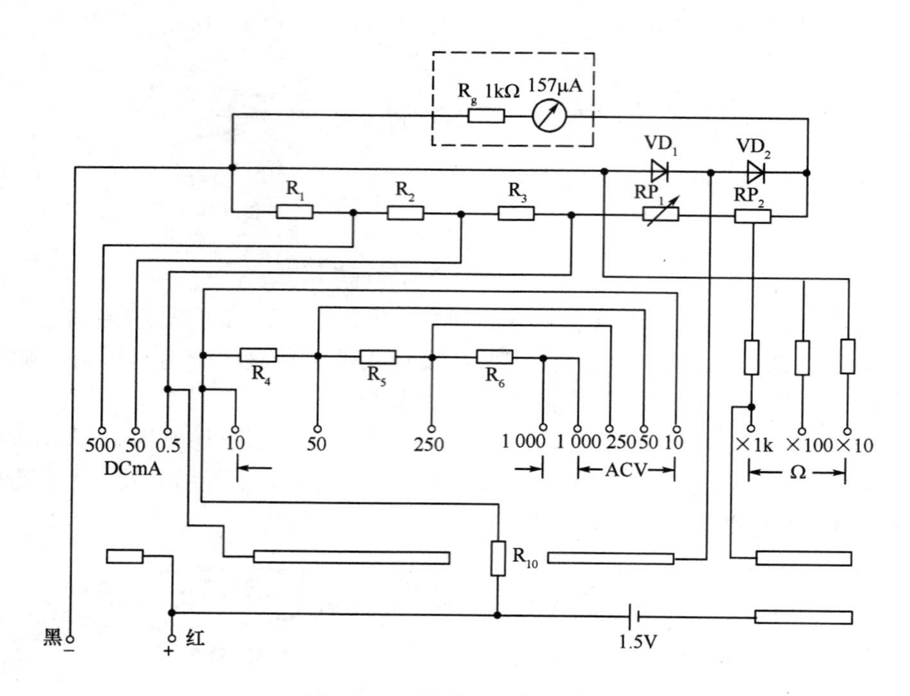

图 10.30 袖珍万用表电路图

(1) 直流电流的测量。万用表可以直接测量直流电流,但由于表头灵敏度很高,所以可测量的直流电流范围很小。在实际使用中,在表头上并联一个分流电阻,使表头中仍通过额定电流,多余的电流可从分流电阻中通过,这样既不会损坏表头,又扩大了量程。直流电流多量程的测量,可通过转换开关改变分流电阻实现,如图 10.31 所示。通过转换开关,可实现 500mA,50mA,0.5mA 共 3 个量程的转换。

(2) 直流电压的测量。万用表的表头实际上也是一只直流电压表,但由于直流电压范围很小,所以在实际使用中,在表头回路中串联一个分压电阻,使绝大部分电压被分压电阻分去,而适当的电压加在表头上,这样就扩大了量程。万用表直流电压挡的量程改变就是通过转换开关改变分压电阻来实现的,如图 10.32 所示,其量程范围为:10V,50V,250V,1 000V共 4 挡。

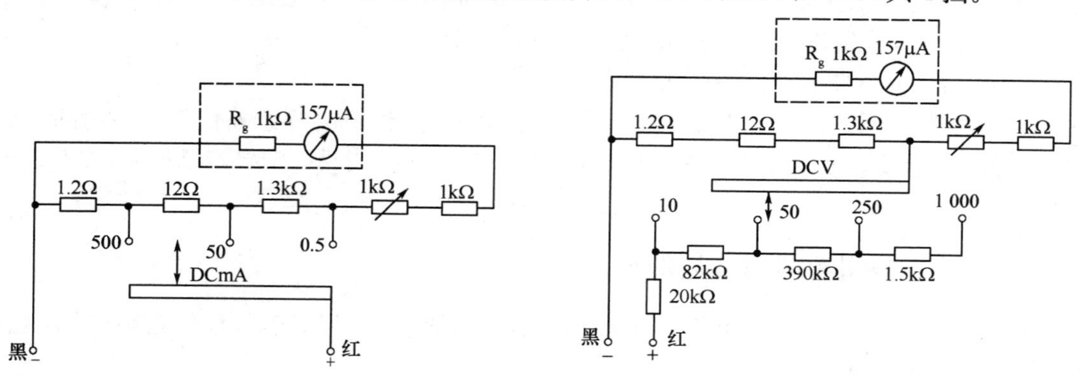

图 10.31 直流电流测量电路

图 10.32 直流电压测量电路

(3) 交流电压的测量。万用表的表头是磁电系仪表,只能测量直流电量,因此,用它测量交流电压时需要一个交直流转换装置。万用表中常用的交直流转换装置是整流器,在图

10.33 中，VD_1，VD_2 构成整流器。在被测电压正半周时，交流电压经分压电阻及整流二极管 VD_2 流经表头，表针偏转；在被测电压负半周时，交流电压直接从 VD_1 流入分压电阻，而不经过表头。因此，VD_1 有效地保护了 VD_2 在交流负半周不受损坏。由此可见，在表头中流过的是经 VD_2 半波整流后的脉动直流，表头指针的偏转角度只与整流电压在一个周期内的平均值成正比，属均值型电压表。交流电压量程的改变也是通过改变串联分压电阻来实现的。其量程范围为：10V，50V，250V，1 000V 共 4 挡。

（4）电阻的测量。电阻的测量是依据欧姆定律进行的，如图 10.34 所示，被测电阻 R_X 串入电流回路，置于万用表“红”、“黑”表笔之间，使表头中有电流流过，流过表头的电流大小与 R_X 的大小有关。当 R_X 为 0 时，回路中电流最大，表头指针偏转也最大，调节调零电位器 RP_2 可使表头指针满偏（指针指在电阻的零刻度位置）。R_X 增大时，回路电流减小，指针偏转角度变小，所指示的阻值增大。当 R_X 为无穷时，回路电流为 D，表头指针无偏转，该点为电阻挡无穷大。

测量电阻时，倍率挡的改变是通过在等效表头两端并联分流电阻实现的，在图 10.34 中，当选用 $R\times1$k 挡时，无并联分流电阻；当选用 $R\times100$ 挡时，并入 560Ω 分流电阻；当选用 $R\times10$ 挡时，并入 51Ω 分流电阻。对于同一被测电阻 R_X，倍率挡越低分流电阻越小，分流越大，流过表头的电流就越小，表头指针偏转角度就越小。

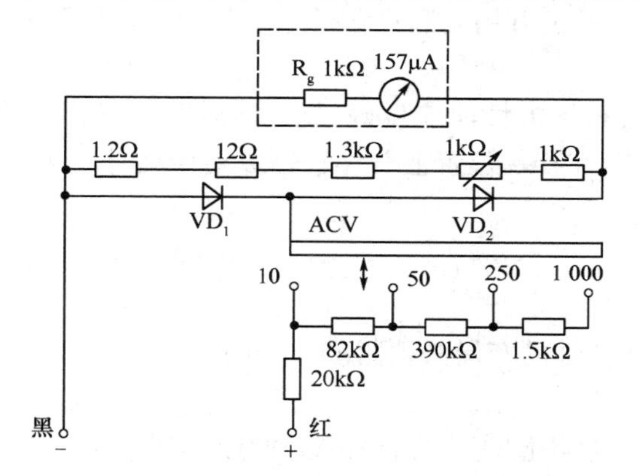

图 10.33 交流电压测量电路

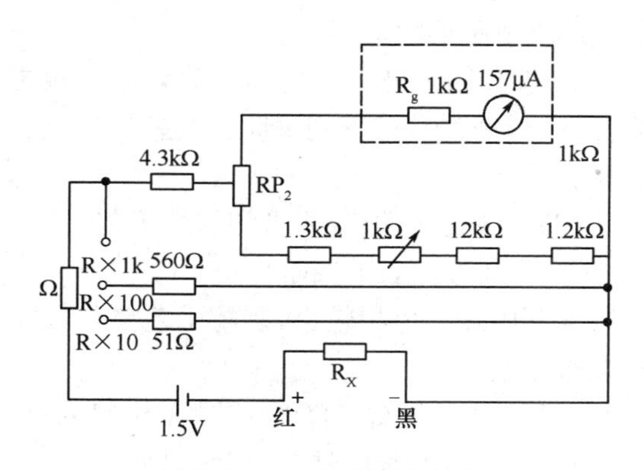

图 10.34 电阻测量电路

2. 万用表的组装

组装万用表应购置万用表套件，本课题选用 MF—110A 型万用表套件，元器件清单如表 10-14 所示。

表 10-14 元器件清单

符 号	名 称	规 格	符 号	名 称	规 格
R_1	金属膜电阻器	1.2Ω、0.25W	R_8	金属膜电阻器	560Ω、0.25W
R_2	金属膜电阻器	12Ω、0.25W	R_9	金属膜电阻器	51Ω、0.25W
R_3	金属膜电阻器	1.3Ω、0.25W	R_{10}	金属膜电阻器	20kΩ、0.25W
R_4	金属膜电阻器	82Ω、0.25W	VD_1、VD_2	整流二极管	1N4007
R_5	金属膜电阻器	390kΩ、0.25W	RP_1	可调电位器	0～1kΩ、1W
R_6	金属膜电阻器	1.5MΩ、0.25W	RP_2	电位器	1kΩ、1W
R_7	金属膜电阻器	4.3kΩ、0.25W			

（1）绘制装配图。结合万用表的零部件实物，绘制装配图，供组装万用表时使用。

首先要周密考虑和充分利用万用表表盒空间，合理安置表头、转换开关、电池、调零电位器等部件的位置；然后确定转换开关各挡位的测量种类及量程，安排好各电阻的位置，排列要整齐；最后，绘出各零部件的连接引线，构成装配图。

（2）测量并选择零部件。为了使万用表达到设计技术指标，在组装前必须对零部件的质量进行测量和挑选，不合格的不能采用。

① 测量表头灵敏度 I_g 和内阻 R_g。

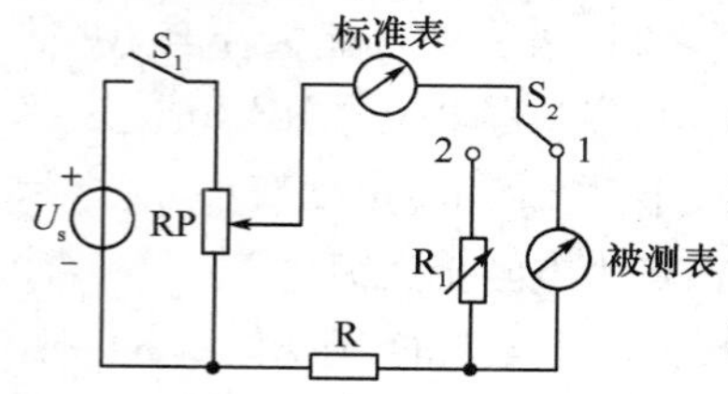

图 10.35 表头参数测量电阻

表头灵敏度 I_g 的测量：按如图 10.35 所示接线，取 $U_S=5V$，R_1 为标准电阻箱，R 为限流电阻，可变电阻器 RP 的滑动触头放在中间位置。开关 S_2 合向位置“1”，闭合开关 S_1 调节可变电阻器 RP 的输出电压，使被测表头为满偏电流，读取标准表的电流值，即为被测表头的灵敏度 I_g。

表头内阻 R_g 的测量：开关 S_2 合向位置“2”，调节标准电阻 R_1，使标准表仍指在被测表头的灵敏度 I_g 处，读取 R_1 的值即为被测表头的内阻 R_g。

② 测量电阻元件阻值。选用直流单臂电桥或数字万用表测量各个电阻的阻值，选择符合表 10-14 中所给的电阻值。

③ 选择转换开关。转换开关触点接触要紧密，导电性能应良好，旋动转轴时轻松而且具有弹性，到挡位时可听到清脆的“嗒”声，定位正确，在某一位置上若再轻轻拨动转轴时，不应左右摇晃。

（3）万用表的组装要求和组装工艺。

① 组装万用表的要求。

➢万用表的体积较小，装配工艺要求较高，元器件的布局必须紧凑。否则焊接完工后也无法装进表盒。

➢各元器件要布局合理、位置恰当、排列整齐。电阻阻值标示要向外，以便查对和维修更换。

➢布线合理，长度适中，引线沿底壳应走直线、拐直角，外观有条不紊。

➢转换开关内部连线要排列整齐，不能妨碍其转动。

➢焊点大小要适中、牢固、光亮美观，不允许有毛刺或虚焊，焊锡不能粘到转换开关的固定连接片上。

② 组装万用表的工艺。

➢预热电烙铁，烙铁头做清洁处理，上锡。

➢清理焊接件表面，若有镀银层应保留，根据需要选择连接线的长短和颜色，剥开线芯的长度要适中。

➢根据装配图固定某些支架，如电池架、二极管支架等。

➢焊接转换开关上各挡位对应的电阻元件及其对外连接。

➢焊接固定支架上的元器件、如二极管、电阻、调零电位器及电池架的连线等。最后完成全部焊接工作。

➢根据装配图检查，核对组装后的万用表电路。

➢底板装进表盒，装上转换开关螺丝和旋钮，送指导教师检查。

3. 万用表的调试

万用表完成电路组装后，必须进行详细检查和调试，使各挡测量的准确度都达到设计的技术要求。按照万用表调试规程规定，标准表的准确度等级，至少要求比被校表高 2 级。

(1) 校准测试方法。以校准和调试直流电压挡为例。如图 10.36 所示，图中 V_0 为 0.5 级标准直流电压表，V_X 为被校准的万用表，U_0 为标准表测得的被测电压值(看做实际值)，U_X 为被校表的读数。按如图 10.37 所示接线，调节稳压电源的输出电压 U_S，使被校表的指针依次指在标尺的整刻度值，如图 10.37 所示的 A、B、C、D、E 5 个位置上，分别记下标准表和被校表的读数 U_0 和 U_X，则在每个刻度值上的绝对误差为 $\Delta U=U_X-U_0$，取绝对误差中的最大值 ΔU_{max}，按下式计算被校万用表电压挡的准确度等级(最大引用误差)K_u。

$$\pm K_u\%=\frac{\Delta U_{max}}{U_m}\times 100\%$$

式中，U_m 为被校表的量限。若 $K_u=\pm 5\%$，则被校表电压挡在此量程的准确度等级为 5.0 级。

若准确度已达到设计的技术要求，则认为合格，若低于设计的指标，必须重新调整和检查，直到符合要求为止。对于直流电流挡、交流电压挡、电阻挡及其各量程的校验调试，均可按照上述方法进行。

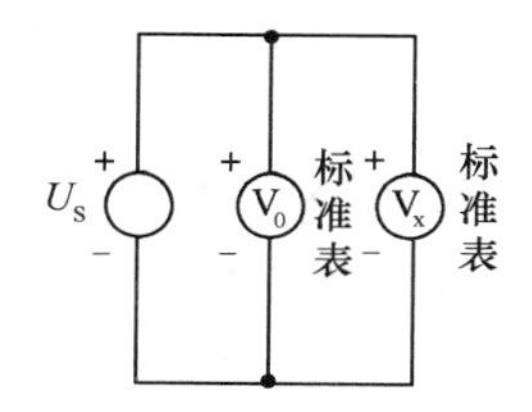

图 10.36　直流电压挡调试电路

图 10.37　校准标尺

(2) 校准调试步骤。

① 直流电流挡校准调试。按如图 10.38 所示接线，被校表分别放置在直流电流为 0.5mA、50mA、500mA 的各挡上，标准表相应放置在直流电流各量程上，调节可变电阻器 RP，使标准表的电流读数分别为 0.4mA、40mA、400mA，再从被校表读取测量数据，记入表 10-15 中。由表中最大引用误差确定准确度等级，若不符合要求，说明分流电阻不合格。这时可先调整如图 10.30 所示的可调电位器 RP_1，如果仍不符合要求，可再检查其他的分流电阻阻值，直到符合技术指标为止。

表 10-15　万用表校准记录

数据 项目	校准点	标准表读数	被校表读数	绝对误差	引用误差	准确度等级
直流电流 (mA)						
直流电压 (V)						

续表

数据 项目	校准点	标准表读数	被校表读数	绝对误差	引用误差	准确度等级
交流电压(V)						
电阻(Ω)						

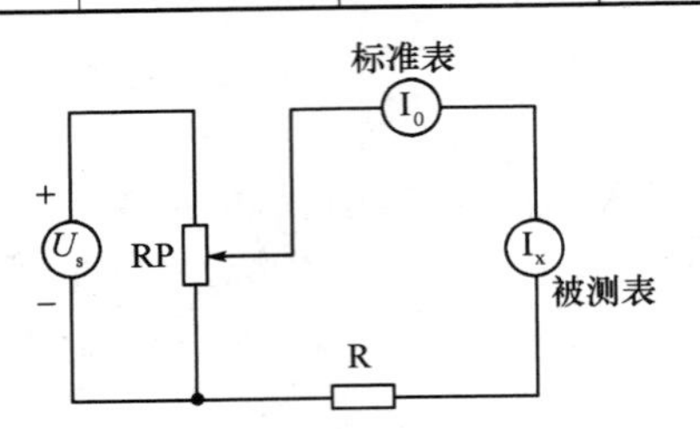

图 10.38　直流电流挡调试电路

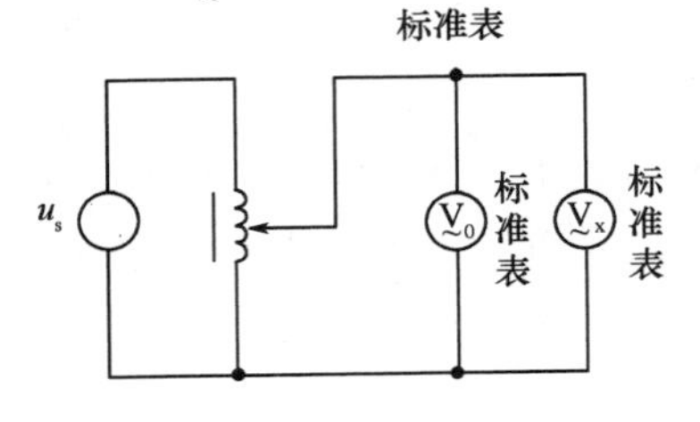

图 10.39　交流电压挡调试电路

② 直流电压挡校准调试。按如图 10.36 所示接线,分别校准 10V、50V、250V 直流电压挡。调节稳压电源输出电压,使标准表的直流电压读数分别为 8V、40V、200V,再从被校表读取相应的测量数据,记入表 10-15 中。由表中的最大引用误差确定准确度等级,若准确度不符合要求,需检查或更换分压电阻。

③ 交流电压挡校准调试。按如图 10.39 所示接线,分别校准 10V、50V、250V 交流电压挡。调节自耦调压器输出电压,使标准表的直流电压读数分别为 8V、40V、200V,再从被校表读取相应的测量数据,记入表 10-15 中。由表中的最大引用误差确定准确度等级,若准确度不符合要求,需检查或更换分压电阻。因交流电压挡和直流电压挡共用一套分压电阻,两者的准确度应该相近,若相差较大,可能是二极管损坏,应予更换。

④ 电阻挡校准调试。被校表装上电池进行欧姆调零,对各电阻挡都要调节零点。若调节调零旋钮,指针不能指到零欧姆位置上,可能电池电压不足,应予以更换,或图 10.30 中的电位器 RP_2 有故障。

取标准电阻箱的阻值为 1kΩ 和 10kΩ,将被校表置于 $R\times100$ 和 $R\times1k$ 挡,分别测量上述两个中心电阻值,读取测量数据,记入表 10-15 中。若准确度不符合要求,则可检查图 10.30 中 R_7 和 R_8 两个电阻。

经过以上各项检查、调试和校准,若万用表准确度均符合技术指标的要求,则合格可用。

4. 组装万用表中可能出现的故障及其原因

(1) 短路故障。短路故障可能是由于焊点过大,焊点带毛刺,导线头的芯线露出太长或焊接时烫破导线绝缘层,装配元器件时导线过长或安排不紧凑,装入表盒后,互相挤碰而造成短路。

（2）断路故障。焊点不牢固，虚焊、脱焊，漏线，元器件损坏，转换开关接触不良等都会造成断路故障。

（3）电流、电压挡测量误差大。分流或分压电阻值不准确或互相接错造成电流挡测量误差大。

以上各种故障现象，只要在组装万用表过程中认真细心地按照每个组装工序的要求去做，均可排除。

附录A

复数及相量运算方法

1. 复数的基本概念

在数学中已学习过，一个复数 Z 的表达式有以下四种：

(1) 直角坐标式(代数式)：

$$Z = a + \mathrm{j}b$$

式中，a 叫做复数 Z 的实部，b 叫做复数 Z 的虚部，j 为虚数单位，且 $\mathrm{j}^2=-1$。

(2) 三角函数式：

$$Z = |Z|(\cos\psi + \mathrm{j}\sin\psi)$$

式中，$|Z|$ 叫做复数 Z 的模(又称为绝对值)，ψ 叫做复数 Z 的幅角。

(3) 指数式：

$$Z = |Z|\mathrm{e}^{\mathrm{j}\psi}$$

(4) 极坐标式(相量式)：

$$Z = |Z|\underline{/\psi}$$

这四种表达式相互等效，即可以从任一个公式导出其他三种公式，其关系式为

$$|Z| = \sqrt{a^2+b^2}$$

$$\psi = \mathrm{arctg}\,\frac{b}{a}(a>0)$$

【例 A. 1】 将下列复数写成极坐标式。

(1)$Z_1=3+\mathrm{j}4$ (2)$Z_2=8-\mathrm{j}6$ (3)$Z_3=-6+\mathrm{j}8$ (4)$Z_4=-8-\mathrm{j}6$

(5)$Z_5=2$ (6)$Z_6=\mathrm{j}5$ (7)$Z_7=-\mathrm{j}9$ (8)$Z_8=-10$

解：(1)$Z_1=3+\mathrm{j}4=5\underline{/53.1^\circ}$ (2) $Z_2=8-\mathrm{j}6=10\underline{/-36.9^\circ}$

(3) $Z_3=-6+\mathrm{j}8=-(6-\mathrm{j}8)=-(10\underline{/-53.1^\circ})=10\underline{/180^\circ-53.1^\circ}=10\underline{/126.9^\circ}$

(4) $Z_4=-8-\mathrm{j}6=-(8+\mathrm{j}6)=-(10\underline{/36.9^\circ})=10\underline{/-180^\circ+36.9^\circ}=10\underline{/-143.1^\circ}$

(“－”号代表±180°)

(5) $Z_5=2=2\underline{/0^\circ}$ (6) $Z_6=\mathrm{j}5=5\underline{/90^\circ}$(j 代表 90°旋转因子)

(7) $Z_7=-\mathrm{j}9=9\underline{/-90^\circ}$(－j 代表－90°旋转因子) (8)$Z_8=-10=10\underline{/180^\circ}$

2. 复数的运算规则

设 $Z_1=a+\mathrm{j}b=|Z_1|\underline{/\psi_1}$，$Z_2=c+\mathrm{j}d=|Z_2|\underline{/\psi_2}$，复数的运算规则为

(1) 加减法：

$$Z_1 \pm Z_2 = (a\pm c)+\mathrm{j}(b\pm d)$$

(2) 乘法：

$$Z_1 \cdot Z_2 = |Z_1| \cdot |Z_2| \underline{/\psi_1 + \psi_2}$$

(3) 除法：

$$Z_1/Z_2 = \frac{|Z_1|}{|Z_2|} \underline{/\psi_1 - \psi_2}$$

(4) 乘方：

$$Z_1^n = |Z_1|^n \underline{/n\psi_1}$$

其中，n 为任意实数。

【例 A.2】 已知 $Z_1=8-\text{j}6$，$Z_2=3+\text{j}4$。试求：Z_1+Z_2；Z_1-Z_2；$Z_1 \cdot Z_2$；Z_1/Z_2。

解：$Z_1+Z_2=11+\text{j}2=11.18 \underline{/10.3^\circ}$

$Z_1-Z_2=5-\text{j}10=11.18 \underline{/-63.4^\circ}$

$Z_1 \cdot Z_2=(10 \underline{/-36.9^\circ})\times(5 \underline{/53.1^\circ})=50 \underline{/16.2^\circ}$

$Z_1/Z_2=(10 \underline{/-36.9^\circ})\div(5 \underline{/53.1^\circ})=2 \underline{/-90^\circ}$

【例 A.3】 已知 $i_1=3\sqrt{2}\sin(\omega t+30^\circ)\text{A}$， $i_2=4\sqrt{2}\sin(\omega t-60^\circ)$ A。试求：i_1+i_2。

解法一：$\dot{I}_1=3 \underline{/30^\circ}\text{A}=3(\cos30^\circ+\text{j}\sin30^\circ)=2.598+\text{j}1.5$ A

$\dot{I}_2=4 \underline{/-60^\circ}\text{A}=4(\cos60^\circ-\text{j}\sin60^\circ)=2-\text{j}3.464$ A

$\dot{I}_1+\dot{I}_2=4.598-\text{j}1.964=5 \underline{/-23.1^\circ}\text{A}$

$i_1+i_2=5\sqrt{2}\sin(\omega t-23.1^\circ)$ A

解法二：借助如图 A.1 所示的相量图计算

$$\dot{I}_1 = 3 \underline{/30^\circ}\text{A}, \dot{I}_2 = 4 \underline{/-60^\circ}\text{A}$$

设 $\dot{I}=\dot{I}_1+\dot{I}_2$，由相量图可得

$$I = \sqrt{3^2+4^2} = 5\text{A}$$

$$\psi = -(60^\circ - 36.9^\circ) = -23.1^\circ$$

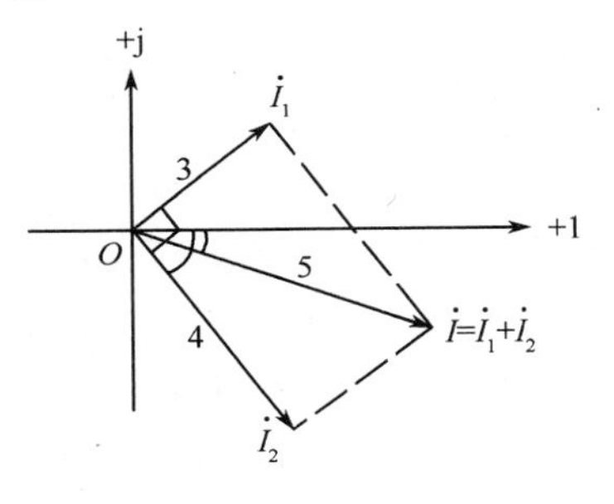

图 A.1 例 A.3 的相量图

则 $\dot{I}=\dot{I}_1+\dot{I}_2=5 \underline{/-23.1^\circ}\text{A}$，即 $i_1+i_2=5\sqrt{2}\sin(\omega t-23.1^\circ)$ A。

可见，$I_1=3\text{A}$，$I_2=4\text{A}$，而 $I=5\text{A}$，即 $I\neq I_1+I_2$。本例题说明两个正弦量相加，其和的有效值不等于两个加数的有效值之和。这一点值得注意。

【例 A.4】 已知：$u_1=10\sqrt{2}\sin(\omega t+45^\circ)$ V，$u_1=8\sqrt{2}\sin(\omega t-30^\circ)$ V。试求：$u=u_1-u_2$。

解：$\dot{U}_1=10 \underline{/45^\circ}=7.071+\text{j}7.071$ V； $\dot{U}_2=8 \underline{/-30^\circ}=6.928-\text{j}4$ V

$\dot{U}=\dot{U}_1-\dot{U}_2=0.143+\text{j}11.071=11.07 \underline{/89.3^\circ}\text{V}$

所以 $u=u_1-u_2=11.07\sqrt{2}\sin(\omega t+89.2^\circ)=15.65\sin(\omega t+89.2^\circ)$ V

可见，$U_1=10\text{V}$， $U_2=8\text{V}$，而 $u=u_1-u_2$ 的有效值为 11.07V，即 $U\neq U_1-U_2$。本例题说明两个正弦量相减，其差的有效值不等于两个正弦量的有效值之差。这一点也应值得注意。

参 考 文 献

1）秦曾煌.电工学[第7版](上册)：电工技术.北京：高等教育出版社.2008
2）王鸿明.电工技术与电子技术(上册).北京：清华大学出版社.1990
3）陈麟章.电工技术(电工学Ⅰ).北京：国防工业出版社.1990
4）李树燕.电路基础[第二版].北京：高等教育出版社.1994
5）王健生.实用电工技术.北京：电子工业出版社.2000
6）曾祥富.电工技术.北京：高等教育出版社.2001
7）戴一平.电工技术.北京：机械工业出版社.2001
8）冯满顺.电工与电子技术.北京：电子工业出版社.2001
9）杨元挺.电工技能训练.北京：电子工业出版社.2002
10）王慧玲.电路实验与综合训练.北京：电子工业出版社.2005
11）朱永强.新能源与分布式发电技术.北京：北京大学出版社.2010年
12）翟秀静、刘奎仁、韩庆.新能源技术(第二版).北京：化学工业出版社.2010年
13）惠晶、方光辉.新能源发电与控制技术(第2版).北京：机械工业出版社.2012年
14）张兴、曹仁贤.太阳能光伏并网发电及其逆变控制.北京：机械工业出版社.2011年
15）刘振亚.智能电网技术.北京：中国电力出版社.2010年
16）何光宇、孙英云.智能电网基础.北京：中国电力出版社.2010年

读者意见反馈表

书名：电工技术（第4版）　　主编：熊伟林　　责任编辑：杨宏利

感谢您购买本书。为了能为您提供更优秀的教材，请您抽出宝贵的时间，将您的意见以下表的方式（可从 http://www.hxedu.com.cn 下载本调查表）及时告知我们，以改进我们的服务。对采用您的意见进行修订的教材，我们将在该书的前言中进行说明并赠送您样书。

个人资料

姓名＿＿＿＿＿＿电话＿＿＿＿＿＿手机＿＿＿＿＿＿ E-mail＿＿＿＿＿＿＿＿＿＿

学校＿＿＿＿＿＿＿＿＿＿专业＿＿＿＿＿＿职称或职务＿＿＿＿＿＿＿＿＿＿

通信地址＿＿＿＿＿＿＿＿＿＿＿＿＿＿＿＿＿＿ 邮编＿＿＿＿＿＿＿＿＿＿

所讲授课程＿＿＿＿＿＿＿＿所使用教材＿＿＿＿＿＿＿＿课时＿＿＿＿＿＿

影响您选定教材的因素（可复选）

□内容　□作者　□装帧设计　□篇幅　□价格　□出版社　□是否获奖　□上级要求

□广告　□其他＿＿＿＿＿＿＿＿＿＿＿＿

您希望本书在哪些方面加以改进？（请详细填写，您的意见对我们十分重要）

＿＿＿＿＿＿＿＿＿＿＿＿＿＿＿＿＿＿＿＿＿＿＿＿＿＿＿＿＿＿＿＿＿＿＿＿

＿＿＿＿＿＿＿＿＿＿＿＿＿＿＿＿＿＿＿＿＿＿＿＿＿＿＿＿＿＿＿＿＿＿＿＿

＿＿＿＿＿＿＿＿＿＿＿＿＿＿＿＿＿＿＿＿＿＿＿＿＿＿＿＿＿＿＿＿＿＿＿＿

＿＿＿＿＿＿＿＿＿＿＿＿＿＿＿＿＿＿＿＿＿＿＿＿＿＿＿＿＿＿＿＿＿＿＿＿

＿＿＿＿＿＿＿＿＿＿＿＿＿＿＿＿＿＿＿＿＿＿＿＿＿＿＿＿＿＿＿＿＿＿＿＿

您希望随本书配套提供哪些相关内容？

□教学大纲　□电子教案　□习题答案　□无所谓　□其他＿＿＿＿＿＿＿＿＿＿

您还希望得到哪些专业方向教材的出版信息？

＿＿＿＿＿＿＿＿＿＿＿＿＿＿＿＿＿＿＿＿＿＿＿＿＿＿＿＿＿＿＿＿＿＿＿＿

您是否有教材著作计划？如有可联系：010-88254587

＿＿＿＿＿＿＿＿＿＿＿＿＿＿＿＿＿＿＿＿＿＿＿＿＿＿＿＿＿＿＿＿＿＿＿＿

您学校开设课程的情况

本校是否开设相关专业的课程　□否　□是

如有相关课程的开设，本书是否适用贵校的实际教学＿＿＿＿

贵校所使用教材＿＿＿＿＿＿＿＿＿＿＿＿＿＿＿＿ 出版单位＿＿＿＿＿＿＿＿＿＿

本书可否作为你们的教材　□否　□是，会用于＿＿＿＿＿＿＿＿＿＿课程教学

谢谢您的配合，请将该反馈表寄到下面地址。

通信地址：北京市万寿路173信箱　杨宏利　收　电话：010-88254587

E-mail: yhl@phei.com.cn　邮编：100036

反侵权盗版声明

举报电话:(010)88254396;(010)88258888

传　　真:(010)88254397

E-mail:dbqq@phei.com.cn

通信地址:北京市万寿路173信箱

电子工业出版社总编办公室

邮　　编:100036